计算机系列教材

周彩英 主编

C语言程序设计教程
（第二版）

清华大学出版社
北京

内 容 简 介

本书是为普通高等学校学生学习 C 语言程序设计所编写的教材。全书共分为 10 章,按 C 语言程序设计的教学大纲并结合 C 语言程序设计等级考试大纲的要求,系统介绍了 C 语言及其程序设计的方法与技术。本书取材适中、结构合理、重点突出、难点分散,弱化不常用功能,并采用循序渐进的方法,极大地减轻了读者学习 C 语言的困难。

本书既可作为高等院校、高职高专非计算机专业"C 语言程序设计"课程的教材,也可作为计算机专业程序设计课程的教材或参考书,对于参加 C 语言等级考试的同学具有一定的参考价值。

本书封面贴有清华大学出版社防伪标签,无标签者不得销售。
版权所有,侵权必究。举报: 010-62782989,beiqinquan@tup.tsinghua.edu.cn。

图书在版编目(CIP)数据

C 语言程序设计教程 / 周彩英主编. --2 版. —北京: 清华大学出版社,2015(2024.7重印)
计算机系列教材
ISBN 978-7-302-40455-2

Ⅰ.①C… Ⅱ.①周… Ⅲ.①C 语言-程序设计-高等学校-教材 Ⅳ.①TP312

中国版本图书馆 CIP 数据核字(2015)第 126480 号

责任编辑: 黄 芝
责任校对: 李建庄
责任印制: 曹婉颖

出版发行: 清华大学出版社
　　　　网　　　址: https://www.tup.com.cn, https://www.wqxuetang.com
　　　　地　　　址: 北京清华大学学研大厦 A 座　　邮　　编: 100084
　　　　社 总 机: 010-83470000　　邮　　购: 010-62786544
　　　　投稿与读者服务: 010-62776969, c-service@tup.tsinghua.edu.cn
　　　　质量反馈: 010-62772015, zhiliang@tup.tsinghua.edu.cn
印 装 者: 三河市龙大印装有限公司
经　　销: 全国新华书店
开　　本: 185mm×260mm　　印　张: 19.25　　字　数: 482 千字
版　　次: 2011 年 6 月第 1 版　　2015 年 9 月第 2 版　　印　次: 2024 年 7 月第 11 次印刷
印　　数: 16501~18000
定　　价: 59.00 元

产品编号: 062260-02

前　　言

随便进入一家书店，来到计算机专柜，都可以看到琳琅满目的 C 语言书籍。在这种状况下写书，着实需要勇气和能力，因此书本的特色和实用性就显得尤为重要。考虑到现在高校中的学生情况和学时设置，本书的目标是力争成为最易懂、最专业、最时尚、最实用的 C 语言教材和参考手册。

本书是一本教材，适合于程序设计的初学者和想更深入了解 C 语言的读者。每个知识点的讲解都遵循由浅入深、循序渐进的原则，并以把问题讲清楚、讲明白、讲透彻，又不累赘为目标。同时抛弃了一些陈旧的和设计应用程序过程中不必过于纠缠的内容，试图把程序设计领域最新、最有价值的思想和方法渗透到古老的 C 语言中，赋予 C 语言一个焕然一新的面貌。本书在如下方面做了努力：

- 高标准。本书博采众家之长，自成一门课程的完整体系，对每个知识点的讲解、例题的选择与解题思路的分析都力求精益求精。也许它没有华丽的外表，但它有深刻的内涵；它不仅传播了知识信息，更着意进行科学思维与方法的点拨，能促使读者学会思考、学会分析、学会应用。
- 新角度。本书对 C 语言的教学内容进行了分层式处理，以求适用于不同学校、不同专业、不同学时数的读者。每章后的习题分为本章讨论的重要概念、基础练习和拓展训练 3 个部分，呈现出新的模式与跨越，蕴含着对读者智能的深层开发。
- 大视野。教材立足课内，向课外拓展，知识面宽，信息量大，涵盖率高，既适合于课程的自学与辅导学习，也适合于各类相关的计算机等级考试，特别是"全国计算机等级考试"和"江苏省非计算机专业学生计算机应用能力水平考试"。
- 广思路。引导读者从多角度思考和切入问题，并向纵深发展；力图培养与规范读者驾驭思维、信息的能力，并激发他们寻找自己新的知识增长点。

全书共分 10 章，内容包括：程序设计基础、C 语言入门、基本控制结构、函数、数组、指针、函数进阶和结构化编程、结构与联合、指针进阶以及文件。

本书注重教材的可读性和可用性。每章开头有学习目标提示，指导读者阅读；每章结尾都安排有实践活动和本章内容学习完成后应掌握的重要概念的思维导图，以帮助读者整理思路，形成清晰的逻辑体系和主线；每章中的典型例题，由浅入深，强化知识点、算法、编程方法与技巧；习题以巩固基本知识点为目的，包括选择题、阅读程序写出运行结果、程序填空和编程题等各种计算机等级考试二级 C 语言考试中的常见题型；习题中还给出了拓展训练，将程序测试、程序调试与排错、软件的健壮性和代码风格、结构化与模块化程序设计方法等软件工程知识融入其中，力求做到从一点出发，向四周辐射，"心骛八极，思接千载"，从而编织起知识结构的信息网络，达到思维培养的预期目标；本次修订新增的问题与程序设计模块可方便研究性学习、探究性教学的开展。

与本书同时配套出版的《C 语言程序习题解答与学习指导（第二版）》提供了《C 语言程序设计教程（第二版）》中全部习题的解答与分析、实验指导、课程考试与等级考试考点分析和例题精解，还配备有课程考试模拟试卷及计算机等级考试模拟试卷。相信本书一定会给读者以全新的体验和感受，希望读者读后能产生"众里寻他千百度，蓦然回首，那人却在灯火阑珊处"的共鸣。

本书建议学时：30 学时，可讲解第 1～5 章；48 学时，可讲解第 1～8 章；60 学时，可讲解第 1～10 章。因为全书采用分层式处理方式，所以每种学时建议中都未忽略 C 语言的精华部分。

全书的统稿工作由周彩英负责，第 1、7 章由周彩英编写，第 2、3 章由孙多编写，第 4 章由徐晶编写，第 5 章由贺兴亚编写，第 6 章由姜艺编写，第 8 章由潘钧编写，第 9 章由周旭东编写，第 10 章及附录由孟纯煜编写。在本次修订过程中，徐晶、贺兴亚、潘钧参加了全程的统稿工作，在此对他们的辛勤劳动表示衷心感谢。

因编者水平有限，书中错误在所难免，恳请读者批评指正。

本教材由扬州大学教材出版基金资助。

编者

于扬州大学计算机中心

2015 年 7 月

目　　录

第1章　程序设计基础 ·· 1

  1.1　程序与程序设计语言 ·· 1
    1.1.1　指令与程序 ·· 1
    1.1.2　程序设计与程序设计语言 ··· 1
    1.1.3　语言处理程序 ··· 3
  1.2　算法 ·· 4
    1.2.1　算法的概念 ·· 4
    1.2.2　算法设计举例 ··· 5
    1.2.3　算法的表示 ·· 7
  1.3　C 程序结构简介 ··· 10
    1.3.1　简单 C 程序介绍 ··· 10
    1.3.2　C 源程序概貌 ·· 12
    1.3.3　程序设计风格 ··· 13
  1.4　实践活动 ·· 15
  习题 ·· 16

第2章　C 语言入门 ··· 19

  2.1　常量、变量与数据类型 ·· 19
    2.1.1　标识符 ··· 19
    2.1.2　常量和变量 ·· 20
    2.1.3　数据类型 ··· 21
  2.2　变量声明与初始化 ·· 24
    2.2.1　变量的声明 ·· 24
    2.2.2　变量的初始化 ··· 24
  2.3　运算符与表达式 ··· 25
    2.3.1　算术运算符和算术表达式 ·· 25
    2.3.2　运算符的优先级和结合性 ·· 26
    2.3.3　赋值运算符和赋值表达式 ·· 26
    2.3.4　数据类型转换 ··· 27

		2.3.5 逗号运算符和逗号表达式 ·································	29
2.4	简单输入输出 ···		29
		2.4.1 数据的输入输出及在 C 语言中的实现 ·············	29
		2.4.2 常用数据输入输出函数 ·································	29
2.5	实践活动 ···		31
习题 ···			31

第 3 章 基本控制结构 ··· 34

3.1	C 语句的分类 ···		34
3.2	顺序结构程序设计 ···		35
		3.2.1 赋值语句 ···	35
		3.2.2 顺序程序举例 ···	35
3.3	选择结构程序设计 ···		37
		3.3.1 关系运算符与关系表达式 ·······························	37
		3.3.2 逻辑运算符和逻辑表达式 ·······························	37
		3.3.3 选择结构的实现 ···	38
3.4	循环结构程序设计 ···		46
		3.4.1 while 语句 ···	46
		3.4.2 do-while 语句 ···	47
		3.4.3 for 语句 ···	47
		3.4.4 三种循环语句的选用 ·······································	50
		3.4.5 循环结构的嵌套 ···	50
		3.4.6 break 语句与 continue 语句 ·····························	51
3.5	使用库和函数 ···		52
		3.5.1 输入输出的概念 ···	52
		3.5.2 输入输出函数 ···	52
		3.5.3 字符输入输出函数 ···	52
		3.5.4 格式输入输出函数 ···	53
		3.5.5 其他库函数简介 ···	57
3.6	典型例题 ···		57
3.7	实践活动 ···		61
习题 ···			62

第 4 章 函数 ··· 70

4.1	概述 ···		70
		4.1.1 函数的定义 ···	71
		4.1.2 函数的返回及返回值 ·······································	72
		4.1.3 函数的声明和调用 ···	75
		4.1.4 形式参数与实在参数 ·······································	77

4.2 带自定义函数的程序设计 ············· 78
4.3 变量的作用域与存储类别 ············· 80
　　4.3.1 局部变量和全局变量 ············· 80
　　4.3.2 变量的生存期 ················· 82
4.4 典型例题 ······················· 86
4.5 实践活动 ······················· 90
习题 ··························· 92

第 5 章　数组 ························ 97

5.1 一维数组 ······················· 97
　　5.1.1 一维数组的声明与引用 ··········· 97
　　5.1.2 一维数组的初始化 ·············· 98
　　5.1.3 一维数组应用举例 ·············· 99
5.2 二维数组 ······················ 101
　　5.2.1 二维数组的声明与引用 ··········· 101
　　5.2.2 二维数组元素的存储方式 ········· 102
　　5.2.3 二维数组元素的初始化 ··········· 102
　　5.2.4 二维数组应用举例 ·············· 103
5.3 字符数组与字符串 ················· 105
　　5.3.1 用一维字符数组存放字符串 ······· 105
　　5.3.2 常用字符串处理函数 ············· 107
　　5.3.3 字符串应用举例 ················ 111
5.4 典型算法 ······················ 112
5.5 实践活动 ······················ 118
习题 ·························· 119

第 6 章　指针 ························ 124

6.1 指针的基本概念 ··················· 124
　　6.1.1 地址与指针 ··················· 124
　　6.1.2 指针变量的声明与引用 ··········· 126
　　6.1.3 指针变量的运算 ················ 129
　　6.1.4 指针变量作为函数的参数 ········· 130
6.2 使用指针访问一维数组的元素 ········· 133
　　6.2.1 一维数组的指针 ················ 133
　　6.2.2 指向一维数组的指针变量 ········· 134
　　6.2.3 通过指针变量引用一维数组元素举例 ·· 135
　　6.2.4 一维数组名作为函数的参数 ······· 137
6.3 用指针处理字符串 ················· 140
　　6.3.1 字符串的表示 ·················· 140

6.3.2 基于指针的字符串操作⋯⋯⋯⋯⋯⋯⋯⋯⋯⋯⋯⋯⋯⋯⋯⋯⋯⋯⋯⋯⋯⋯⋯⋯⋯ 145
6.4 典型例题⋯⋯⋯⋯⋯⋯⋯⋯⋯⋯⋯⋯⋯⋯⋯⋯⋯⋯⋯⋯⋯⋯⋯⋯⋯⋯⋯⋯⋯⋯⋯⋯⋯⋯ 148
6.5 实践活动⋯⋯⋯⋯⋯⋯⋯⋯⋯⋯⋯⋯⋯⋯⋯⋯⋯⋯⋯⋯⋯⋯⋯⋯⋯⋯⋯⋯⋯⋯⋯⋯⋯⋯ 153
习题⋯⋯⋯⋯⋯⋯⋯⋯⋯⋯⋯⋯⋯⋯⋯⋯⋯⋯⋯⋯⋯⋯⋯⋯⋯⋯⋯⋯⋯⋯⋯⋯⋯⋯⋯⋯⋯⋯⋯ 154

第7章 函数进阶和结构化编程⋯⋯⋯⋯⋯⋯⋯⋯⋯⋯⋯⋯⋯⋯⋯⋯⋯⋯⋯⋯⋯⋯⋯⋯⋯⋯ 163

7.1 结构化编程⋯⋯⋯⋯⋯⋯⋯⋯⋯⋯⋯⋯⋯⋯⋯⋯⋯⋯⋯⋯⋯⋯⋯⋯⋯⋯⋯⋯⋯⋯⋯⋯⋯ 163
　　7.1.1 自顶向下分析问题⋯⋯⋯⋯⋯⋯⋯⋯⋯⋯⋯⋯⋯⋯⋯⋯⋯⋯⋯⋯⋯⋯⋯⋯⋯⋯ 163
　　7.1.2 模块化设计⋯⋯⋯⋯⋯⋯⋯⋯⋯⋯⋯⋯⋯⋯⋯⋯⋯⋯⋯⋯⋯⋯⋯⋯⋯⋯⋯⋯⋯ 164
　　7.1.3 结构化编码⋯⋯⋯⋯⋯⋯⋯⋯⋯⋯⋯⋯⋯⋯⋯⋯⋯⋯⋯⋯⋯⋯⋯⋯⋯⋯⋯⋯⋯ 164
7.2 函数的嵌套调用⋯⋯⋯⋯⋯⋯⋯⋯⋯⋯⋯⋯⋯⋯⋯⋯⋯⋯⋯⋯⋯⋯⋯⋯⋯⋯⋯⋯⋯⋯ 166
7.3 递推⋯⋯⋯⋯⋯⋯⋯⋯⋯⋯⋯⋯⋯⋯⋯⋯⋯⋯⋯⋯⋯⋯⋯⋯⋯⋯⋯⋯⋯⋯⋯⋯⋯⋯⋯ 169
　　7.3.1 递推的一般概念⋯⋯⋯⋯⋯⋯⋯⋯⋯⋯⋯⋯⋯⋯⋯⋯⋯⋯⋯⋯⋯⋯⋯⋯⋯⋯⋯ 169
　　7.3.2 递推数列⋯⋯⋯⋯⋯⋯⋯⋯⋯⋯⋯⋯⋯⋯⋯⋯⋯⋯⋯⋯⋯⋯⋯⋯⋯⋯⋯⋯⋯⋯ 172
　　7.3.3 递推算法的程序实现⋯⋯⋯⋯⋯⋯⋯⋯⋯⋯⋯⋯⋯⋯⋯⋯⋯⋯⋯⋯⋯⋯⋯⋯⋯ 172
7.4 递归⋯⋯⋯⋯⋯⋯⋯⋯⋯⋯⋯⋯⋯⋯⋯⋯⋯⋯⋯⋯⋯⋯⋯⋯⋯⋯⋯⋯⋯⋯⋯⋯⋯⋯⋯ 173
　　7.4.1 递归函数的执行过程⋯⋯⋯⋯⋯⋯⋯⋯⋯⋯⋯⋯⋯⋯⋯⋯⋯⋯⋯⋯⋯⋯⋯⋯⋯ 174
　　7.4.2 递归问题求解⋯⋯⋯⋯⋯⋯⋯⋯⋯⋯⋯⋯⋯⋯⋯⋯⋯⋯⋯⋯⋯⋯⋯⋯⋯⋯⋯⋯ 176
7.5 编译预处理⋯⋯⋯⋯⋯⋯⋯⋯⋯⋯⋯⋯⋯⋯⋯⋯⋯⋯⋯⋯⋯⋯⋯⋯⋯⋯⋯⋯⋯⋯⋯⋯ 182
　　7.5.1 预处理的概念⋯⋯⋯⋯⋯⋯⋯⋯⋯⋯⋯⋯⋯⋯⋯⋯⋯⋯⋯⋯⋯⋯⋯⋯⋯⋯⋯⋯ 182
　　7.5.2 宏定义⋯⋯⋯⋯⋯⋯⋯⋯⋯⋯⋯⋯⋯⋯⋯⋯⋯⋯⋯⋯⋯⋯⋯⋯⋯⋯⋯⋯⋯⋯⋯ 182
　　7.5.3 文件包含⋯⋯⋯⋯⋯⋯⋯⋯⋯⋯⋯⋯⋯⋯⋯⋯⋯⋯⋯⋯⋯⋯⋯⋯⋯⋯⋯⋯⋯⋯ 187
7.6 实践活动⋯⋯⋯⋯⋯⋯⋯⋯⋯⋯⋯⋯⋯⋯⋯⋯⋯⋯⋯⋯⋯⋯⋯⋯⋯⋯⋯⋯⋯⋯⋯⋯⋯ 189
习题⋯⋯⋯⋯⋯⋯⋯⋯⋯⋯⋯⋯⋯⋯⋯⋯⋯⋯⋯⋯⋯⋯⋯⋯⋯⋯⋯⋯⋯⋯⋯⋯⋯⋯⋯⋯⋯⋯⋯ 190

第8章 结构与联合⋯⋯⋯⋯⋯⋯⋯⋯⋯⋯⋯⋯⋯⋯⋯⋯⋯⋯⋯⋯⋯⋯⋯⋯⋯⋯⋯⋯⋯⋯⋯ 194

8.1 结构⋯⋯⋯⋯⋯⋯⋯⋯⋯⋯⋯⋯⋯⋯⋯⋯⋯⋯⋯⋯⋯⋯⋯⋯⋯⋯⋯⋯⋯⋯⋯⋯⋯⋯⋯ 194
　　8.1.1 结构类型⋯⋯⋯⋯⋯⋯⋯⋯⋯⋯⋯⋯⋯⋯⋯⋯⋯⋯⋯⋯⋯⋯⋯⋯⋯⋯⋯⋯⋯⋯ 194
　　8.1.2 结构类型的定义⋯⋯⋯⋯⋯⋯⋯⋯⋯⋯⋯⋯⋯⋯⋯⋯⋯⋯⋯⋯⋯⋯⋯⋯⋯⋯⋯ 195
　　8.1.3 结构变量⋯⋯⋯⋯⋯⋯⋯⋯⋯⋯⋯⋯⋯⋯⋯⋯⋯⋯⋯⋯⋯⋯⋯⋯⋯⋯⋯⋯⋯⋯ 196
8.2 结构数组⋯⋯⋯⋯⋯⋯⋯⋯⋯⋯⋯⋯⋯⋯⋯⋯⋯⋯⋯⋯⋯⋯⋯⋯⋯⋯⋯⋯⋯⋯⋯⋯⋯ 200
　　8.2.1 结构数组的声明⋯⋯⋯⋯⋯⋯⋯⋯⋯⋯⋯⋯⋯⋯⋯⋯⋯⋯⋯⋯⋯⋯⋯⋯⋯⋯⋯ 200
　　8.2.2 结构数组的初始化⋯⋯⋯⋯⋯⋯⋯⋯⋯⋯⋯⋯⋯⋯⋯⋯⋯⋯⋯⋯⋯⋯⋯⋯⋯⋯ 201
　　8.2.3 结构数组元素的引用⋯⋯⋯⋯⋯⋯⋯⋯⋯⋯⋯⋯⋯⋯⋯⋯⋯⋯⋯⋯⋯⋯⋯⋯⋯ 202
8.3 结构指针⋯⋯⋯⋯⋯⋯⋯⋯⋯⋯⋯⋯⋯⋯⋯⋯⋯⋯⋯⋯⋯⋯⋯⋯⋯⋯⋯⋯⋯⋯⋯⋯⋯ 203
　　8.3.1 指向结构变量的指针⋯⋯⋯⋯⋯⋯⋯⋯⋯⋯⋯⋯⋯⋯⋯⋯⋯⋯⋯⋯⋯⋯⋯⋯⋯ 203
　　8.3.2 指向结构数组的指针⋯⋯⋯⋯⋯⋯⋯⋯⋯⋯⋯⋯⋯⋯⋯⋯⋯⋯⋯⋯⋯⋯⋯⋯⋯ 206
　　8.3.3 结构变量做函数参数⋯⋯⋯⋯⋯⋯⋯⋯⋯⋯⋯⋯⋯⋯⋯⋯⋯⋯⋯⋯⋯⋯⋯⋯⋯ 207
8.4 结构数组应用举例⋯⋯⋯⋯⋯⋯⋯⋯⋯⋯⋯⋯⋯⋯⋯⋯⋯⋯⋯⋯⋯⋯⋯⋯⋯⋯⋯⋯⋯ 209

8.5 联合 ··215
　　8.5.1 联合的定义、联合变量的声明及引用 ···215
　　8.5.2 使用联合变量应注意的问题 ··218
8.6 枚举 ··220
　　8.6.1 枚举类型的概念及其定义 ··220
　　8.6.2 枚举变量的使用 ···221
8.7 用 typedef 为类型定义别名 ···223
8.8 实践活动 ···224
习题 ··225

第 9 章 指针进阶 ···228

9.1 指针数组 ···228
　　9.1.1 指针数组的概念 ···228
　　9.1.2 指向指针的指针变量 ··229
　　9.1.3 指针数组应用举例 ···231
9.2 二维数组的指针和指向二维数组的指针变量 ···233
　　9.2.1 二维数组的行地址和列地址 ··233
　　9.2.2 通过地址引用二维数组的元素 ···234
　　9.2.3 指向二维数组的指针变量 ··235
　　9.2.4 二维数组名作为函数参数 ··237
9.3 函数的指针与指向函数的指针变量 ··238
　　9.3.1 指向函数的指针变量的声明 ··238
　　9.3.2 用指向函数的指针变量调用函数 ··238
9.4 返回值为指针的函数 ···239
9.5 链表 ··240
　　9.5.1 链表的概念 ··241
　　9.5.2 动态内存分配 ···243
　　9.5.3 单向链表的常用操作 ··244
9.6 典型例题 ···252
9.7 实践活动 ···255
习题 ··256

第 10 章 文件 ··263

10.1 文件的基本概念 ···263
10.2 文件类型指针 ···264
10.3 文件的基本操作 ···265
　　10.3.1 文件的打开 ···265
　　10.3.2 文件的关闭 ···266
　　10.3.3 文件的读写 ···267

10.4　典型例题 …… 274
　　10.5　文件定位 …… 279
　　　　10.5.1　rewind 函数 …… 279
　　　　10.5.2　fseek 函数 …… 280
　习题 …… 283

附录 A　常用字符与 ASCII 代码对照表 …… 287

附录 B　关键字表 …… 288

附录 C　运算符及其优先级 …… 289

附录 D　常用库函数 …… 291

参考文献 …… 297

第 1 章 程序设计基础

学习目标
1. 了解程序、程序设计、程序设计语言及其分类、语言处理程序等概念；
2. 理解算法、算法设计、算法的表示等概念，并初步学会根据问题设计算法；
3. 理解用于结构化程序设计的三种基本结构；
4. 熟练掌握用 N-S 图描述一个简单的算法；
5. 理解 C 语言源程序的结构；
6. 理解 main 函数及其他函数在 C 源程序中的位置及作用；
7. 了解 C 语言源程序的书写格式、程序设计风格；
8. 掌握利用 TC 2.0 或 Win-TC 或其他 C 语言编译系统编辑、调试 C 源程序的方法。

1.1 程序与程序设计语言

计算机程序（通常简称程序）是人们为解决某种问题用计算机可以识别的代码编排的一系列加工步骤，是一组指示计算机每一步动作的命令；计算机能严格地按照这些步骤去做，包括对数据的处理。程序的执行过程实际上是对程序所表达的数据进行处理的过程。

1.1.1 指令与程序

指令是规定计算机操作的一组字符，单独的一条指令本身只能完成计算机的一个最基本的功能，如实现一次加法运算或实现一次大小的判别。一台计算机所能执行的指令的集合称为指令系统或指令集。一台特定的计算机只能执行自己指令系统中的指令。虽然指令系统中指令的条数很有限，一条指令完成的功能也很简单，但一系列指令的集合却能实现很复杂的功能，这就是计算机功能强大奇妙之所在。一系列遵循一定规则和思想并能正确完成指定工作的计算机指令的有序组合就构成了程序。

1.1.2 程序设计与程序设计语言

1. 程序设计

一个计算机源程序一般需要描述两部分内容：一是描述问题中的每个对象及它们之间的关系；二是描述对这些对象进行处理的规则。其中对象及它们之间的关系涉及数据结构的内容，而处理规则即为求解某个问题的算法。因此，对程序的描述经常可以理解为：

程序=数据结构+算法

> 著名的瑞士计算机科学家沃思（N.Wirth）教授提出："程序=数据结构+算法"，这里的数据结构是指数据的逻辑结构和存储结构，算法是对运算的描述。

一个设计合理的数据结构往往可以简化算法，而且一个好的程序应具有可靠性、易读性、可维护性等良好特性。

所谓程序设计，就是根据计算机要完成的任务，提出相应的需求，在此基础上设计数据结构和算法，然后再编写相应的程序代码并测试该代码运行的正确性，直到能够得到正确的运行结果为止。程序设计是要讲究方法的，良好的设计方法能够大大提高程序的清晰度和执行效率。通常程序设计有一套完整的方法，这一套完整的方法也称为程序设计方法学，因此有专家提出如下关系：

程序设计=数据结构+算法+程序设计方法学

程序设计方法学在程序设计中被提到比较高的位置，尤其对于大型软件的设计更是如此，它是软件工程的组成部分。

2．程序设计语言

程序设计语言（Programming Language）是一组用来书写计算机程序的语法规则。程序设计语言提供了一种表达数据与处理数据的功能，编程人员必须按照语言所要求的规范（即语法要求）进行编程。

在过去的几十年里，大量的程序设计语言被发明、被取代、被修改或组合在一起。尽管人们多次试图创造一种通用的程序设计语言，却没有一次尝试是成功的。之所以有那么多不同的编程语言存在，其原因主要在于编写程序的初衷各不相同，许多语言对新手来说太难学或者不同程序之间的运行成本各不相同等等。因此，有许多用于特殊用途的语言只在特殊情况下使用。例如，PHP专门用来显示网页；Perl更适合文本处理等。而C语言是被广泛用于操作系统和编译器开发（所谓的系统编程）的一种面向过程的通用高级语言，是面向对象的计算机语言（如C#、C++、Java等）的基础。

3．程序设计语言的分类

程序设计语言按照语言级别可以分为低级语言和高级语言。低级语言有机器语言和汇编语言。低级语言与特定的机器有关，效率高，但使用复杂、繁琐、编程费时、易出差错。高级语言的表示方法要比低级语言更接近于待解的问题，其特点是在一定程度上与具体机器无关，易学、易用、易维护。

1）机器语言

机器语言是计算机硬件能够唯一识别和执行的，用二进制数表示指令代码的程序设计语言。机器语言虽然执行速度很快，但通常人们编程时，不采用机器语言，因为它非常难于记忆和识别。不同机型的机器语言是不同的。

2）汇编语言

汇编语言的实质和机器语言是相同的，都是直接对硬件操作，只不过指令采用了英文缩写的标识符，是一种符号化的语言。与机器语言相比，汇编语言更容易识别和记忆，但同样需要编程者将每一步具体的操作用命令的形式写出来，它的每一条指令只能对应实际操作过程中的一个很细微的动作，例如移动、自增等。因此，用汇编语言书写的源程序一般比较冗长、复杂、容易出错，而且使用汇编语言编程需要有更多的计算机专业知识。但汇编语言的优点也是显而易见的，用汇编语言完成的操作不是一般高级语言所能实现的，源程序经汇编生成的可执行文件不仅比较小，而且执行速度很快。

3）高级语言

高级语言是接近人们习惯使用的自然语言和数学语言的计算机程序设计语言，独立于计算机。即使不了解机器指令，也不了解机器的内部结构和工作原理，也能用高级语言编写程序。高级语言主要由语句构成，有一定的书写规则，可以用语句表达要计算机完成的操作。由于高级语言有统一的语法，独立于具体机器，故便于人们编码、阅读和理解。

高级语言是一种既能方便地描述客观对象，又能借助编译器为计算机所接受、理解和执行的人工语言。例如，用于科学计算的FORTRAN语言、早期非常普及的BASIC语言、第一个用严格文法描述的ALGOL 60语言、适合底层程序（如驱动程序）开发的C及C++语言、方便开发桌面应用程序的Visual Basic和Delphi语言、结合了C及C++的强大功能以及Visual Basic的易用性的C#语言等。

程序设计语言是软件开发的一个重要方面，其发展趋势是模块化、简明化、形式化、并行化和可视化。

1.1.3 语言处理程序

计算机只能执行机器语言程序，用汇编语言或高级语言编写的程序（源程序），计算机是不能识别和执行的。因此，必须配备一种工具，任务是把用汇编语言或高级语言编写的源程序翻译成机器可执行的机器语言程序，这种工具就是"语言处理程序"。语言处理程序包括汇编程序、解释程序和编译程序。

1．汇编程序

汇编程序是把用汇编语言写的源程序翻译成机器可执行的目标程序的翻译程序，其翻译过程叫汇编。

2．解释程序

解释程序接受用某种高级程序设计语言（比如BASIC语言）编写的源程序，然后对源程序中的每一条语句逐条进行解释并执行，最后得出结果。也就是说，解释程序对源程序是一边翻译，一边执行，执行方式类似于"同声翻译"。解释程序在对源程序进行翻译时并不产生目标程序，因此，应用程序不能脱离其解释器，但这种方式比较灵活，可以动态地调整、修改应用程序。

3．编译程序

编译程序是将用高级语言所编写的源程序翻译成用机器语言表示的目标程序的翻译程序，其翻译过程称为编译。编译程序与解释程序的区别在于，它将源程序翻译成目标代码文件（*.obj），计算机再执行由此生成的可执行文件。一般而言，建立在编译基础上的系统在执行速度上都优于建立在解释基础上的系统。但是，编译程序比较复杂，应用程序一旦需要修改，必须先修改源代码，再重新编译生成新的目标文件才能执行，这使得开发和维护费用较大；相反，解释程序比较简单，占用内存少，可移植性也好，缺点是执行速度慢。

1.2 算　　法

1.2.1 算法的概念

1. 算法

为解决一个实际问题而采取的确定且有穷的方法和步骤，称之为"算法"。解决同一个问题，可能有不同的方法和步骤，即有不同的算法。例如，求 1+2+3+4+5+…+100，有的人可能先进行 1+2，再加 3，再加 4，以此类推，一直加到 100；而有的人则采取这样的方法：100+(1+99)+(2+98)+…+(49+51)+50=100×50+50=5050。当然，方法有优劣之分，有的方法只需执行很少的步骤，而有些方法则需要较多的步骤。一般来说，人们总是希望采用方法简单、运算步骤少的算法。因此，为了有效地进行解题，不仅需要保证算法正确，还要考虑算法的质量，选择合适的算法。同样的任务如果采用不同的算法来实现，可能需要不同的时间、空间开销，其效率往往也是不同的。一个算法的优劣可以用空间复杂度与时间复杂度来衡量。通常时间复杂度用于度量算法执行的时间长短；而空间复杂度用于度量算法执行时所需存储空间的大小。

2. 算法的特性

1）有穷性

一个算法应包含有限的操作步骤而不能是无限的，同时一个算法应当在执行一定数量的步骤后结束，不能陷入死循环。事实上"有穷性"往往指"在合理范围之内"的有限步骤。如果让计算机执行一个历时几年才结束的算法，算法尽管有穷，但超过了合理的限度，人们也不认为此算法是有用的。

2）确定性

确定性是指算法中的每一个步骤应当是确定的，不能含糊、模棱两可，也就是说算法不能产生歧义。特别是当算法用自然语言描述时更应注意这点。例如："将成绩优秀的同学名单打印输出"就是有歧义的，不适合算法描述，因为"成绩优秀"要求不明确，究竟是要求"每门课程都在 90 分以上"、还是"平均成绩在 90 分以上"或者是其他的什么条件，未作明确的说明。

3）有零个或多个输入

所谓输入是指算法执行时从外界获取必要的信息。外界是相对算法本身的，输入可以是来自键盘或数据文件中的数据，也可以是程序其他部分传递给算法的数据。可以没有输入，也可以有输入。例如：可以编写一个不需要输入任何数据，就可以计算出 5! 的算法；但如果要计算任意两个整数的最大公约数，则通常需要输入两个整数。

4）有一个或多个输出

算法必须得到结果，没有结果的算法没有意义。结果可以显示在屏幕上或在打印机上打印，也可以传递给数据文件或程序的其他部分。

5）有效性

算法的有效性是指算法中每一个步骤应当能有效地执行，并得到确定的结果。

1.2.2 算法设计举例

程序设计人员的基本技能之一是必须会设计算法,并根据算法写出程序。因此,对于初学者来说,掌握一些常用算法是非常重要的。许多初学者常常把要解决的问题首先和程序设计语言中的语句联系在一起,影响了程序设计质量。设计算法和编写程序要分开考虑,在学习程序设计语言之前,就应该学会针对一些简单问题来设计算法。

【例 1-1】 有两个瓶子 A 和 B,A 中盛放酒,B 中盛放醋,现要求将其中的酒和醋互换,即 A 中盛放醋,B 中盛放酒。请设计一个交换两个瓶子中的酒和醋的算法。

分析:这是一个非数值运算问题。一般地,两个瓶子中间液体不能直接交换。要解决这一问题,最好的办法是引入第 3 个空的瓶子 C。这样,交换步骤可描述为如下算法:

(1) 将 A 瓶中的酒装入 C 瓶中;
(2) 将 B 瓶中的醋装入 A 瓶中;
(3) 将 C 瓶中的酒装入 B 瓶中。

评注:可将 3 个瓶子看成是 3 个变量,瓶子中的酒和醋看作是变量中存放的值,这个算法就可以引申到交换两个变量的值。

【例 1-2】 请设计算法,实现如下问题的求解:输入 3 个数,输出其中的最大数。

分析:这一问题处理的对象是 3 个数,那么,首先需要有空间存放这 3 个数,定义 3 个变量 a、b、c,将 3 个数依次输入到 a、b、c 中。另外,因要求输出最大数,所以可再定义一个变量存放最大数,设该变量为 max。算法描述如下:

(1) 输入 a、b、c;
(2) 比较 a 与 b 的大小,将 a 与 b 中的大者放入变量 max 中;
(3) 比较 c 与 max 的大小,将 c 与 max 中的大者放入变量 max 中;
(4) 输出 max。

【例 1-3】 求 $sum = \sum_{i=1}^{6} i$,即 sum=1+2+3+4+5+6 的值。

方法一:可以用最直接的方法进行计算。算法描述如下:

(1) 定义变量 sum;
(2) 求 sum=1+2+3+4+5+6;
(3) 输出 sum。

评注:这样的算法虽然正确,但不具通用性,太繁琐了。如要求 1~100 的和,则要书写的表达式太长,显然是不可取的。

方法二:利用等差数列求和公式计算。算法描述如下:

(1) 定义变量 sum;
(2) 求 $sum = \dfrac{6 \times (1+6)}{2}$;
(3) 输出 sum。

评注:这样的算法虽然效率较高,但前提条件是必须知道等差数列的求和公式。

方法三:把求和公式转化为 2 个简单公式的重复计算。算法描述如下:

(1) 定义变量 sum,用于求累加和,定义变量 i 用于表示[1,6]内的任一整数;

(2) 令 sum 的初值为 0，i 的初值为 1；

(3) 令 sum=sum+i；

(4) 令 i=i+1；

(5) 如果 i<7 则转（3），否则转（6）；

(6) 输出 sum。

评注：上述算法中的步骤（3）、（4）、（5）组成了一个循环，在实现算法时，要反复多次执行这 3 个步骤。执行步骤（5）时，经过判断，若 i 超过规定的数值 6 则转步骤（6），输出 sum 后算法结束。此时变量 sum 的值就是所要求的结果。

用这种方法表示的算法具有较强的通用性和灵活性。如果要计算 1~100 的和，只需将步骤（5）中的 i<7 改成 i<101 即可。

【例 1-4】 请设计算法，找出[1,100]的所有质数。

分析：为了找出[1,N]（N 是任意给定的正整数）内的所有质数，只要把 1 和不超过 N 的所有合数都删去。由于不超过 N 的合数 a 必有一个不可约除数 $p\left(p \leq \sqrt{a} \leq \sqrt{N}\right)$，因而，只要找出不超过 $\sqrt{N}$ 的全部质数 $p_1, p_2, \cdots, p_s$，然后依次把不超过 N 的正整数中的除了 $p_1, p_2, \cdots, p_s$ 以外的 p_1 的倍数，p_2 的倍数，$\cdots$，p_s 的倍数全部删去，就删去了不超过 N 的全部合数，剩下的就是不超过 N 的全部质数，如图 1.1 所示。

> 该方法是古希腊的埃拉托斯色尼（Eratosthenes，约公元前 274~194 年）发明的，起初是把数写在涂腊的板上，每次要划去一个数，就在上面记以一小点。寻求质数的工作完毕后，这些小点就像一个筛子，所以就把埃拉托斯色尼发明的这种找质数的方法叫做"埃拉托斯色尼筛"，简称"筛法"。

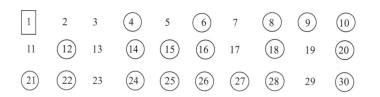

图 1.1 [1,30]埃拉托斯色尼筛示例

具体做法是：先把 N 个自然数按次序排列起来。1 不是质数，也不是合数，要划去。第二个数 2 是质数要保留下来，把 2 后面所有能被 2 整除的数都划去；2 后面第一个没被划去的数是 3，把 3 留下，再把 3 后面所有能被 3 整除的数都划去；3 后面第一个没被划去的数是 5，把 5 留下，再把 5 后面所有能被 5 整除的数都划去；如此往复，直到 $\sqrt{N}$ 为止，就会把不超过 N 的全部合数都筛掉，留下的就是不超过 N 的全部质数。筛法描述如下：

(1) 将 1~100 的自然数放入 a[1]~a[100]中，并令 a[1]=0（表示划去）；

(2) 找下一个非 0 最小数→newp（newp 的初始值为 2）；

(3) 划去 newp 后的所有 newp 的倍数（对应位置元素值置 0）；

(4) 重复（2）、（3），直至 newp>10（即 $\sqrt{100}$）；

(5) 输出剩余（即非零）的数。

1.2.3 算法的表示

可以用不同的方法来描述一个算法。常用的有自然语言、流程图、N-S 图、伪代码和计算机语言等表示法。

1. 自然语言表示法

自然语言就是人们日常使用的语言，可以是汉语、英语或其他语言。

【例 1-5】 求 m!。

分析：如果 m=6，即求 1×2×3×4×5×6。先设 s 表示累乘积，t 表示乘数，用自然语言表示 m!的算法描述如下。

（1）使 s=1，t=1；

（2）使 s←s×t；

（3）使 t←t+1；

（4）如果 t≤m，返回（2）重复执行，否则输出 s 后结束。

用自然语言描述算法具有通俗易懂的优点，但它的缺点是：

- 冗长。自然语言表示算法往往要用一段冗长的文字才能说清楚所要进行的操作。
- 容易出现歧义。自然语言往往要根据上下文才能正确判断出其含义，不太严谨。如"张三对李四说他的儿子考上了大学"就存在歧义，因为究竟指谁的儿子不明确。
- 用自然语言表示顺序执行的步骤比较好懂，但如果算法中包含判断或转移时就不够直观。

因此，除了那些很简单的问题之外，一般不用自然语言表示算法。

2. 流程图表示法

用一些几何图形代表各种不同性质的操作，这种表示方式称为算法的流程图表示法。美国国家标准化协会（American National Standard Institute，ANSI）规定了一些常用的图形符号（如图 1.2 所示），这些符号已被世界各国的广大程序设计工作者普遍接受和采用。

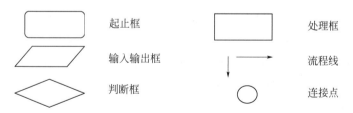

图 1.2　常用流程图符号

- 起止框。表示算法的开始和结束。一般内部只写"开始"或"结束"。
- 输入输出框。表示算法请求输入输出需要的数据或算法将某些结果输出。一般内部常常填写"输入…"，"打印/显示…"。
- 判断框（菱形框）。主要是对一个给定条件进行判断，根据给定的条件是否成立来决定如何执行其后的操作。
- 处理框。表示算法的某个处理步骤，一般内部常常填写赋值操作。
- 流程线。用于指示算法中各步骤的执行方向。

- 连接点。用于将画在不同地方的流程线连接起来。同一个编号的点是相互连接在一起的，实际上同一编号的点是同一个点，只是画不下才分开画。使用连接点，还可以避免流程线的交叉或过长，使流程图更加清晰。

【例 1-6】 用流程图表示求 $\sum_{i=1}^{10} i$ 的算法。

分析：令 s 表示累加和，初值为 0。用流程图描述的算法如图 1.3 所示。

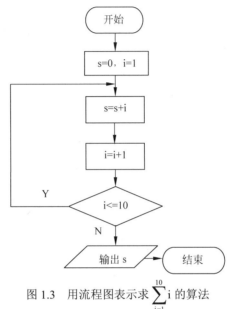

图 1.3 用流程图表示求 $\sum_{i=1}^{10} i$ 的算法

评注：流程图比较直观、灵活，并且较易掌握，但是这种流程图对于流程线的走向没有任何限制，可以任意转向，在描述复杂的算法时所占的篇幅较多，费时、费力且不易阅读。

3．N-S 图表示法

通常情况下，程序中的语句是依次逐条执行的，即"顺序执行"（sequential execution）。如果让程序不按编写的顺序执行语句，这个过程称为"控制转移"（transfer of control）。Bohm 和 Jacopini 的研究证实，所有程序都能够只用三种控制结构编写，这三种控制结构分别是顺序结构、选择结构和循环结构。

1）顺序结构

顺序结构是程序设计语言的基本结构，计算机自动地以语句的顺序逐条执行。顺序结构的流程图表示如图 1.4（a）所示。

2）选择结构

选择结构用于在备选动作中作出选择，选择结构的流程图表示如图 1.4（b）所示。图中首先判断条件 P 是否成立，如果成立，则执行 A 操作，否则，执行 B 操作或空操作。

3）循环结构

在一些算法中，经常会出现从某处开始，按一定条件反复执行某些步骤的情况，这就是循环结构。反复执行的步骤称为循环体。根据对条件的不同处理，循环结构分为前测试型与后测试型两种。循环结构的流程图如图 1.4（c）所示。

- 前测试型。前测试型循环在每次执行循环体 A 前对循环控制条件 P 进行判断,当条件满足时执行循环体 A,不满足时则停止。前测试型循环有时也称为"当型"循环。
- 后测试型。在执行了一次循环体 A 之后,对循环控制条件 P 进行判断,当条件满足时再次执行循环体 A,不满足时则停止。

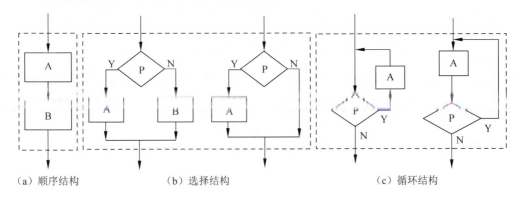

(a)顺序结构　　　　(b)选择结构　　　　　　　(c)循环结构

图 1.4　三种控制结构的流程图表示

1973 年,Nassi 和 Shneiderman 提出了一种用结构化的流程图来分析问题的方法,这种结构化的流程图被称为 N-S 图。在 N-S 图中,摒弃了带箭头的流程线,图中的基本单元是矩形框,结构化程序的三种基本控制结构用不同的矩形框表示,如图 1.5 所示。

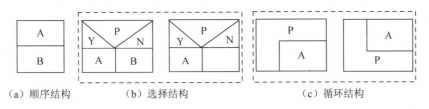

(a)顺序结构　　　　(b)选择结构　　　　　　　(c)循环结构

图 1.5　三种控制结构的 N-S 图表示

N-S 图将算法的每一步骤,按序连接成一个大的矩形框来表示,从而完整地描述一个算法。在矩形框内还可以包含其他从属于它的矩形框,即 N-S 图是由矩形框组合嵌套而成的,因此又称为盒图。用 N-S 图描述的算法杜绝了流程的无条件转移,结构清晰、容易理解,完全符合结构化程序设计的要求,在程序设计中得到了广泛的应用。

【例 1-7】　画出求两数之和算法的 N-S 图。

分析:设变量 a 和 b 分别表示 2 个数,变量 s 用于存放 a、b 之和。求两数之和的 N-S 图如图 1.6 所示。

【例 1-8】　画出求 a、b 两数中的较大数的 N-S 图。

分析:设变量 max 用于存放 a、b 两数中的较大数。求两数中较大数的 N-S 图如图 1.7 所示。

【例 1-9】　设计一个计算 n!的算法。

分析:设变量 t 表示累乘积,变量 i 表示[1,n]之间的一个整数。求 n!的 N-S 图如图 1.8 所示。

4. 伪代码表示法

使用流程图和 N-S 图表示算法,清晰易懂,但如果要修改,工作量会很大。在设计算

 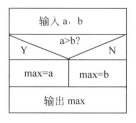 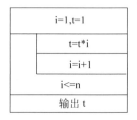

图 1.6　求两数之和的 N-S 图　　图 1.7　求两数中较大数的 N-S 图　　图 1.8　求 n!的 N-S 图

法的过程中，通常需要反复修改，不断完善。为了设计算法时方便，经常使用伪代码作为描述工具。伪代码是近似于高级语言又不受高级语言语法约束的一种算法描述方式，这在英语国家中使用起来更加方便。

例如，"打印 x 的绝对值"的算法可以用伪代码表示如下：

若 x 为正
　　则打印 x
否则
　　打印-x

伪代码书写格式比较自由，容易修改，但用伪代码表示的算法没有用流程图或 N-S 图表示的算法直观。

5．计算机语言表示法

计算机是无法识别流程图和伪代码的，只有用计算机语言编写的程序才能被计算机翻译后执行。例如，已经了解了例 1-9 中求 n!的算法，但还没有求出确切的结果。只有实现了算法，才能得到运算结果。因此，描述一个算法后，还需将它转换成相应的计算机语言程序。用计算机语言表示算法时，必须严格遵循所用语言的语法规则，这是和伪代码不同的。C 语言的语法规则和程序设计方法等将在以后的各个章节展开讨论。

1.3　C 程序结构简介

目前广泛使用的 C 程序设计语言是一种结构化、模块化、面向过程的编译型语言，既有一般高级程序设计语言的特性，又有低级程序设计语言的功能，程序的易读性、移植性好，特别适合软件开发。数据表达、运算和流程控制是程序设计语言的三个基本内容。本节以两个简单的 C 语言源程序来分析 C 语言源程序的基本结构。

1.3.1　简单 C 程序介绍

为了说明 C 语言程序结构的特点，先看以下两个程序。可从这两个程序中了解编写一个 C 语言源程序的基本组成部分和一般书写格式。

【例 1-10】　在屏幕上显示"One World! One Dream!"。

源程序：

```
/* 显示文本 One World! One Dream! */      /* 序言性注释文本 */
#include<stdio.h>                         /* 编译预处理命令 */
```

```
void main()                                    /* 定义主函数 */
{
  printf("One World! One Dream!");             /* 调用输出函数 printf 输出文本 */
}
```

运行结果：

One World! One Dream!

程序中包含在"/*"和"*/"之间的内容称为注释，用于说明程序的功能、语句的功能等，作用是为了提高程序的可读性。

为了便于进行程序设计，各种C语言版本都提供了大量的库函数供程序设计者引用。为了引用库函数，一般在源程序的开始部分需要使用编译预处理命令（如例 1-10 中的"#include <stdio.h>"），编译预处理命令的末尾一般不加分号。

代码"void main()"定义了一个名为 main 的函数，这里的关键字 void 表示 main 函数没有返回值。在C语言中，main 函数是一个特殊的函数，称为"主函数"，任何一个能够运行的C源程序必须有一个名为 main 的函数，当程序运行时，从 main 函数开始执行。

"void main()"后面一对大括号及其括起来的一组语句序列称为函数体。例 1-10 源程序的函数体中只有 1 条语句，这条语句为"printf("One World! One Dream! ");"，由函数调用和分号两部分组成，作用是将双引号中的内容原样输出，而分号表示该语句的结束。C语言中的语句必须以分号结束。

【例 1-11】 求 2 个数中的大数。

源程序：

```
#include<stdio.h>
int max(int x, int y)      /* 定义 max 函数 */
{
   int z;
   if (x>y)                /* 将 x,y 中的大数赋给 z 变量 */
      z=x;
   else
      z=y;
   return z;               /* 返回 z 值 */
}

void main()                /* 定义主函数 */
{
  int a,b,c;               /* 声明整型变量 a、b、c */
  scanf("%d,%d",&a,&b);    /* 从键盘输入 2 个十进制整数赋给变量 a、b */
  c=max(a,b);              /* 调用 max 函数求 a、b 中的大数，赋给 c */
  printf("%d",c);          /* 调用函数 printf 输出 c 的值至屏幕 */
}
```

例 1-11 是包含自定义函数的C源程序，程序的执行从 main 函数开始，而不论其他函数的位置是否在 main 函数之前，其他函数都是在开始执行 main 函数以后，通过函数调用或嵌套调用才会执行，main 函数是整个程序的控制部分。main 函数以外的其他函数可以是系统提供的库函数，如函数 printf 和 scanf，也可以是根据自己的需要而编写的函数，如例 1-11 中的 max 函数。

C 函数的定义包括函数首部和函数体两个部分。函数首部需要指明函数的类型、函数名、参数和参数说明等，如 max 函数的首部为"int max(int x, int y)"，函数名 max 前的关键字 int 表示该函数的返回值是整型，一对小括号中描述了 2 个参数名及其类型。函数体是"{"和"}"所括的部分，每个函数都有一个函数体来定义动作，主要包括声明语句和一组执行语句。

1.3.2 C 源程序概貌

1．C 源程序结构

例 1-10 和例 1-11 说明了简单 C 程序的整体形式。尽管 C 程序可能按照各种不同的方式组织，但都彼此相似。主要包括以下部分。

1）注释

一个好的程序员总是在程序的顶部进行注释，以说明本程序的功能，编写程序的日期、时间以及作者信息等，并且在程序中添加注释解释每一组语句的目的。编译程序在对源程序进行编译时会忽略注释，使用注释只是为了提高程序的可读性。在 C 语言中，注释以"/*"开始，"*/"结束。

2）预处理命令

程序中往往包含一条或多条预处理命令（以#开头的命令行称为预处理命令行）。有关预处理命令详见本教程 7.5 节。

3）函数定义

一个 C 程序是由若干函数构成的，每个程序都必须包含一个名为 main 的函数，这是源程序执行的起始位置。除此之外，还可包含若干其他函数，这些函数可以是系统提供的库函数，也可以是根据需要自定义的函数。

- 函数定义由两部分组成：函数首部和函数体。函数首部指明函数的类型、函数名、参数和参数说明等；函数体定义每个函数所要执行的操作。
- 函数体部分一般由数据声明语句和执行语句组成。
- 每条语句必须以";"结束。

2．书写源程序的一般规则

C 语言源程序在书写时虽然有书写格式比较自由等特点，但书写程序时应从便于阅读、理解和维护的角度出发，一般方法如下。

1）一行最好只写一条语句

在 C 语言源程序中，虽然一行上可以写多条语句，一条语句也可以分写在多行上，但是在有些情况下，语句中的某些部分是不能随意断开的。例如，字符串不能断开，标识符不能断开，数据不能断开等。为了提高程序的可读性，最好一行只写一条语句。

2）锯齿状编程

所谓锯齿状编程，即在编写程序时，用缩进对齐的写法来反映程序不同的结构层次以增加程序的可读性。例如：

```c
#include<stdio.h>
void main()
{
    int i=1,sum=0;
    while(i<=100)              /* 以下 3 行是 while 语句的循环体，因此缩进后书写 */
       {  sum+=i;
          i++;
       }
    printf("%d",sum);          /* 该句和 while 对齐，表示和 while 在同一个层次上*/
}
```

3）多使用注释

C 程序中，可以在除具有独立含义的语句元素之外的任何地方用"/*"和"*/"对程序或语句进行注释。好的程序都应有必要的注释，用于描述程序的目标、功能、某一变量的作用等，以帮助读者理解程序。

注意：
- C 程序中的逗号、分号、单引号和双引号等符号，一定要在英文输入状态下输入。
- 花括号、小括号、用作界定符的单引号和双引号等都必须成对出现。

1.3.3 程序设计风格

程序设计是一门艺术，需要相应理论、技术、方法和工具的支持。程序设计风格是指程序员编写程序时所表现出来的特点、逻辑思路习惯等。

良好的程序设计风格不仅有助于提高程序的可靠性、可理解性、可测试性、可维护性和可重用性，而且也能够促进技术的交流，改善软件的质量。所以培养良好的程序设计风格对于初学者来说非常重要。养成良好的程序设计风格，主要考虑下述的因素。

1．源程序文档化

编码的目的是产生程序。为了提高程序的可维护性，源程序需要实现文档化。源程序文档化包括选择标识符（变量和标号等）、安排注释以及标准的书写格式等。

1）标识符的命名

标识符包括函数名、变量名、常量名、标号名等。这些名字应能反映它所代表的实际事物，应有一定的实际意义，使其能顾名思义。另外在模块名、变量名、常量名、标号名、子程序名中使用下划线是一种风格。使用这一技术的一种广为人知的命名规则就是匈牙利命名法。当然使用匈牙利命名法与否都没有错误，重要的是要保持一致性——在整个程序中使用相同的命名规则。这就是说，如果在一个小组环境中编程，小组成员应该制定一种命名规则，并自始至终使用这种规则。如果有人使用了别的命名规则，那么集成的程序读起来将很费劲。此外，还要与程序中用到的第三方库（如果有的话）所使用的风格保持一致。如果可能的话，应该尽量使用与第三方库相同的命名规则，这将加强程序的可读性和一致性。

> 匈牙利命名法是一种编程时的命名规范,其基本原则是:变量名=属性+类型+对象描述,其中每一对象的名称都要求有明确含义,可以取对象名字全称或名字的一部分。例如,指针名称为 pointer,在匈牙利命名法中可以简写为 p,单精度实型名称为 float,在匈牙利命名法中可以简写为 f,则当变量类型及变量名称分别为 float 和 max 时,变量 pfmax 就很好地表示了一个指向 float 型变量 max 的指针变量。匈牙利命名法便于记忆,而且变量名清晰易懂,增强了代码的可读性,也便于程序员之间进行代码的交流。

2)程序注释

程序中的注释是程序设计者与程序阅读者之间通信的重要手段。注释能够帮助理解程序,并为后续测试维护提供明确的指导信息。因此,注释是十分重要的,大多数程序设计语言提供了使用自然语言来写注释的环境,为程序阅读带来很大的方便。注释分为功能性注释和序言性注释。

- 功能性注释。在源程序中,功能性注释用以描述其后的语句或程序段是要"做什么",而不是解释"怎么做"。对于功能性注释的书写,要注意以下几点:第一,描述一段程序,而不是每一个语句;第二,利用缩进和空行,使程序与注释容易区别;第三,注释要准确无误。
- 序言性注释。序言性注释通常位于每个程序模块的开头部分,给出程序的整体说明,对于理解程序具有引导作用。有些软件开发部门对序言性注释做了明确而严格的规定,要求程序编制者逐项列出。有关内容包括:程序标题、有关该模块功能和目的的说明、主要算法、接口说明(如调用形式、参数描述、子程序等)、有关数据描述、模块位置(在哪一个源文件中,或隶属于哪一个软件包)、开发者简介(模块设计者、复审者、复审日期等)。

3)视觉组织

采用分层缩进的锯齿状写法显示嵌套结构层次,这样可使程序的逻辑结构更加清晰,层次更加分明。

2. 数据说明的方法

1)数据说明的次序规范化

在编写程序时,要注意数据说明的次序。数据说明的次序如果规范,将有利于测试、排错和维护。说明的先后次序要固定,例如,按"常量说明、简单变量类型说明、数组说明、文件说明"的顺序进行说明。

2)说明语句中变量安排有序化

在类型说明中可进一步细化要求,例如,按"整型量说明、实型量说明、字符量说明"的次序进行说明。当用一个语句说明多个变量名时,应当按字母的顺序排列这些变量。

3)使用注释来说明复杂数据结构

对于复杂的数据结构,应利用注释说明实现这个数据结构的特点。

3. 语句的结构

程序应该简明易懂,语句构造应该简单直接。应该从以下方面加以考虑:

- 在一行内只写一条语句;

- 除非对效率有特殊要求，程序编写要遵循清晰第一、效率第二的原则；
- 避免使用临时变量而使程序可读性下降；
- 避免不必要的转移；
- 尽可能使用库函数；
- 避免使用复杂的条件语句，尽量减少使用"否定"条件的条件语句；
- 从数据出发去构造程序，数据结构的选择要有利于程序的简化；
- 使模块功能尽可能单一化，并确保每一个模块的独立性。

4．输入和输出

输入输出的方式和格式应当尽量避免因设计不当给用户带来麻烦。无论是批处理的输入和输出方式，还是交互式的输入和输出方式，在设计和编程时都应该考虑如下原则：

- 要检验输入数据的合理性，并检查输入项的各种重要组合的合理性；
- 输入格式要简单，而输出格式要便以分析输出结果是否正确；
- 输入数据时，应允许使用自由格式，输出数据时要注意数据类型的正确性；
- 输入一批数据时，最好使用输入结束标志，输出一批数据时要尽量采用每行若干个就换行的对齐格式；
- 在用交互输入方式进行输入时，要在屏幕上使用提示符明确提示输入要求，在数据输入过程中和输入结束时应在屏幕给出状态信息。

关于程序设计风格问题，严格来说是一个没答案的讨论，编程人员随着编码经验的增加，会在不同的阶段有不同的认识。

1.4 实践活动

活动一：知识重现

在本章的学习过程中，请关注以下问题：

1．什么是指令、程序、程序设计、程序设计语言、语言处理程序？
2．什么是算法？算法常用哪些表示方法？
3．C 语言源程序的基本结构是怎样的？

活动二：小组讨论

1．已知 a、b 两个变量的数值分别为 10 和 20，如果不采用中间变量，试写出交换这两个变量中数值的算法（找几个学习伙伴讨论讨论）。

（1）小组讨论分析后，写出算法。
（2）每个小组派个代表说出自己的算法，大家讨论哪个算法比较好，好在哪儿？
（3）请设计 N-S 图描述交换两个变量中数值的算法。

2．找一个适合自己学习 C 语言程序设计时所需的编译系统或者集成开发环境（Integrated Development Environment, IDE），了解该系统的基本使用方法、基本操作，弄清楚如何取得联机帮助信息。设法找到并翻阅这个系统的手册，了解手册的结构和各个部分的基本内容。了解在该系统中编写一个简单程序的基本步骤。

习　　题

【本章讨论的重要概念】

通过本章学习，应掌握如图 1.9 所示的重要概念。

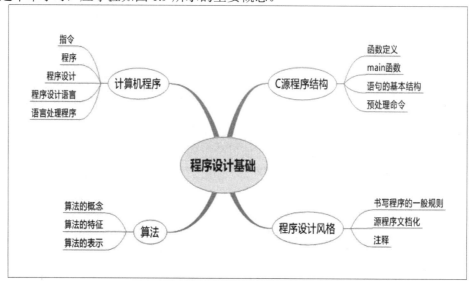

图 1.9　思维导图——程序设计基础

【基础练习】

选择题

1. 以下叙述中，错误的是_____。
   A．一个 C 源程序由一个或多个函数组成
   B．一个可以执行的 C 源程序必须包含一个 main 函数
   C．C 程序的基本组成单位是函数
   D．在 C 程序中，注释只能位于一条语句的后面

2. 以下叙述中，正确的是_____。
   A．构成 C 程序的基本单位是函数
   B．可以在一个函数中定义另一个函数
   C．main 函数必须位于其他函数之前
   D．在 C 语言中，标识符不区分大小写

3. 以下叙述中，正确的是_____。
   A．C 语言的每一行只能写一条语句
   B．main 函数中必须至少有一条语句
   C．在编译时可以发现注释中的拼写错误
   D．程序总是从 main 函数的第一条语句开始执行的

填空题

1. C 程序是由函数构成的，一个 C 源程序至少包含一个_____函数。
2. C 程序的执行总是从_____函数开始，在_____函数中结束。

3. 在C语言源程序中,一个函数由_____和_____两部分组成。

4. 函数体一般包括_____和_____。

5. C程序书写格式规定,每行可写_____语句,一条语句可以_____。一条C语言的语句至少应包含一个_____。

6. 用_____和_____可对C程序中的任何部分作注释。

7. 一个结构化的算法是由一些基本结构依次组成的。用于结构化程序设计的三种基本结构是_____、_____、_____。

【拓展训练】

1. C源文件取名时,扩展名一般为_____,编译源代码,生成目标文件,其扩展名一般为_____;对目标文件进行连接,生成可执行文件,其扩展名一般为_____。

2. 给定如下C程序:

```
#include<stdio.h>
void main()
{
    int base,height;
    int area;
    printf("Enter base and height of rectangle:");
    scanf("%d",&base);
    scanf("%d",&height);
    area=base*height;
    printf("%d\n",area);
}
```

(1) 请写出程序中内存变量的列表。

(2) 程序中哪些代码包含有更改内存内容的操作?是什么操作?

3. 上机调试程序是学习程序设计的一个重要环节。从某种程度上讲,程序设计能力是在上机调试程序时不断查错改错的过程中提高的,所以初学者必须首先熟悉调试工具及各类错误信息。在学"计算机应用基础"课程时有一个知识模块叫"软件工程",简单地说,软件工程是将工程化的思想运用到软件的开发过程中,软件是有生命周期的,在其生命周期中有一个环节叫测试,测试与调试是两个截然不同的概念。调试是当程序发生错误时试图去改正错误的技术,而测试是当程序正确时试图找出程序漏洞的技术。C语言源程序在编译、连接、运行等过程中,可能发生的错误类型有哪些?尽可能多地列举出在上机调试程序的过程中所遇到的错误类型。

4. 请设计算法,求两个正整数的最大公约数。

5. 韩信是我国西汉初著名的军事家,刘邦得天下,军事上全依靠他。韩信点兵,多多益善,不仅如此,还能经常以少胜多,以弱胜强。在与楚军决战时韩信指挥诸侯联军,在垓下十面埋伏,击败楚军,楚霸王项羽因此自杀。相传汉高祖刘邦问大将军韩信统御兵士多少,韩信答说,每3人一列余1人、5人一列余2人、7人一列余4人、13人一列余6人……。刘邦茫然而不知其数。请设计算法,求出韩信统御的兵士数。

6. 请认真阅读下列材料：

程序设计是一种智力劳动。初学程序设计时写很简单的程序，与做一道数学应用题或物理练习题有类似之处。编程序时面对的是一个需要解决的问题，要完成的是一个符合题目要求的程序。一般来说，解决问题的过程可分为三步：（1）设计一种解决方案；（2）用程序语言严格描述这个解决方案；（3）在计算机上试用这个程序，运行它，看看它是否真能解决问题。如果第三步发现错误，那么就需要仔细分析错误原因，弄清问题后退到前面的步骤去纠正错误。如果发现程序有问题，那就需要修改它，然后重新编译运行和检查；如果发现求解方案有误，那就需要修改方案，重编程序……

本课程中将会涉及许多东西，包括知识的记忆和灵活掌握，解决问题的思维方法，具体处理问题的手段和技巧，还有许多实际工作和操作技能。主要有以下几点。

（1）分析问题的能力，特别是从计算和程序的角度分析问题的能力。这一方面的深入没有止境，许多专业性问题都需要用计算机解决，参与者既需要熟悉计算机，也需要熟悉专业领域。未来世界特别需要这种兼容并包的人才。虽然教程中涉及的问题很简单，但它们是通向复杂问题的"桥梁"。

（2）掌握所用的程序语言，熟悉语言中的各种结构，包括其形式和意义。语言是编写程序的工具，要想写好程序，必须熟悉所用的语言。应该注意，熟悉语言绝不是背诵定义，这个熟悉过程只有在程序设计的实践中才能完成。就像上课再多也不能学会开汽车一样，仅靠看书、读程序、抄程序不可能真正学会写程序。要学会写程序，就需要反复地亲身实践从问题到程序的整个过程，开动脑筋，想办法处理遇到的各种情况。

（3）学会写程序。虽然写过程序的人很多，但会写程序、能写出好程序的人就少得多了。除了程序本身是否正确外，还要关注写出的程序结构是否良好，是否清晰，是否易于阅读和理解，当问题中有些条件或要求改变时，是否容易修改去满足新的要求，等等。

（4）检查程序错误的能力。初步写出的程序会包含一些错误，虽然语言系统能帮助我们查出其中的一些错误，并通告发现错误的位置，但确认实际错误和实际位置，弄清应该如何改正，永远都是编程者的事情。

（5）熟悉所用工具和环境。程序设计要用一些编程工具，并要在具体的计算机环境中使用，因此，熟悉工具和环境也是学习 C 语言程序设计过程中很重要的一部分。

【问题与程序设计】

1. 请设计算法，求出 10 个数中的最大数。
2. 判别一整数是否能同时被 3 和 5 整除，如果能，则输出"yes"，否则输出"no"。
3. 请设计算法，判断一个正整数是否为质数。

第 2 章 C 语言入门

学习目标
1. 掌握 C 语言中常量和变量的概念及变量的命名规则；
2. 掌握 C 语言中的三种基本数据类型（整型、实型和字符型）及其应用；
3. 掌握变量的声明方法、初始化及使用；
4. 掌握算术运算符、赋值运算符和逗号运算符以及相应表达式的求值方法；
5. 掌握表达式运算中操作数类型的自动转换与强制转换等概念；
6. 掌握输入函数 scanf 和输出函数 printf 的基本用法。

2.1 常量、变量与数据类型

2.1.1 标识符

用计算机处理问题，必然要涉及数据和许多符号，如变量名、函数名和数组名等。符号的命名必须遵循一定的规则，按此规则命名的符号称为标识符。标识符的命名规则是：
- 由字母、数字和下划线构成；
- 第一个字符不能是数字。

C 语言中的标识符可分为关键字、预定义标识符和用户标识符三类。

1. 关键字

C 语言已经预先规定了一些标识符，它们在程序中都有固定的含义，不能另作他用，这些标识符被称为关键字。例如用来说明变量类型的 int、char 等；用来进行循环控制的 while、for 等。由美国国家标准学会（American National Standard Institute，ANSI）标准定义的 C 语言关键字请参见附录 B。

2. 预定义标识符

预定义标识符是指在 C 语言中预先定义并具有特定含义的标识符，主要有 C 语言提供的函数库中的函数名（如 printf、sin）、编译预处理命令（如 define、include）和一些特定的符号常量（如 NULL、EOF）等。C 语言允许把这类标识符重新定义，但这将使这些标识符失去预先定义的功能。目前各种计算机系统的 C 语言都一致把这类标识符作为固定的库函数名或编译预处理中的专门命令使用，为了避免误解，最好不要把这些预定义标识符另作他用。常用库函数请参见附录 D。

3. 用户标识符

用户标识符是用户根据需要定义的标识符，也称自定义标识符。用户标识符一般用来给变量、函数、数组、文件等命名。在 C 语言源程序中使用的用户标识符除了要遵守标识符的命名规则外，还需要注意以下几点：

- 标识符中字母的大、小写形式是有区别的。例如，sum 和 suM 是两个不同的标识符。
- 用户标识符最好不要以下划线开头，避免和系统标识符冲突，因为系统标识符大都以下划线开头。
- 建议用户标识符的长度不超过 8 个字符。
- 命名标识符时最好做到"见名知义"。例如，用 students 表示学生数，用 sum 表示总和等。

2.1.2 常量和变量

1．常量和变量

常量是指在程序执行过程中，其值不发生改变的量。而变量是指在程序执行过程中，其值可以改变的量。

【例 2-1】 根据半径求圆的周长和面积。

源程序：

```
#include<stdio.h>
void main()
{
  int r=5;                   /* 声明 r 为整型变量，并为之赋初值 */
  double c,area;             /* 声明 c,area 为双精度实型变量 */
  c=2*3.14*r;
  area=3.14*r*r;
  printf("%lf\n", c);
  printf("%lf\n", area);
}
```

在这个例子里，5、2、3.14 是常量，r、c、area 是变量。

变量名和变量值是两个不同的概念。例如：r=5 中，5 是变量 r 的值，r 是变量名。在对程序编译连接时由编译系统给变量分配内存空间,在程序中从变量中取值或给变量赋值，实际上是先通过变量名找到其相应的内存地址，再从该内存地址所对应的存储单元中读取或向该存储单元中写入数据。

2．符号常量

在 C 语言程序中，可以用一个符号名来代表一个常量，称为符号常量。这个符号名必须在程序中定义，并符合标识符的命名规则。

符号常量在使用之前必须先定义，其一般形式为：

#define 标识符 字符串

例 2-1 中，常量 3.14 出现两次。若想使圆周率的精确度提高，把 3.14 改为 3.1415，则在源程序中需改动两处。若程序中有更多的 3.14，则需改动得更多。可采用如下方法来简化：

```
#include<stdio.h>
#define PI 3.14          /* 预处理命令,定义符号常量 PI */
void main()
{
   int r=5;
   float c,area;
   c=2*PI*r;
   area=PI*r*r;
   printf("%f\n", c);
   printf("%f\n", area);
}
```

程序中用#define 命令定义 PI 代表 3.14,PI 是符号常量。在程序编译前,系统把程序中出现的 PI 都自动换成 3.14,然后再和其他数据一起进行运算。若需将 3.14 改为 3.1415,只需改第一条预处理命令为"#define PI 3.1415"即可,源程序中的其他语句无须作任何改动。因为在程序编译运行时,系统会自动地把程序中出现的所有 PI 都替换成 3.1415。

符号常量不同于变量,不可以重新赋值。习惯上,用大写字母表示符号常量名,用小写字母表示变量名以示区别。

2.1.3 数据类型

在 C 语言中,数据可分为整型数据、实型数据和字符型数据等。

1. 整型数据

1) 整型常量

整型常量就是整常数。在 C 语言中,整常数可以用十进制、八进制和十六进制等 3 种形式表示。

- 十进制整常数:如 12、-45 等。
- 八进制整常数:八进制整常数以 0 开头,如 0456、-012 等。
- 十六进制整常数:十六进制整常数以 0X 或 0x 开头,如 0x123、-0xa 等。

2) 整型变量

变量在使用之前必须先声明。每个变量可以保存一个特定类型的数值,例如,一个整数、一个实数或一个字母等。保存整数的变量叫整型变量。

整型变量的分类与声明如下。

- 基本整型。声明该类变量时,类型说明符用 int。例如:

```
int a;           /* 声明整型变量 a */
int b, c;        /* 声明整型变量 b 和 c */
```

- 短整型。声明该类变量时,类型说明符用 short int 或 short。例如:

```
short int a,b;   /* 声明短整型变量 a 和 b */
short c, d;      /* 声明短整型变量 c 和 d,short int 可简写为 short */
```

- 长整型。声明该类变量时,类型说明符用 long int 或 long。例如:

```
long int a, b;   /* 声明长整型变量 a 和 b */
```

```
long c;                /* 声明长整型变量 c, long int 可简写为 long */
```

- 无符号整型。声明该类变量时，类型说明符用 unsigned。无符号整型又可与上述 3 种类型匹配而构成无符号基本整型 unsigned int 或 unsigned、无符号短整型 unsigned short int 或 unsigned short、无符号长整型 unsigned long int 或 unsigned long。例如：

```
unsigned long a, b;    /* 声明无符号长整型变量 a 和 b */
unsigned int c;        /* 声明无符号整型变量 c */
```

在 TC 2.0 中，整型数据的各种类型及其取值范围和所占内存的字节数等，如表 2.1 所示。

表 2.1 TC 2.0 中整型数据的各种类型、取值范围及长度

类型说明符	取 值 范 围		占字节数
int	−32 768～32 767	即 -2^{15}～$(2^{15}-1)$	2
unsigned int	0～65 535	即 0～$(2^{16}-1)$	2
short int	−32 768～32 767	即 -2^{15}～$(2^{15}-1)$	2
unsigned short	0～65 535	即 0～$(2^{16}-1)$	2
long int	−2 147 483 648～2 147 483 647	即 -2^{31}～$(2^{31}-1)$	4
unsigned long	0～4 294 967 295	即 0～$(2^{32}-1)$	4

整型数据在计算机中是以二进制补码形式存放的。例如，若有变量声明语句：

```
int a=11, b=-11;
```

则 a 在内存中的存放形式为：

| 0 | 0 | 0 | 0 | 0 | 0 | 0 | 0 | 0 | 0 | 0 | 0 | 1 | 0 | 1 | 1 |

而 b 在内存中的存放形式为（−11 的补码）：

| 1 | 1 | 1 | 1 | 1 | 1 | 1 | 1 | 1 | 1 | 1 | 1 | 0 | 1 | 0 | 1 |

2．实型数据

1）实型常量

实型常量也称为实数或浮点数。在 C 语言中，实型常量有以下两种表示形式。

- 十进制数形式：由数码 0～9 和小数点组成。例如：0.0、25.0、5.789、0.13、.123 等均为合法的实数。注意，必须有小数点。
- 指数形式：由十进制数、阶码标志 "e" 或 "E" 以及阶码（只能为整数，可以带符号）组成。例如，2.1236 可表示为 0.21236E1、2.1236E0、21.236E−1 等。

C 语言的语法规定，字母 e 或 E 之前必须要有数字，且 e 和 E 后面的指数必须为整数。如 e7、5e3.5、.e3、e 等都是不合法的指数形式。

C 语言允许浮点数使用后缀。后缀为 "f" 或 "F" 即表示该数为浮点数。如 356f 和 356. 是等价的。

2）实型变量

在 C 语言中，实型变量主要分为单精度实型和双精度实型两种，有时也用长双精度型，分别用类型名 float、double 和 long double 进行声明。

- 单精度型：声明该类变量时，类型说明符用 float。例如：

```
float a, b, c;        /* 声明单精度实型变量a,b,c */
```

- 双精度型：声明该类变量时，类型说明符用 double。例如：

```
double a, b;          /* 声明双精度实型变量a 和b */
```

- 长双精度：声明该类变量时，类型说明符用 long double。例如：

```
long double a;        /* 声明长双精度实型变量a */
```

在 TC 2.0 中，实型数据的各种类型、有效数字位数及所占内存的字节数，如表 2.2 所示。

表 2.2 TC 2.0 中实型数据的各种类型、有效数字位数和所占内存空间字节数

类型说明符	有效数字位数	占 字 节 数
float	6~7	4
double	15~16	8
long double	18~19	10

注意：
在 C 语言中，所有的 float 型数据在运算中都自动转换成 double 型数据；
在计算机中可以精确地存放一个整数，不会出现误差，但存放实数时往往存在误差。

3．字符型数据

1）字符常量

- 普通字符常量：是用单引号括起来的一个字符。例如：'a'、'b'、'='、'+'、'?'都是合法字符常量。在 C 语言中，字符量存储时占 1 个字节。
- 转义字符：C 语言中还有一种特殊的字符常量是转义字符。转义字符以反斜线 "\" 开头，后跟一个或几个字符。转义字符具有特定的含义，不同于字符原有的意义。转义字符主要用来表示那些用一般字符不便于表示的控制代码。常用的转义字符及其含义如表 2.3 所示。

表 2.3 常用的转义字符及其含义

转 义 字 符	转义字符的意义	ASCII 代码
\n	回车换行	10
\t	横向跳到下一制表位置	9
\b	退格	8
\r	回车	13
\f	走纸换页	12
\\	反斜线符"\"	92
\'	单引号符	39
\"	双引号符	34
\a	鸣铃	7
\ddd	1~3 位八进制数所代表的字符	
\xhh	1~2 位十六进制数所代表的字符	

- 字符串常量：是由一对双引号括起的字符序列。例如："CHINA"，"C program"，"$12.5" 等都是合法的字符串常量。

字符串常量和字符常量是不同的量。例如："a"和'a'是不同的，它们之间主要区别有：
- 表示形式不同。字符常量由单引号括起来，字符串常量由双引号括起来。
- 存储形式不同。字符常量'a'和字符串常量"a"在内存中存储的情况是不同的。'a'在内存中占 1 个字节，而"a"在内存中占 2 个字节，增加的 1 个字节用于存放字符串结束标志'\0'。每个字符串常量在存储时系统会自动在该字符串常量的尾部加字符串结束标志'\0'。

2）字符变量

字符变量一般用来存储字符常量，声明字符变量时，类型说明符为 char。例如：

```
char a,b;        /* 声明字符变量 a 和 b */
```

在 TC 2.0 中，每个字符变量被分配 1 个字节的内存空间，因此只能存放一个字符。字符值是以 ASCII 码的形式存放在变量的内存单元中的。例如，字符'A'的十进制 ASCII 码是 65，因而字符'A'在内存中的存放形式为 01000001。

特别需要强调的是，在 C 语言中没有字符串变量。学习数组和指针之后，就会了解 C 语言中是如何存储一个字符串常量的。

2.2 变量声明与初始化

2.2.1 变量的声明

变量声明的一般形式为：

类型说明符 变量名 1，变量名 2，…；

例如：

```
int a, b, c;       /* 声明 a,b,c 为整型变量 */
long x, y;         /* 声明 x,y 为长整型变量 */
float p, q;        /* 声明 p,q 为单精度实型变量 */
char c1, c2;       /* 声明 c1,c2 为字符型变量 */
```

注意：

允许在一个类型说明符后，声明多个相同类型的变量。各变量名之间用逗号间隔，类型说明符与变量名之间至少用一个空格间隔。

最后一个变量名之后必须以";"号结尾。

变量应先声明，后使用。在 TC 2.0 中，变量声明一般放在函数体的开头部分。

2.2.2 变量的初始化

变量在使用之前通常应赋值，为变量提供值的方法有多种，其中之一就是初始化。初始化是指在变量声明的同时给变量赋值的方法。变量初始化的一般形式为：

类型说明符 变量1=值1，变量 2=值2，…；

例如：

```
int a=5;              /* 声明变量a时,对a赋值5,即对a进行初始化 */
char h, m, n='d';     /* 声明变量h, m, n 并对 n 进行初始化 */
```

因字符型数据在内存中存放的并不是字符本身,而是该字符相应的ASCII码值。因此,形如:

```
char c1=97, c2=98;
```

相当于

```
char c1='a', c2='b';
```

需要注意的是,变量的初始化必须在声明变量的同时分别对变量赋值,例如:

```
int a=3, b=3, c=3;
```

不能简写成

```
int a=b=c=3;
```

2.3 运算符与表达式

C语言的运算符很丰富,这节主要介绍算术运算符、赋值运算符和逗号运算符及其应用。

2.3.1 算术运算符和算术表达式

在C语言中,算术运算符有基本算术运算符和自增、自减算术运算符两类。

1. 基本算术运算符

基本算术运算符有:+、-、*、/、%,分别称为加、减、乘、除、求余运算符。这些运算符通常需要两个运算对象。需要两个运算对象的运算符称为双目运算符。

注意:

若"/"两边均为整型数时,结果也为整型,舍去小数。如果有一个是实型,则结果为双精度(double)实型。例如:1/2 的结果为 0;1.0/2 或 1/2.0 或 1.0/2.0 的结果为 0.5。

求余运算符"%"左右两边的运算对象必须都为整型。在"%"运算符左侧的运算对象为被除数,右侧的运算对象为除数,运算结果是两数相除后所得的余数。例如,5%2 结果为 1。当运算对象为负数时,所得结果的符号随计算机系统的不同而不同。

2. 自增、自减运算符

"++"和"--"分别称为自增运算符和自减运算符。自增运算符"++"的运算结果是使变量的值自增1;自减运算符"--"的运算结果是使变量的值自减1。"++"和"--"均为单目运算符,在程序中使用时通常有如下几种形式。

- ++i:i自增1后再使用i值参与其他运算。
- --i:i自减1后再使用i值参与其他运算。
- i++:i参与运算后,i的值再自增1。
- i--:i参与运算后,i的值再自减1。

例如,当"i=10"时,表达式"y=++i"执行后,y的值为11,i的值为11;而当"i=10"

时，表达式"y=i++"执行后，y 的值为 10，i 的值为 11。

注意：

自增运算符"++"和自减运算符"--"只能用于变量，不能用于常量或表达式。例如，"2++"和"(c+d)++"均是不合法的。

3．算术表达式

用算术运算符和括号将运算对象连接起来的、符合 C 语言规则的式子称为算术表达式。运算对象包括常量、变量和函数等。例如，"a*b/c-2.5+'f'"是一个合法的算术表达式。

2.3.2 运算符的优先级和结合性

C 语言规定了运算符的优先级和结合性。在表达式求值时，一般先按运算符的优先级别从高到低依次执行，例如，先乘除后加减。如果在一个运算对象两侧的运算符的优先级别相同，则按规定的"结合方向"处理。

C 语言规定了各种运算符的结合方向（即结合性），基本算术运算符的结合方向为"从左至右"，即先左后右。如表达式"a–b+c"，"b"左右两边的运算符"–"和"+"优先级别相同，所以"b"先与左边的"–"结合，执行"a–b"的运算，再执行"+c"的运算。"从左至右的结合方向"又称"左结合性"。又如"++"和"--"的结合方向是"从右至左"。如表达式"–i++"应理解为"–(i++)"，因为负号运算和"++"同优先级，且"++"具有右结合性，而不是理解为"(–i)++"，因为"(–i)"是表达式，而表达式是不能进行"++"运算的。

更多 C 语言运算符的优先级和结合性详见附录 C。

2.3.3 赋值运算符和赋值表达式

1．简单赋值运算符和赋值表达式

在 C 语言中，"="称为赋值运算符，而形如"x=3"的表达式称为赋值表达式。赋值表达式的一般形式为：

左值表达式=表达式

> 涉及内存中地址的表达式称为左值表达式，或者叫做一个"左值"，左值意味着可以出现在赋值号(=)的左边，一般是一些标识符。不管一个标识符是一个算术类型、结构类型、联合还是一个指针，只要涉及内存分配，它就是一个可变的左值。例如，若 ptr 是一个指向一块内存区域的指针，那么*ptr 就是一个可变左值，这个左值指出了 ptr 指向的区域。*ptr 也就可以出现在"="号的左边。

对于初学者来说，只要记住赋值号"="的左边必须是一个代表某一存储单元的变量名，而赋值号右边必须是 C 语言中合法的表达式即可。即，可以将赋值表达式的一般形式理解为：

变量=表达式

赋值运算符的功能是先求出赋值号右边表达式的值，再将此值赋给赋值号左边的变量。例如，"a=2+3"、"x=i++"等均为合法的赋值表达式。

在一个程序中，可以多次给一个变量赋值，每赋一次值，相应的存储单元中的数据就被更换一次，内存中当前的数据就是最后一次所赋的值。

说明：

赋值运算符"="不同于数学中的等号。例如，表达式"n=n+1"在数学中永远不会成立，但在程序设计语言中是合法的赋值表达式，其作用是使变量 n 的值增加 1。

在 C 语言中，"="号被视为一个运算符，故 i=10 就是一个表达式，而表达式应该有一个值，C 规定左边变量中得到的新值就是整个赋值表达式的值。

可以辗转赋值。例如，表达式"a=b=7+1"执行时，将首先计算出 7+1 的值 8，再按照赋值运算符自右向左的结合性，把 8 赋给变量 b，最后再把变量 b 的值赋给变量 a。而表达式"a=7+1=b"则是不合法的，因为"7+1=b"中，在赋值号的左边不是一个变量。

总之，C 语言的赋值表达式可以作为语句中的某个成分出现在众多的语句或表达式中，从而使变量中的数值变化过程变得难以掌握。因此，要求在学习和实践的过程中逐步建立正确的概念，直至准确掌握赋值表达式的运算规律。

2. 复合赋值运算符和赋值表达式

在赋值运算符前加上其他运算符可以构成复合赋值运算符。C 语言提供了 10 个复合赋值运算符，其中与算术运算有关的复合赋值运算符有：+=、-=、*=、/=、%=（注意：两个符号之间不能有空格），另外 5 个复合赋值运算符与位操作有关。复合赋值运算符的优先级与赋值运算符的优先级相同。表达式"b+=5"等价于"b=b+5"；表达式"x*=y+7"等价于 x=x*(y+7)，因为"+"的优先级高于"*="。其他以此类推。

复合赋值运算符这种写法，十分有利于编译处理，能提高编译效率并产生较高质量的目标代码。

【例 2-2】 设已有变量 a，其值为 12，计算表达式"a+=a-=a*a"的值。

分析：因为"+="和"-="的优先级相同，且具有右结合性，所以，

先进行"a-=a*a"的运算，即"a=a-a*a=-132"。

再进行"a+=-132"的运算，即"a=a+(-132)=-264"。

由此可知，表达式"a+=a-=a*a"的值为-264，即变量 a 的值为-264。

2.3.4 数据类型转换

1. 自动类型转换

【例 2-3】 计算表达式 3+'a'+1.5-5.1*5 的值。

分析：这是一个数据类型混合运算的表达式，其中有整型数据（如 3 和 5）、实型数据（如 1.5 和 5.1）和字符型数据（如'a'）等。该混合表达式的求值过程如下：

（1）计算 3+'a'，将'a'转化为整型数据 97，然后相加得 100。

（2）计算 100+1.5，计算时编译系统自动将 100 和 1.5 均转化为 double 型，然后相加得 101.5。

（3）将 5 和 5.1 均转化为 double 型，进行 5.1*5 的计算，相乘得 25.5，结果为 double 型。

（4）进行减法运算得 76.0，结果为 double 型。

例 2-3 中所涉及的类型转换是系统自动进行的，自动转换发生在不同数据类型的量混合运算时，由编译系统自动完成。C 语言中，自动类型转换的基本规则，如图 2.1 所示。

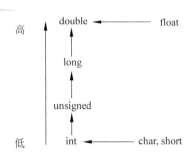

图 2.1　数据类型自动转换基本规则

说明：

转换按数据长度增加的方向进行，以保证精度不降低。如 int 型的量和 long 型的量运算时，先把 int 型的量转成 long 型后再进行运算。

所有的浮点运算都是以双精度进行的，即使仅含 float 单精度量运算的表达式，也要先转换成 double 型，再作运算。

char 型和 short 型参与运算时，必须先转换成 int 型。

在赋值运算中，赋值号两边量的数据类型不同时，赋值号右边量的类型将转换为左边量的类型，再进行赋值。例如，当赋值号左边的变量为字符型，右边的值为整型时，字符型变量只能接受整型数的低位上 1 个字节中的数据，高位上 1 个字节的数据将丢失。也就是说，如果赋值号右边整数的值超过了字符型变量的取值范围，将得不到预期的结果。

【例 2-4】　阅读下列程序，写出运行程序时的输出结果。

源程序：

```
#include<stdio.h>
void main()
{
    char c;
    int a=500;
    c=a+1;
    printf("%d\n",c);
}
```

运行结果：

-11

评注： 因为 a 是一个整型数据，表达式 a+1 的运算结果是整型数 501，而 501（二进制数 111110101）已超出了字符型数据 c 所能表示的数值范围（–128～+127），故 c 截取 111110101 中低 8 位的值（即 11110101）。由于截取结果中的最高位为 1，因而是一个负数在内存中的补码表示，因此 c 中的值如果用%d 格式控制输出到屏幕时结果为–11。

2．强制类型转换

强制类型转换的一般形式为：

(类型说明符)　(表达式)

其功能是把表达式的运算结果强制转换成类型说明符所表示的类型。例如，"(double) a"的功能是把 a 的值转换为双精度实型；"(int)(x+y)"的功能是把"x+y"的结果转换为整型。

C 语言要求"%"运算符两边的操作数均为整数,所以形如"20.5%3"的表达式有语法错误,但表达式"(int)(20.5)%3"是正确的,其功能是先将 20.5 强制转换成整数 20 后,再做"20%3"运算。

注意:

类型说明符和表达式都必须加括号(单个变量可以不加括号),如把"(int)(x+y)"写成"(int)x+y"则成了把 x 转换成 int 型之后再与 y 相加了。

无论是强制转换或是自动转换,都只是为了本次运算的需要而对变量中的数据进行的临时性转换,并不改变数据说明时对该变量声明的类型。

2.3.5 逗号运算符和逗号表达式

","是 C 语言提供的一种特殊运算符,用","将表达式连接起来的式子称为逗号表达式。例如"2+3,5+6"称为逗号表达式。逗号表达式的一般形式为:

表达式 1, 表达式 2, …, 表达式 n

说明:

逗号运算符具有左结合性,因此逗号表达式的求解过程是先计算表达式 1,再计算表达式 2,…,最后计算表达式 n。最后一个表达式的值即为此逗号表达式的值。例如,逗号表达式"a=3*4, a*2, a+5"的值为 17,a 的值为 12。

逗号运算符的优先级是所有运算符中最低的。

2.4 简单输入输出

2.4.1 数据的输入输出及在 C 语言中的实现

在程序的运行过程中,往往需要由用户输入一些数据,而程序运算所得到的计算结果等又需要输出,由此实现人与计算机之间的交互。

C 语言中,并不提供输入输出语句,输入和输出操作是通过函数调用来完成的。C 语言提供的函数以库的形式存放在系统中。

2.4.2 常用数据输入输出函数

C 语言中,提供了许多输入输出函数。最常用的是格式输入函数 scanf 和格式输出函数 printf,最末一个字母 f 即为"格式"(format)之意。

1. 格式输出函数 printf

格式输出函数 printf 的一般调用形式为:

printf(格式控制, 输出表列);

其中,格式控制是字符串形式,包含两个组成部分,格式说明和普通字符。普通字符则按原样输出,格式说明常用的有以下几种:

- %d:表示按十进制整型输出。

- %c：表示按字符型输出。
- %f：表示按小数形式输出单、双精度数。

【例 2-5】 阅读下列程序，写出运行结果。

源程序：

```c
#include<stdio.h>
void main()
{
    int a=88, b=89;
    char c='A';
    float y=3.67;
    printf("%d  %d\n", a, b);
    printf("%c\n", c);
    printf("%f", y);
}
```

运行结果：

```
88  89
A
3.670000
```

2. 格式输入函数 scanf

格式输入函数 scanf 的一般调用形式为：

scanf（格式控制，地址表列）；

格式控制的含义与 printf 函数相似，地址表列中应给出各变量的地址。

【例 2-6】 阅读下列程序，理解 scanf 函数的应用。

源程序：

```c
#include<stdio.h>
void main()
{
    int a,b;
    float x,y;
    printf("input a,b\n");
    scanf("%d%d",&a,&b);
    printf("input x,y\n");
    scanf("%f%f",&x,&y);
    printf("%d,%d,%f,%f", a,b,x,y);
}
```

测试数据：<u>input a,b</u>
<u>3 4↙</u>
<u>input x,y</u>
<u>3.4 5.6↙</u>

输出结果：<u>3,4,3.400000,5.600000</u>

评注：其中测试数据中带下划线的部分是用户在执行程序时的输入。源程序中的两条 printf 函数调用语句起到了输入数据前的提示作用，较好地实现了用户和计算机的交互。

2.5 实践活动

活动一：知识重现

在学习本章的过程中，请关注下述概念：

1．常量和变量。
2．三种基本数据类型，即整型、实型和字符型。
3．类型标识符（int、float、double、char）、类型修饰符（long、short、unsigned）的意义及使用。
4．scanf 和 printf 函数调用常用的格式控制。

活动二：问题解决

讨论下列表达式的值。

1．设 x=2.5，a=7，y=4.7，则表达式 "x+a%3*(int)(x+y)%2/4" 的值为多少？
2．设 a=2，b=3，x=3.5，y=2.5，则表达式 "(float)(a+b)/2+(int)x%(int)y" 的值为多少？
3．设 i=8，j=10，则执行表达式 "m=++i,n=j++" 后，m、n、i、j 的值各为多少？
4．设 x=2.5，y=7，则表达式 "x+=(int)x+y--" 的值为多少？

习　　题

【本章讨论的重要概念】

通过本章学习，应掌握的重要概念如图 2.2 所示。

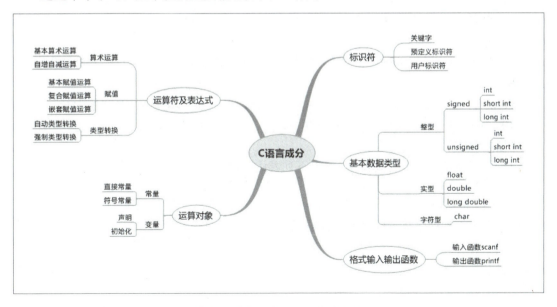

图 2.2　思维导图——C 语言入门

【基础练习】

选择题

1. 下列各组中均为常量的是_____。
   A．123u，–0xf3，–2.5 　　　　B．–1，1/2，6.8
   C．–6，π，345.0 　　　　　　D．6.9，(long)1，'a'
2. 下列选项中不是合法字符常量的是_____。
   A．'\0xff'　　　B．'\65'　　　C．'$'　　　D．'\x41'
3. 下列各组中全是实数的是_____。
   A．0.5，1.4e2，–6.9 　　　　B．7.8，e3，–5.1
   C．1.5e3.5，0.9，–6.0 　　　D．41.2，45，7.7
4. 下列各组中不全是合法变量名的是_____。
   A．day，lotus_1_2_3，x1 　　B．Abc，_above，basic
   C．M·John，year，sum 　　　D．YEAR，MONTH，DAY
5. 设有声明语句"char w; int x; float y; double z;"，则表达式"y=w–x+z–y"值的数据类型是_____。
   A．char　　　B．int　　　C．float　　　D．double

填空题

1. 设有声明语句"char c='b';"，已知字符'a'的ASCII码值为97，则在内存中变量c的值为_____。
2. 设有声明语句"float x=3.5 ;"，则表达式"(int)x+x"的值为_____。
3. 设有声明语句"int i=5 ;"，则执行语句"k=i++;"后，k的值为_____，i的值为_____。
4. 设有声明语句"int a=10;"，则表达式"++a+a++"的值为_____。
5. 设有声明语句"int a=6;"，则表达式"a/=a+a"运算后，a的值为_____。
6. 设有声明语句"int a=9;float x=6.3,y=3.5;"，则表达式"a%5*(int)(x+y)%7/4"的值为_____。
7. 设有声明语句"int a=5,b=2;"，则表达式"b+=(float)(a+b)/2"运算后b的值为_____。
8. 表达式"(int)(sqrt(fabs(-0.25))+5.7)"运算后的值为_____。
9. 设有声明"int b;"，则表达式"b=((b=(12,2),b+3),15+8)"运算后，b的值为_____。
10. 字符串"\007 say no!\n"在内存中占_____个字节空间。

【拓展训练】

1. 设有整型变量a的值为6，求出下列表达式运算后a的值。
   （1）a+=a　　　（2）a–=a　　　（3）a*=2+4
   （4）a/=a+a　　（5）a+=a–=a*=a
2. 阅读下列程序写出程序的运行结果。

（1）

```
#include<stdio.h>
void main()
{
    int i,j,m,n;
```

```
    i=8;
    j=10;
    m=++i;
    n=j++;
    printf("%d,%d,%d,%d",i,j,m,n);
}
```

(2)
```
#include<stdio.h>
void main()
{
    char a,b,c,d;
    a='A';
    b=65;
    c='\101';
    d='\x41';
    printf("a=%c,b=%c,c=%d,d=%c\n",a,b,c,d);
}
```

3. 请设计程序，将从键盘上输入的任一字符分别以字符和十进制数两种方式输出。

4. 把下列数学表达式改写成 C 语言表达式。

（1） $y=x^3+3x^2-4$

（2） $\dfrac{\sin(30°)+\sqrt{x}}{a+b}$

5. C 语言的表达式求值需解决三个问题：运算优先级，结合方向，数据类型转换。所谓运算优先级是指对表达式中的不同运算符先计算哪一个的问题。C 语言中的运算符按其性质划分为 15 个优先级，每一级中可能有多个运算符（它们的优先级相同）。所谓结合方向是指对于一个表达式的子表达式全由优先级相同的运算符组成时，如何组合计算这样的表达式的问题。例如求 "3–2–1" 这个表达式时，先算 "3–2" 还是先算 "2–1"？从左向右的组合称之为左结合，从右向左的组合称之为右结合。请指出下列表达式的运算顺序。

（1） r=c/i+f*d–(f+d)

（2） y= --x%z++

【问题与程序设计】

用户从键盘输入 n（n<=5）位不重复的数字，来匹配计算机给出的 n 位随机数字，若数字和位置均等同，表示用户赢。每猜一次，计算机均给出提示信息（x，y），x 表示数字、位置都匹配的个数，y 表示数字匹配但位置不匹配的个数。试思考猜数游戏编程的思路。

设计要求：假设 n 为 1，将用户输入的数字与由计算机随机产生的数字比较，匹配成功，则赢；否则为输。只允许猜一次。

① 请自行查阅 C 语言产生随机数函数 rand、设置随机数种子函数 srand 的使用方法。
② 请自学 C 语言中比较数据大小的运算符及表达式的表示，并了解选择结构的实现。
③ 如果题目中允许最多猜三次，又该如何处理？

第 3 章　基本控制结构

学习目标
1. 理解构成 C 语言源程序的基本语句；
2. 了解标准的输入输出函数库，学会使用字符输入输出函数和格式输入输出函数；
3. 掌握顺序结构的编程思想并能设计顺序结构程序；
4. 熟练掌握关系运算符、关系表达式及其求值；
5. 熟练掌握逻辑运算符、逻辑表达式及其求值，了解逻辑表达式的优化处理；
6. 熟练掌握条件运算符、条件表达式及其应用；
7. 掌握选择结构的编程思想并能用 if-else 和 switch-case 语句编程；
8. 掌握循环结构的编程思想并能用 while、do-while 和 for 语句编程；
9. 掌握 break 和 continue 的用法。

3.1　C 语句的分类

一般地，程序是由语句序列构成的，而常量、变量、运算符和表达式等是构成语句的基本成分。语句用来向系统发出操作指令，用于完成一定的操作任务。在 C 语言中，语句可分为表达式语句、函数调用语句、控制语句、复合语句和空语句 5 类。

1. 表达式语句

一个合法的 C 语言表达式加上语句结束标志";"后就构成了表达式语句。例如，"x=y+z;"、"x+y;"等，前者是赋值表达式语句，后者是算术表达式语句。只不过前者出现在程序中是有意义的，而后者如果出现在程序中则无意义。

2. 函数调用语句

函数调用语句是由一个函数调用加一个分号构成的。例如，"printf("C Program");"、"scanf("%d%d",&a,&b);"等。

3. 控制语句

控制语句用于完成一定的控制功能。C 语言共有 9 条控制语句，可以分为如下 3 类：分支语句（if、switch）、循环语句（do-while、while、for）和转移语句（break、goto、continue、return）。

4. 复合语句

把多条语句用花括号"{ }"括起来组成的一个整体称为复合语句。例如：

```
{
    x=y+z;
```

```
        a=b+c;
        printf("%d%d", x, a);
}
```

是一条复合语句。一条复合语句在语法上被视为一条语句,在一对花括号中的语句数量不限。

在复合语句中,不仅可以有执行语句,也可以有声明部分(声明部分在执行语句之前),用于声明在复合语句中要使用的局部变量,故复合语句又称为分程序。例如:

```
{
    int x, y;
    x=y|n;
    a=b+c;
    printf("%d%d", x, a);
}
```

5. 空语句

只有分号";"构成的语句被称为空语句。空语句在程序执行时不产生任何动作,一般用来作流程的转向点或作为循环语句中的循环体(循环体是空语句时,表示循环体什么也不做)。需要注意的是,在程序设计时随意加分号会导致逻辑上的错误,而且这种错误十分隐蔽,编译系统也不会提示这类错误,初学者一定要谨慎使用分号。

3.2 顺序结构程序设计

顺序结构就像是一条流水线,将程序中的语句按出现的顺序逐一执行。赋值语句和函数调用语句是构成顺序结构程序的主要语句。

3.2.1 赋值语句

一个赋值表达式最后加上一个分号就构成了赋值表达式语句,简称赋值语句。例如,"a=4;"、"a=b=c;"、"i++;"等均是合法的赋值语句。

C 语言严格区分赋值语句和赋值表达式,它们各有自己的应用场合。而且赋值语句的形式多样,用法灵活,首先掌握好赋值表达式的运算规律才能写出正确的赋值语句。

3.2.2 顺序程序举例

【例 3-1】 编程实现下列功能:从键盘上输入一个大写字母,要求改为小写字母输出。

源程序:

```
#include<stdio.h>
void main()
{
    char c1,c2;
    scanf("%c",&c1);
    printf("%c,%d\n",c1,c1);
    c2=c1+32;                    /* 将大写字母改为小写字母 */
    printf("%c,%d\n",c2,c2);
```

}
```

测试数据：A↙
输出结果：A,65
    A,97

**评注**：

在 C 语言中，字符型数据在内存中存储的是该字符的 ASCII 值，对应大小写字母的 ASCII 值相差 32。

【**例 3-2**】 编程实现下列功能：从键盘上输入梯形的上底、下底及高，求梯形的面积。

**分析**：设梯形上底为 a，下底为 b，高为 h，面积为 s，则 s=(a+b)×h÷2。

**源程序**：

```
#include<stdio.h>
void main()
{
    float a,b,h,s;
    printf("please input a,b,h:");
    scanf("%f%f%f",&a,&b,&h);
    s=0.5*(a+b)*h;
    printf("%f,%f,%f\n",a,b,h);
    printf("%f\n",s);
}
```

测试数据：please input a,b,h:3 6 4↙
输出结果：3.000000,6.000000,4.000000
    18.000000

评注：

如果从键盘上输入整数赋予实型变量，则编译系统会自动进行类型转换。

【**例 3-3**】 编程实现下列功能：求方程 $ax^2+bx+c=0$ 的实根。

分析：设方程中的系数 a，b，c 由键盘输入，并假设所输入 a，b，c 的值能确保 $b^2-4ac>0$。求根公式为：

$$x_1 = \frac{-b+\sqrt{b^2-4ac}}{2a}, \quad x_2 = \frac{-b-\sqrt{b^2-4ac}}{2a}$$

源程序：

```
#include<stdio.h>
#include<math.h>
void main()
{
    float a,b,c,disc,x1,x2,p,q;
    scanf("%f%f%f",&a,&b,&c);
    disc=b*b-4*a*c;
    p=-b/(2*a);
    q=sqrt(disc)/(2*a);
    x1=p+q;   x2=p-q;
```
```

```
        printf("%f\n%f\n",x1,x2);
}
```

测试数据：1 4 3✓
输出结果：-1.000000
          -3.000000

评注：
顺序结构程序的各语句按次序依次被执行。

3.3 选择结构程序设计

在程序运行过程中，如果要根据逻辑判断的结果来决定程序的不同流程，这样的结构称为选择结构。选择结构也称分支结构，由 C 语言提供的选择语句来实现。进行逻辑判断是选择语句重要的一环，而逻辑判断时通常要用到关系运算和逻辑运算。

3.3.1 关系运算符与关系表达式

1. 关系运算符

在 C 语言中有 6 个关系运算符："<"（小于）、"<="（小于或等于）、">"（大于）、">="（大于或等于）、"=="（等于）、"!="（不等于）。

关系运算符都是双目运算符，均具有左结合性。在上述 6 个关系运算符中，前 4 种（<、<=、>、>=）的优先级相同，后 2 种（==、!=）的优先级相同，且前 4 种关系运算符的优先级高于后 2 种。

2. 关系表达式和关系表达式的值

由关系运算符和运算对象组成的表达式称为关系表达式。关系运算符两边的运算对象可以是 C 语言中任意合法的表达式。例如，"x>3/2"、"'a'+1<c"、"–i–5*j==k+1"、"a+b>c–d"等均是合法的关系表达式。

如果进行关系运算的两个对象的数据类型不匹配，要先进行数据类型转换（转换规则同算术运算），转换成同一类型数据之后再作比较。

关系运算的值为"逻辑值"，即关系表达式的值只有"真"和"假"两个，在 C 语言中分别用整数 1 和 0 表示。例如，关系表达式"5>0"为"真"，其值为 1；而关系表达式"(a=3)>(b=5)"中，由于"3>5"不成立，结果为"假"，其值为 0。

3.3.2 逻辑运算符和逻辑表达式

1. 逻辑运算符

C 语言提供了 3 种逻辑运算符，分别是"&&"（逻辑与）、"||"（逻辑或）和"!"（逻辑非）。其中"&&"和"||"均为双目运算符，具有左结合性；"!"为单目运算符，具有右结合性。

赋值运算符、算术运算符、关系运算符和逻辑运算符之间的优先次序从高到低依次为"!"、算术运算符、关系运算符、"&&"、"||"、赋值运算符。

2. 逻辑表达式和逻辑表达式的值

由逻辑运算符和运算对象组成的表达式称为逻辑表达式。逻辑运算的对象可以是 C 语

言中任意合法的表达式。例如，"a||b"、"a&&b"等均为合法的 C 语言逻辑表达式。逻辑表达式的值只有"真"和"假"两个，分别用整数 1 和 0 表示。逻辑运算的规则如表 3.1 所示。

表 3.1 逻辑运算值表

a	b	!a	!b	a && b	a || b
非 0	非 0	0	0	1	1
非 0	0	0	1	0	1
0	非 0	1	0	0	1
0	0	1	1	0	0

需要说明的是，表 3.1 中的 a 和 b 为 C 语言的任意合法表达式，且这些表达式只要值为非 0，则视为"真"；值为 0，则视为"假"。例如，"!(5>0)"的结果为"假"，其值为 0；由于 5 和 3 均为非 0 值，因此"5&&3"等价于"1&&1"，其值为"真"，即逻辑表达式的值最终为 1。

注意：

当需要将数学上的关系式"0<x<10"改写成 C 语言表达式时，在 C 语言程序设计中不能直接用"0<x<10"这样的一个关系表达式来表示以上的逻辑关系。因为按照 C 语言的运算规则，计算表达式"0<x<10"时，首先进行"0<x"的运算，其值为 0 或 1，再用这个值与后面的 10 进行小于的比较。这样，无论 x 是什么值，表达式"0<x<10"的值总是 1。遇到这种情况时，只有采用 C 语言提供的逻辑表达式"0<x&&x<10"才能正确表示。

3．短路求值

在 C 语言中，由"&&"或"||"构成的逻辑表达式，在特殊情况下会产生"短路"现象，短路求值也称为表达式的优化处理。例如：

（1）若 a 的值为 0，则逻辑表达式"a++&&b++"在计算时首先去求"a++"的值，由于表达式"a++"的值为 0，系统完全可以确定该逻辑表达式的运算结果最终也为 0，因此将跳过"b++"不再对它进行求值。所以计算"a++&&b++"后，a 的值为 1，而 b 的值将不变。若 a 的值不为 0，则系统不能仅根据表达式"a++"的值来确定"a++&&b++"的运算结果，因此需要再对"&&"右边的表达式"b++"进行求值，这时将进行"b++"的运算，使 b 的值增 1，并确定 a++&&b++ 的运算结果。

（2）若 a 的值为 1，则逻辑表达式"a++||b++"在计算时首先求"a++"的值，由于"a++"的值为 1，因此无论表达式"b++"为何值，系统完全可以确定该逻辑表达式的运算结果为 1，因此将跳过"b++"不再对它进行求值。所以计算"a++||b++"后，a 的值将自增 1，而 b 的值不变。若 a 的值为 0，则系统不能仅根据表达式"a++"的值来确定逻辑表达式"a++||b++"的运算结果。因此需要对运算符||右边的表达式"b++"进行求值，这时将使 b 的值自增 1，并确定"a++||b++"的运算结果。

3.3.3 选择结构的实现

选择结构也称为分支结构。分支结构一般分为双分支结构和多分支结构两种。

1．双分支结构和基本的 if 语句

双分支结构可以用不含 else 子句的 if 语句和 if-else 语句两种形式实现。

1）含 else 子句的 if 语句

语法：

```
if(表达式)
    语句1;
else
    语句2;
```

语义： 如果表达式的值为真，则执行语句 1，否则执行语句 2。其中，语句 1 和语句 2 可以是复合语句。

【**例 3-4**】 编程实现下列功能：从键盘上输入两个整数，输出其中较小的数。

源程序：

```
#include<stdio.h>
void main()
{
    int a, b;
    scanf("%d%d",&a,&b);
    if(a<b)
        printf("%d\n",a);
    else
        printf("%d\n",b);
}
```

2）不含 else 子句的 if 语句

语法：

```
if(表达式)
    语句;
```

语义： 如果表达式的值为真，则执行其后的语句，否则执行 if 语句的后续语句。其中，语句也可以是复合语句。

【**例 3-5**】 编程实现下列功能：从键盘上输入两个整数 a 和 b，将两数中的较大数赋给 max，并输出 max 的值。

源程序：

```
#include<stdio.h>
void main()
{
    int a,b,max;
    printf("\n input two numbers:");
    scanf("%d%d",&a,&b);
    max=a;
    if(max<b) max=b;
    printf("%d",max);
}
```

2. 多分支结构和嵌套的 if 语句

if 子句和 else 子句中可以是任意合法的 C 语句，当然也可以是 if 语句，这种情况通常被称为嵌套的 if 语句。内嵌的 if 语句既可以嵌套在 if 子句中，也可以嵌套在 else 子句中。嵌套的 if 语句可以实现多分支结构。

1）if 语句嵌套在 else 子句中

语法：

```
if(表达式 1)
   语句 1;
else  if(表达式 2)
        语句 2;
      else  if(表达式 3)
              语句 3;
              ...
            else  if(表达式 n)
                    语句 n;
                  else
                    语句 m;
```

语义： 依次判断表达式的值，当出现某个值为真时，则执行其对应的语句。然后跳到整个 if 语句之外继续执行程序。如果所有的表达式均为假，则执行语句 m。然后继续执行 if 语句的后续语句。

【例 3-6】 编程实现下列功能：从键盘上输入一个字符，判别其是控制字符、数字字符、大写字母、小写字母还是其他字符。

分析： ASCII 值小于 32 的字符被称为控制字符。因为要判别的字符类型有 5 种，属于多分支结构。

源程序：

```c
#include "stdio.h"
void main()
{
  char c;
  scanf("%c",&c);
  if(c<32)
       printf("This is a control character\n");
  else if(c>='0'&&c<='9')
       printf("This is a digit\n");
     else if(c>='A'&&c<='Z')
          printf("This is a capital letter\n");
        else if(c>='a'&&c<='z')
             printf("This is a small letter\n");
           else
             printf("This is an other character\n");
}
```

2）if 语句嵌套在 if 子句中

语法：

```
if(表达式 1)
    if(表达式 2)
        语句 1;
    else
        语句 2;
else
    语句 3;
```

语义： 当表达式 1 的值为非 0 时，执行内嵌的 if-else 语句；当表达式 1 的值为 0 时，执行语句 3。

【例 3-7】 请设计程序，从键盘上输入 x 值，根据：

$$y = \begin{cases} 1 & x > 0 \\ 0 & x = 0 \\ -1 & x < 0 \end{cases}$$

计算 y 的值并输出。

分析： 这是一个分段函数，在数学上该函数也称为符号函数。

源程序：

```
#include<stdio.h>
void main()
{
  float x,y;
  scanf("%f",&x);
  if(x>=0)
      if(x>0)
          y=1;
      else
          y=0;
  else
      y=-1;
  printf("%f",y);
}
```

评注： 这种 if 语句的嵌套方式，最容易出现 if 与 else 的配对错误。例如，设有程序段：

```
y=0;
if(x>=0)
    if(x>0)
        y=1;
else
        y=-1;
```

如果希望 else 与 if(x>=0)配对以实现例 3-7 的功能，这段程序是行不通的。因为 C 语言规定 else 总是与离它最近的上一个 if 配对，即该段程序中，else 是与 if(x>0)配对的，这完全违背了设计者的初衷。可以有两种方法修改上述程序段以实现例 3-7 的功能。

方法一：

```
y=0;
if(x>=0)
   { if(x>0)                /* 使内嵌的if语句成为复合语句 */
      y=1;
   }
else
   y=-1;
```

方法二：

```
y=0;
if(x>=0)
   if(x>0)
      y=1;
   else;                    /* else子句是空语句 */
else
   y=-1;
```

评注：方法一中，将内嵌的if语句加上了花括号，使其成为复合语句；方法二中，将内嵌的if语句加上了else，该else的子句部分为空语句，从而在if-else语句的if子句中内嵌一条带有else子句的if语句，从而解决了if和else的匹配问题。

3．多分支结构和switch语句

if语句一般用来处理两者间选择其一的问题，当要实现多种选择时，就要用if语句的嵌套甚至多重嵌套才能实现。当分支较多时，程序变得复杂冗长，可读性降低。其实，C语言还提供了switch语句专门处理多分支选择的情形，switch语句可使程序变得简洁。

1）switch语句

语法：

```
switch (表达式)
{  case 常量表达式1：语句组1；
   case 常量表达式2：语句组2；
       …
   case 常量表达式n：语句组n；
   default：语句组n+1；
}
```

语义：先计算switch后一对括号中表达式的值，然后在switch语句的语句体（用花括号括起来的部分）中寻找与该值吻合的case标号。如果有与该值相等的标号，则执行该标号后开始的各语句，包括在其后的所有case和default中的语句，直到switch语句体结束；如果没有与该值相等的标号，并且存在default，则从default后的语句开始执行，直到switch语句体结束；如果没有与该值相等的标号，同时又没有default，则跳过switch语句体，去执行switch语句之后的语句。

【例3-8】 阅读下列程序，写出程序运行时的输出结果。

源程序：

```
#include<stdio.h>
void main()
{
   int a;
   scanf("%d",&a);
   switch(a)
            {  case 1:   printf("Monday\n");
               case 2:   printf("Tuesday\n");
               case 3:   printf("Wednesday\n");
               case 4:   printf("Thursday\n");
               case 5:   printf("Friday\n");
               case 6:   printf("Saturday\n");
               case 7:   printf("Sunday\n");
               default:  printf("Error\n");
            }
}
```

测试数据：4↙
运行结果：Thursday
　　　　　Friday
　　　　　Saturday
　　　　　Sunday
　　　　　Error

评注：该源程序运行时，在输出了 Thursday 后，又先后输出了 Friday、Saturday、Sunday、Error。如果想要实现"从键盘上输入 1～7 中的一个数字，并输出相应的星期几"这一功能，例 3-8 中的程序是不能实现的。而要实现该功能，往往需要在 switch 语句中使用 break 语句。

2）在 switch 语句中使用 break 语句

语法：

```
switch (表达式)
{  case 常量表达式 1:语句组 1;break;
   case 常量表达式 2:语句组 2;break;
       …
   case 常量表达式 n:语句组 n;break;
   default: 语句组 n+1;
}
```

语义：先计算 switch 后一对括号中表达式的值，然后在 switch 语句的语句体中寻找与该值吻合的 case 标号。如果有与该值相等的标号，则执行该标号后开始的各语句，然后执行 break 语句，跳出 switch 语句；如果没有与该值相等的标号，并且存在 default，则从 default 后的语句开始执行，直到 switch 语句体结束；如果没有与该值相等的标号，同时又没有 default，则跳过 switch 语句体，去执行 switch 语句之后的语句。该语法结构的语法含义如图 3.1 所示。

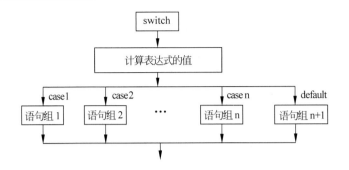

图 3.1 switch 语句执行流程图

【例 3-9】 输入 1~7 之间的一个数值，并输出对应的是星期几。
分析：使用 break 语句修改例 3-8 中的程序。
源程序：

```
#include<stdio.h>
void main()
{
    int a;
    printf("input integer number: ");
    scanf("%d",&a);
    switch(a)
        { case 1: printf("Monday\n");break;
          case 2: printf("Tuesday\n");break;
          case 3: printf("Wednesday\n");break;
          case 4: printf("Thursday\n");break;
          case 5: printf("Friday\n"); break;
          case 6: printf("Saturday\n");break;
          case 7: printf("Sunday\n");break;
          default: printf("Error\n");break;
        }
}
```

测试数据：4✓
运行结果：Thursday

注意：
default 语句标号可以省略；
关键字 case 和常量表达式之间一定要有空格。

【例 3-10】 输入月份，打印 2010 年该月有几天。
源程序：

```
#include<stdio.h>
void main()
{
```

```
    int month;
    int day;
    printf("please input the month number :");
    scanf("%d",&month);
    switch(month)
     {
        case 1: case 3: case 5:
        case 7: case 8:case 10:
        case 12: day=31; break;
        case 4:case 6:  case 9:
        case 11: day=30; break;
        case 2: day=28; break;
        default: day=-1;
     }
    if(day==-1)
            printf("Invalid month input!\n");
    else
            printf("%d,%d\n",month,day);
}
```

评注：执行该程序，在输入 month 为 10 时，选择 case 10 分支，因没有遇到 break，故继续执行 case 12 分支，在完成赋值 day=31 后，遇到 break 语句，执行该语句，跳出 switch 语句，然后执行 switch 语句后的语句。由此可见，多条 case 分支可以共用一个语句组。

4. 条件运算符和条件表达式

C 语言提供的条件运算符为"?:"，是一个三目运算符。由条件运算符和运算对象组成的表达式称为条件表达式，条件表达式的一般形式为：

表达式 1？ 表达式 2： 表达式 3

其求值规则为：如果表达式 1 的值为真，则以表达式 2 的值作为条件表达式的值，否则以表达式 3 的值作为条件表达式的值。

【例 3-11】 从键盘上输入两个整数 a 和 b，将 a 和 b 中的大数存入变量 max，然后输出 a、b 和 max 的值。

源程序：

```
#include<stdio.h>
void main()
{
    int a,b,max;
    scanf("%d%d",&a,&b);
    max=(a>b)?a:b;
    printf("%d,%d,%d",a,b,max);
}
```

注意：

条件运算符的运算优先级低于关系运算符和算术运算符，但高于赋值运算符。因此表达式"max=(a>b)?a:b"可以去掉括号而写为"max=a>b?a:b"。

条件运算符"?"和":"是一个运算符,不能分开单独使用。
条件运算符的结合方向是从右至左结合。
条件表达式可以嵌套使用,如"a>b?a:c>d?c:d"应理解为"a>b?a:(c>d?c:d)"。

3.4 循环结构程序设计

在程序设计中,对于那些需要重复执行的操作可以采用循环结构来完成。利用循环结构处理各类重复操作既简单又方便。在 C 语言中,提供了 while、do-while 和 for 语句来实现循环结构。

3.4.1 while 语句

语法:

```
while(表达式)
    循环体
```

语义:

(1) 计算 while 后圆括号中表达式的值。当表达式的值为真(非 0)时,执行(2);当值为 0 时,执行(4)。
(2) 执行循环体一次。
(3) 转(1)执行。
(4) 执行 while 语句的后续语句。

【例 3-12】请设计程序,用 while 语句构成循环,求 $sum = \sum_{i=1}^{100} i$ 的值。

源程序:

```c
#include<stdio.h>
void main()
{
    int i,sum=0;
    i=1;
    while(i<=100)
      { sum=sum+i;
        i++;
      }
    printf("%d\n",sum);
}
```

注意:

在语法上,while 循环体只能是一条可执行语句,若满足条件需要重复执行多条语句,应该使用花括号将其构成一条复合语句作为循环体。

关键字 while 后的表达式可以是 C 语言中任意合法的表达式,但不能为空,并且必须用圆括号括起来。

while 语句的循环体可能一次都不被执行，因为该循环语句是先判断，后执行。

3.4.2 do-while 语句

语法：

```
do
    循环体
while(表达式);
```

语义：

（1）执行关键字 do 后的循环体一次。
（2）计算 while 后圆括号中表达式的值。当表达式的值为真（非 0）时，执行（1）；当值为 0 时，执行（3）。
（3）执行 do-while 语句的后续语句。

【例 3-13】请设计程序，用 do-while 语句构成循环，求 $sum = \sum_{i=1}^{100} i$ 的值。

源程序：

```c
#include<stdio.h>
void main()
{
  int i,sum=0;
  i=1;
  do
     {  sum=sum+i;
        i++;
     }while(i<=100);
  printf("%d\n",sum);
}
```

注意：

在语法上，do-while 循环体只能是一条可执行语句，若满足条件需要执行多条语句，应该使用花括号将其构成一条复合语句作为循环体。

关键字 while 后的表达式可以是 C 语言中任意合法的表达式，但不能为空，并且必须用圆括号括起来。

do-while 语句的循环体至少被执行一次，因为该循环语句是先执行，后判断。

3.4.3 for 语句

for 语句是使用最广泛的一种循环控制语句，特别适合于循环次数已知的情况。

语法：

```
for(表达式1;表达式2;表达式3)
    循环体
```

语义：

（1）求解表达式 1。

（2）求解表达式 2，若其值为真（非 0），则执行（3），否则转（6）。

（3）执行一次循环体。

（4）求解表达式 3。

（5）转（2）。

（6）执行 for 语句的后续语句。

【例 3-14】 请设计程序，用 for 语句实现循环结构，求 $\text{sum} = \sum_{i=1}^{100} i$ 的值。

源程序：

```
#include<stdio.h>
void main()
{
   int i,sum=0;
   for(i=1; i<=100; i++)
      sum=sum+i;
   printf("%d",sum);
}
```

注意：

正确表达 for 循环结构的三个核心问题：循环控制变量赋初值、循环控制的条件、循环控制变量的更新。for 语句简明地体现了这三个问题，语法结构相当于：

```
for(循环变量赋初值；循环控制条件；循环变量增量)
    循环体
```

在语法上，for 循环的循环体只能是一条可执行语句，若满足条件需要重复执行多条语句，应该使用花括号将其构成一条复合语句作为循环体。

for 循环语句等价于如下的程序段：

```
表达式 1;
while(表达式 2)
        { 语句组
          表达式 3;
        }
```

for 语句中的表达式可以部分或全部省略，但两个"；"不能省略。主要省略形式有以下几种。

① for (;表达式 2;表达式 3)

例如：

```
i=1;
…
for(;i<k;i++)
```

循环体

由于表达式 1 通常表示循环控制变量赋初值，所以使用这种省略方式时，循环控制变量的初值应在 for 语句前通过计算得到，以确保循环的正常开始。

② for (表达式 1;表达式 2;)

例如：

```
for (i=1;i<=100;)
    { ...
    i=i*2+1;
    ... }
```

由于表达式 3 通常表示循环控制变量的改变，所以使用这种省略方式时，通常情况下，循环控制变量的值应在 for 语句的循环体内改变，以确保循环的正常结束。

③ for(;表达式 2;)

例如：

```
i=1;
for(;i<=100;)
    { sum=sum+i;
      i++;
    }
```

相当于

```
i=1;
while(i<=100)
{ sum=sum+i;
  i++;
}
```

由于同时省略了表达式 1 和表达式 3，所以使用这种省略方式时，通常情况下，既要在 for 前为循环控制变量赋初值，以确保循环的正常开始，也应在 for 语句的循环体内改变循环控制变量的值，以确保循环的正常结束。

④ for(;;)

这种省略方式由于将表达式 1、表达式 2 和表达式 3 全部省略，故相当于一个永真循环。要想使这样的循环正常执行且不出现死循环，在循环体内必须要有判断，并用 break 强行中止循环的执行。

for 后一对括号中的表达式可以是任意有效的 C 语言表达式。例如：

```
for(i=1,sum=0; i<=100; sum+=i, i++);
```

该循环语句实现的功能是求 $sum = \sum_{i=1}^{100} i$ 的值，其中 for 语句中的表达式 1 和表达式 3 均为逗号表达式，循环体语句为空语句。

3.4.4 三种循环语句的选用

同样一个循环问题,既可以用 while 语句解决,也可以用 do-while 或者 for 语句来解决,但在实际应用中,也可根据具体情况来选用不同的循环语句,选用的一般原则是:
- 如果循环次数在执行循环体之前就已确定,一般用 for 语句;如果循环次数是由循环体的执行情况确定的,一般用 while 语句或者 do-while 语句。
- 当循环体至少执行一次时,用 do-while 语句。反之,如果循环体可能一次也不执行,选用 while 语句或 for 语句。
- 由于人们考虑问题时习惯先考虑条件,故大多使用 for 循环和 while 循环,而较少使用 do-while 循环。

3.4.5 循环结构的嵌套

一个循环的循环体中如果含有另一个循环,则称这种程序结构为循环嵌套。这种嵌套过程可以有很多层,在 C 语言中,原则上不限制循环嵌套的层数。前面介绍的三种类型的循环都可以互相嵌套,但每一层循环在逻辑上必须是完整的。

【例 3-15】 使用二重循环,打印如下的星形矩阵。

```
*******
*******
*******
*******
*******
*******
*******
*******
```

源程序:

```c
#include<stdio.h>
void main()
{
    int i,j;
    for(i=0; i<8; i++)            /* 控制行 */
        {
          for(j=0; j<7; j++)      /* 控制列 */
              printf("*");
          printf("\n");           /* 换行 */
        }
}
```

评注:

上述程序中,由循环控制变量 i 控制的 for 循环中内嵌了一个 for 循环。由循环变量 i 控制图形的行数,而循环控制变量 j 用于控制每行中待输出的星号的个数。

3.4.6 break 语句与 continue 语句

1．break 语句

在 switch 语句中，已经接触到 break 语句，在 case 子句执行完后，通过 break 语句使程序流程立即跳出 switch 结构。在循环语句中，也可以使用 break 语句，其作用是立即结束循环，转而执行循环语句的后续语句。

语法：

```
break;
```

语义：强行中止 switch 或循坏语句的执行。

【例 3-16】 打印半径为 1 到 10 的圆面积，若面积超过 100，则不予打印。

分析：要解决这一问题，最好用循环，因为求圆面积都用公式π*r*r。假设用 while 语句来实现循环结构。

源程序：

```c
#include<stdio.h>
void main()
  {
    int r;
    float area;
    r=1;
    while(r<=10)
     {
       area=3.1415*r*r;
       if(area>=100)
          break;
       printf("%f\n", area);
       r=r+1;
     }
  }
```

注意：

break 语句只能在 switch 语句和循环体内使用。

当 break 处于嵌套的循环结构中时，只跳出其逻辑上所在的循环结构。

2．continue 语句

语法：

```
continue;
```

语义：结束本次循环并开始新一轮循环。

【例 3-17】 计算半径为 1 到 10 的圆面积，仅打印出超过 100 的圆面积。

源程序：

```c
#include<stdio.h>
void main()
{
   int r;
```

```
    float area;
    for(r=1; r<=10; r++)
    {  area=3.141593*r*r;
       if(area<100.0)
          continue;
       printf("%f\n",area);
    }
}
```

注意：

执行 continue 语句并没有使整个循环中止，而是仅结束本次循环，即如果在 while 循环或 do-while 循环中，continue 语句使得程序流程直接跳到循环控制条件的测试部分决定循环是否继续进行；而在 for 循环中，遇到 continue 语句，将跳过循环体中余下的语句而去执行"表达式 3"的求值，然后进行"表达式 2"的条件测试，最后根据"表达式 2"的值来决定 for 循环是否继续执行。

continue 语句只能用在循环体中。

3.5 使用库和函数

3.5.1 输入输出的概念

数据的输入输出是程序的基本功能，是程序运行过程中与用户进行交互的基础。

C 语言没有提供专门的输入输出语句，输入输出功能是调用系统提供的输入输出库函数来完成的。

3.5.2 输入输出函数

常用的标准设备输入输出函数有：字符输入函数 getchar 和字符输出函数 putchar、格式输入函数 scanf 和格式输出函数 printf、字符串输入函数 gets 和字符串输出函数 puts 等。本节将介绍字符输入输出函数和格式输入输出函数，字符串输入输出函数详见 5.3。

在编写程序时，经常要使用输入输出函数来完成输入输出功能。要使用这些函数，一般需要在程序的开头加上预处理命令"#include < stdio.h >"或者"#include "stdio.h""，其中，stdio 是 standard input&output 的意思。stdio.h 是一个"头文件"。由于在程序中函数 printf 和 scanf 使用频繁，故在 TC 及 Win-TC 环境中，系统允许在使用这两个函数时省略上述预处理命令。

3.5.3 字符输入输出函数

1. 字符输入函数 getchar

getchar 函数的一般调用形式为：

getchar()

该函数的功能是从键盘上输入一个字符。通常把输入的字符赋予一个字符变量，构成赋值语句。

【例 3-18】 从键盘上输入一个字符,并将其输出到显示器。

源程序:

```
#include<stdio.h>
void main()
{
    char c;
    c=getchar();         /* 从键盘上输入一个字符赋给变量c */
    printf("%c",c);
}
```

1. 字符输出函数 putchar

putchar 函数的一般调用形式为:

putchar(ch)

其中,ch 可以是字符变量也可以是字符常量。在以上函数调用后面加一个分号";",就形成一条独立的输出语句。例如:

```
putchar('A');           /* 输出大写字母A */
x='b';
putchar(x);             /* 输出字符变量x的值b */
putchar('\101');        /*\101是转义字符,八进制数101所对应的字符为A,故输出字符A*/
putchar('\n');          /* 换行 */
```

3.5.4 格式输入输出函数

1. 格式输入函数 scanf

scanf 函数的一般调用形式为:

scanf(格式控制,地址表列)

在 scanf 函数调用后加上";",就构成了输入语句。格式控制主要包含两个组成部分:格式说明和普通字符。

1) 格式说明

格式说明的主要作用是指定输入数据时的数据转换格式,由"%"号和紧跟在其后的格式描述符组成。用于输入的常用格式描述符及其功能,如表 3.2 所示。

表 3.2 用于输入的常用格式描述符及其功能

格式描述符	功　　能
c	输入一个字符
d	输入一个带符号的十进制整数
o	输入一个八进制无符号整数
x	输入一个十六进制无符号整数
u	输入一个十进制无符号整数
f(lf)	输入一个带小数点的数学形式或指数形式的浮点数(单精度用 f,双精度用 lf)
s	输入一个字符串

有时，可以利用修饰符来完成输入，修饰符主要有：
- 字段宽度修饰符：例如，语句 "scanf("%3d",&a);" 执行时，如果从键盘上输入的数据流为 123456，则 a 变量所获取的值为 123，即系统将按宽度 3 输入一个整数赋给变量 a。
- 修饰符 l：可以和 d、o、x、u 一起使用，表示输入数据为长整数。例如，语句 "scanf("%9ld%d", &x,&i);" 执行时将要求按宽度为 9 的长整型读入赋给变量 x，按基本整型读入赋给变量 i。

【例 3-19】阅读下列程序，考查字段宽度修饰符与修饰符 l 的使用。

源程序：

```
#include<stdio.h>
void main()
{
    long int a;
    int b;
    scanf("%ld%3d",&a,&b);
    printf("%12ld,%6d\n",a,b);
}
```

测试数据：1234567　1234567↙
运行结果：1234567,　　123

评注：执行该程序时,如果输入测试数据中提供的数据,系统会将第 1 个字段 1 234 567 赋给变量 a，将第 2 个字段 1 234 567 中的 123 赋给变量 b；输出时，a 按宽度 12 输出（左空 5 格），而 b 按宽度 6 输出（左空 3 格）。

2）普通字符

普通字符一般包括空格和可打印字符。
- 空格：在有多个输入项时，一般用空格或回车作为分隔符，若以空格作分隔符，则当输入项中包含字符类型时，产生的结果可能不是预期的。

【例 3-20】阅读下列程序，考查程序的运行结果。

源程序：

```
#include<stdio.h>
void main()
{   int a;
    char ch;
    scanf("%d%c",&a,&ch);
    printf("%d,%c*****\n",a,ch);
}
```

测试数据：32□q↙
运行结果：32,□*****

评注：上述程序在运行过程中，输入测试数据时所使用的数据间的分隔符（空格，用符号□表示）被读入并赋给了变量 ch。不能实现想使 a=32, ch='q'的结果。为避免这种情况，可使用例 3-21 程序中所列的方法。

【例 3-21】 阅读下列程序，考查程序的运行结果。

源程序：

```
#include<stdio.h>
void main()
{
   int a;
   char ch;
   scanf("%d %c",&a,&ch);          /* 注意：%d 和%c 之间含有 1 个空格 */
   printf("%d,%c*****\n",a,ch);
}
```

测试数据： 32□q↙

运行结果： 32,q*****

评注：语句 "scanf("%d %c",&a,&ch);" 中格式控制%d 后有空格，可跳过所输入测试数据中字符 q 前的所有空格，以保证非空格数据的正确输入。

- 可打印字符：例如，"scanf("%d,%d,%c", &a, &b, &ch);" 中格式控制%d 后有 "，"，此 "，" 即为可打印字符。

当输入为：

1, 2, q↙

结果为：

a=1, b=2, ch='q'

若输入为：

1 2 q↙

则除 a=1 正确赋值外，对 b 与 ch 的赋值都将以失败告终。也就是说，这些可打印字符应是输入数据分隔符，scanf 函数在读入时自动去除与可打印字符相同的字符。

2．格式输出函数 printf

printf 函数的一般调用形式为：

printf(格式控制，输出项列表)

在 printf 函数调用后加上 "；"，就构成了输出语句。该函数的功能为按格式控制规定的格式，向默认输出设备（一般为显示器）输出各项。printf 函数的格式控制包含两个组成部分：格式说明和普通字符。

1）格式说明

同 scanf 函数类似，格式说明的主要作用是指定输出数据时的数据转换格式，由 "%" 号和紧跟在其后的格式描述符组成。用于输出的常用格式描述符及其功能，如表 3.3 所示。

表 3.3 用于输出的常用格式描述符及其功能

格式描述符	功　　能
c	输出一个字符
d(ld)	输出一个带符号的十进制整数（ld 输出长整数）
u	输出一个无符号十进制整数
f	以带小数点的数学形式输出浮点数（单精度和双精度）
e	以指数形式输出浮点数（单精度和双精度）
o	以八进制形式输出一个无符号整数
x	以十六进制形式输出一个无符号整数
s	输出一个字符串，直到遇到'\0'为止

有时候，可以利用修饰符来完成输出。用于输出的修饰符及其功能说明，如表 3.4 所示。

表 3.4 printf 函数格式说明修饰符

字　　符	说　　明
l	用于长整型，可加在格式符 d，o，x，u 之前
m（整数）	数据最小宽度
.n（整数）	对实数，表示输出 n 位小数；对字符串，表示截取 n 个字符
—	输出的数字或字符在域内向左靠齐

【例 3-22】 阅读并上机调试下列程序，考查其输出结果。

源程序：

```
#include<stdio.h>
void main()
{
    int a=15;
    float b=123.1234567;
    double c=12345678.1234567;
    char d='p';
    printf("a=%d,%5d,%o,%x\n",a,a,a,a);
    printf("b=%f,%5.4f,%e\n",b,b,b);
    printf("c=%lf,%8.4lf\n",c,c);
    printf("d=%c,%8c\n",d,d);
}
```

运行结果：

```
a=15,   15,17,f
b=123.123459,123.1235,1.23123e+02
c=12345678.123457,12345678.1235
d=p,       p
```

评注：上例第 8 行中以 4 种格式输出整型变量 a 的值，其中"%5d"要求输出宽度为 5，而 a 值只有两位故在左边补 3 个空格。第 9 行中以 3 种格式输出实型变量 b 的值。其中"%5.4f"指定输出宽度为 5，小数位保留 4 位，当实际长度超过 5 时按实际位数输出，小数位数超过 4 位的部分被截去（小数点后第 5 位四舍五入）。第 11 行输出字符量 d，其中"%8c"指定输出宽度为 8，故在输出字符 p 之前补了 7 个空格。

2）普通字符

普通字符包括可打印字符和转义字符。可打印字符主要是一些说明字符，这些字符按原样显示在屏幕上，如果有汉字系统支持，也可以输出汉字。

除此之外，转义字符是一些控制字符，控制产生特殊的输出效果。例如，如果要输出"%"字符，则在控制字符中用"%%"表示。

3.5.5 其他库函数简介

库函数并不是 C 语言的一部分，它是人们根据需要编制并提供给用户使用的。每一种 C 编译系统都提供了一批库函数，不同的编译系统所提供的库函数的数目和函数名以及函数功能是不完全相同的。ANSIC 标准提出了一批使用频率较高的标准库函数。

1. 数学函数

如求整数的绝对值函数 abs，求平方根函数 sqrt，求幂函数 pow 等。使用数学函数时，应在该源文件中使用预处理命令"#include <math.h>"或"#include "math.h""。

2. 字符函数

如检查参数是否是字母或数字的函数 isalnum，检查参数是否为数字的函数 isdigit 等。使用字符函数时，应在源文件中使用预处理命令"#include<ctype.h>"或"#include "ctype.h ""。

3. 字符串函数

如字符串连接函数 strcat、字符串复制函数 strcpy、字符串比较函数 strcmp 等。使用字符串函数时，应在源文件中使用预处理命令"#include<string.h>"或"#include "string.h""。

除了以上介绍的一些函数外，还有许多库函数，参见附录 D。

3.6 典型例题

【例 3-23】请设计程序，求从键盘上输入的三个整数中的最小值并输出最小值。

分析：从键盘上输入三个整数分别赋给整型变量 a、b、c，先进行 a、b 的比较，将较小数存入变量 min，再将 min 与 c 比较，求出较小的数存入变量 min。

源程序：

```c
#include<stdio.h>
void main()
{   int a,b,c,min;
    printf("input a,b,c :");
    scanf("%d%d%d",&a,&b,&c);
    if(a<b)
        min=a;
    else
        min=b;
    if(c<min)
        min=c;
    printf("The result is %d\n",min);
}
```

【例3-24】 请设计程序，根据学生成绩（百分制）显示对应的等级（等级制）。若成绩低于60分者，等级为"不及格"；介于60~69时，等级为"及格"；介于70~79时，等级为"中等"；介于80~89，等级为"良好"；介于90~100时，等级为"优秀"。

源程序：

```
#include<stdio.h>
void main()
{   float cj;
    int c;
    scanf("%f",&cj);
    c=(int)cj/10;
    switch(c)
    {  case 0: case 1:
       case 2: case 3: case 4:
       case 5: printf("不及格");break;
       case 6: printf("及格");break;
       case 7: printf("中等");break;
       case 8: printf("良好");break;
       case 9:
       case 10: printf("优秀");break;
       default: printf("error\n");
    }
}
```

【例3-25】 请设计程序，根据货物的价格求货物所征税。价格在1万元以上的征5%，5000元以上1万元以下的征3%，1000元以上5 000以下的征2%，1 000元以下的免税，读入货物价格，计算并输出税金。

分析：设变量price表示货物的价格，变量tax表示所征的税。根据题意，征税应分段累计，各段采用不同税率进行征收。

若price>=10 000，则tax=0.05*(price–10 000)+5 000*0.03+4 000*0.02

若price<10 000并且price>=5 000，则tax=0.03*(price–5 000)+4 000*0.02

若price<5 000并且price>=1 000，则tax=0.02*(price–1 000)

源程序：

```
#include<stdio.h>
void main()
{   float price,tax=0,s;
    printf("input price:");
    scanf("%f",&price);
    s=(int)(price/1000);
    if(s>=10)
        s=10;
    switch(s)
    {  case 1: case 2: case 3:
       case 4: tax=0.02*(price-1000); break;
       case 5: case 6:
       case 7: case 8:
```

```
        case 9: tax=0.03*(price-5000)+4000*0.02; break;
        case 10: tax=0.05*(price-10000)+5000*0.03+4000*0.02; break;
    }
    printf("the tax=%10.3f\n",tax);
}
```

【例3-26】 请设计程序,判断整数 m 是否是质数,并输出判断结果。

分析：任意一个整数 m 都可分解为 m=m1*m2，m1 和 m2 中必有一个小于或等于 m 的算术平方根,可以用 2～$\sqrt{m}$ 之间的整数逐个与 m 相除,若都不能整除,则说明 m 是质数,否则 m 就不是一个质数。判断 m 是否是质数的算法描述,如图 3.2 所示。

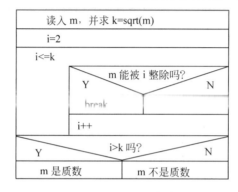

图 3.2 判断 m 是否为质数的 N-S 图

源程序：

```
#include<stdio.h>
#include<math.h>
void main()
{   int m,i,k;
    scanf("%d",&m);
    k=(int)sqrt(m);
    for(i=2; i<=k; i++)
        if(m%i==0)
            break;
    if(i>k)
        printf("%d is a prime number\n",m);
    else
        printf("%d is not a prime number\n",m);
}
```

【例3-27】 请设计程序,求出 100～200 间的全部质数。

分析：首先可以枚举出所有[100,200]之间的整数。即,设变量 m 从 100 依次变化到 200 (m 的初值为 100),然后逐一判断 m 是否是质数,如果是则输出,否则继续下一个数的判断,直到 m 超过 200 为止。

源程序：

```
#include<stdio.h>
```

```
#include<math.h>
void main()
{
    int m, i, k, n=0;
    for(m=101; m<=200; m=m+2)       /*该循环控制结构摒弃了[100,200]中的所有偶数*/
    {   k=(int)sqrt(m);
        for(i=2;i<=k;i++)
            if(m%i==0) break;
        if(i>=k+1)
        {   printf("%4d",m);
            n=n+1;
            if(n%5==0) printf("\n");
        }
    }
    printf("\n");
}
```

【例 3-28】 用公式 $\dfrac{\pi}{4}=1-\dfrac{1}{3}+\dfrac{1}{5}-\dfrac{1}{7}+\cdots$ 求π的近似值，直到最后一项的绝对值小于 10^{-6} 为止。

分析：先考查已知公式中等号右边的累加和是正负相间相加的，若用 t 表示项，n 表示项 t 中的分母，s 表示符号（当 s 为 1 时表示正号，为–1 时表示负号），则 t=s/n。算法描述如图 3.3 所示。

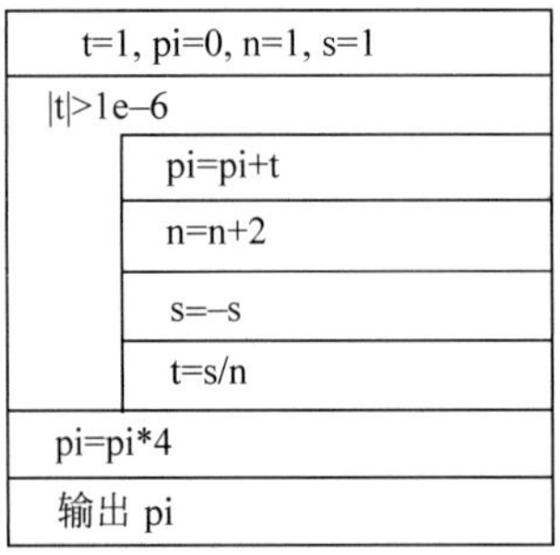

t=1, pi=0, n=1, s=1		
|t|>1e−6		
	pi=pi+t	
	n=n+2	
	s=−s	
	t=s/n	
pi=pi*4		
输出 pi		

图 3.3 求 π 近似值的 N-S 图

源程序：

```
#include<stdio.h>
#include<math.h>
void main()
{
    int s;
    float n, t, pi;
    t=1; pi=0; n=1.0; s=1;
    while(fabs(t)>1e-6)
    {   pi=pi+t;
        n=n+2;
```

```
        s=-s;
        t=s/n;
    }
    pi=pi*4;
    printf("pi=%10.6f\n", pi);
}
```

3.7 实践活动

活动一：以下有两条英文语句，请朗读并翻译

If you fell happy then you will smile.
If you fell happy then you will smile else you will be sad.

这是英文中用 if 来描述根据条件的不同，会有不同结果的例子，而在 C 语言中能否根据不同的条件，执行不同的语句呢？思考一下这种结构是程序设计三种基本结构中的什么结构呢？

活动二：联系生活，小组探究

说明：

引入"半成品加工策略"，出示顺序结构简单的练习，要求指出原程序中有哪些还不够完善的地方，运用已学过的知识，进行修改、调试，以达到巩固知识点的目标。要求两人一组，两人共同对两个练习进行分析，然后每人选做一题，可以互相帮助，做完后互相交流，互相评价结果。

练习 1：购买苹果，若购买 10 斤以下，则 2 元一斤，若购买 10 斤以上，则打 8 折。请设计一个程序，输入购买苹果的斤数，输出应付款总额。

练习 2：输入三角形的三边长，输出三角形的面积。若输入的三个数值无法构成三角形，则应该显示 "It is not a trilateral." 的信息。

活动三：考考你

说明：

生活中的推理题，考虑如何用程序实现。

题目：有 a、b、c、d 四个人，各说了一句话：

a 说："我不是小偷。"

b 说："c 是小偷。"

c 说："小偷肯定是 d。"

d 说："c 冤枉人！"

已知四人中有三人说的是真话，问到底谁是小偷？

问题分析：将 a、b、c、d 四个人进行编号，号码分别为 1、2、3、4。

算法设计：用变量 x 存放小偷的编号，则 x 的取值范围为 1 到 4，4 个人所说的话就可以分别写成：

a 说的话：x!=1

b 说的话：x==3

c 说的话：x==4

d 说的话：x!=4

试利用这些材料写出程序。

习　　题

【本章讨论的重要概念】

学过本章学习，应掌握的重要概念如图 3.4 所示。

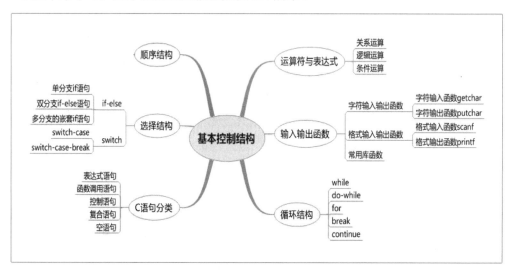

图 3.4　思维导图——基本控制结构

【基础练习】

选择题

1. putchar 函数可以向终端输出一个_____。

   A．整型变量或表达式的值　　B．实型变量的值

   C．字符串　　　　　　　　　D．字符

2. 以下说法中，正确的是_____。

   A．输入项可以为一个实型常量，如 "scanf("%f",3.5);"

   B．只有格式控制，无输入项，也能进行正确输入，如 "scanf("a=%d,b=%d");"

   C．当输入一个实型数据时，格式控制部分应规定小数点后的位数，如 "scanf("%4.2f",&f);"

   D．当输入数据时，必须指明变量的地址，如 "scanf("%f",&f);"

3. 设有声明语句 "float x,y;"，则下列选项中，不合法的赋值语句是_____。

   A．++x;　　　B．y=(x%2)/10;　　　C．x*=y+8;　　　D．x=y=0;

4. 设有声明语句 "char　ch;"，则不合法的赋值语句是_____。

   A．ch='a+b';　　B．ch='\0';　　C．ch='a'+'b';　　D．ch=7+9;

5. 以下能正确地声明整型变量 a，b，c，并给它们都赋值 5 的语句是_____。

A. int a=b=c=5; B. int a, b, c=5;
C. int a=5, b=5, c=5; D. a=b=c=5;

6. 逻辑运算符两侧运算对象的数据类型_____。
   A. 只能是 0 或 1 B. 只能是 0 或非 0 数
   C. 只能是整型或字符型数据 D. 可以是任何类型的数据

7. 命题"当 x 的取值在[1,10]和[200,210]范围内为真，否则为假"的 C 表达式是_____。
   A. (x>=1)&&(x<=10)&&(x>=200)&&(x<=210)
   B. (x>=1)||(x<=10)||(x>=200)||(x<=210)
   C. (x>=1)&&(x<=10)||(x>=200)&&(x<=210)
   D. (x>=1)||(x<=10)&&(x>=200)||(x<=210)

8. 若希望当 A 的值为奇数时，表达式的值为"真"，A 的值为偶数时，表达式的值为"假"。则以下不能满足要求的表达式是_____。
   A. A%2==1 B. !(A%2==0) C. !(A%2) D. A%2

9. 执行以下语句后，a 和 b 的值分别为_____。

int a, b, c; a=b=c=1; ++a||++b&&++c;

   A. 0,1 B. 1,1 C. 2,1 D. 3,1

10. 执行以下语句后，a 和 b 的值分别为_____。

int a=1, b=2, w=1, x=2, y=3, z=4; (a=w>x)&&(b=y>z);

   A. 0,0 B. 0,1 C. 0,2 D. 0,3

11. 以下程序运行时的输出结果是_____。

main()
{ int m=5;
  if(m++>5) printf ("%d\n", m);
  else printf("%d\n", m--);
}

   A. 4 B. 5 C. 6 D. 7

12. 完全等价于条件表达式 "(exp)?a++:b--" 中条件 exp 的表达式是_____。
   A. (exp==0) B. (exp!=0) C. (exp==1) D. (exp!=1)

13. while (!E);语句中，条件表达式等价于_____。
   A. E==0 B. E!=1 C. E!=0 D. E==1

14. 以下程序运行后的输出结果是_____。

main()
{ int n=0;
  while(n++<=2);
  printf("%d",n);
}

   A. 2 B. 3 C. 4 D. 有语法错

15. 以下程序运行时的输出结果是_____。

```
main()
{ int a=1,b=2,c=2,t;
  while(a<b<c)
    { t=a; a=b; b=t; c--;}
  printf("%d,%d,%d\n",a,b,c);
}
```

   A. 1, 2, 0   B. 2, 1, 0   C. 1, 2, 1   D. 2, 1, 1

16. C 语言中，while 与 do-while 循环的主要区别是_____。
  A. do-while 的循环体至少无条件执行一次
  B. while 的循环控制条件比 do-while 的循环控制条件严格
  C. do-while 允许从外部转到循环体内
  D. do-while 的循环体不能是复合语句

17. 对 for (表达式 1; ;表达式 3)可理解为_____。
  A. for (表达式 1; ;表达式 3)   B. for (表达式 1; 1; 表达式 3)
  C. for (表达式 1; 表达式 1; 表达式 3)   D. for (表达式 1; 表达式 3; 表达式 3)

18. 以下 for 语句中，循环体执行的次数是_____。

```
for(x=0,y=0;(y=123)&&(x<4);x++);
```

  A. 为无限次循环   B. 循环次数不定   C. 4 次   D. 3 次

19. 下列不是死循环的是_____。
  A. int   i=100; while (1){ i=i%100+1; if (i>100) break;}
  B. for (; ;);
  C. int   k=0;   do {++k; }while (k>=0);
  D. int   s=36;   while (s); --s;

20. 下列程序段的输出结果是_____。

```
int  x=3;
do {printf("%2d",x-=2);} while (!(--x));
```

  A. 1   B. 1 –2   C. 3 0   D. 是死循环

填空题

1. 设有变量声明语句"int x,y,z;"，则执行语句"x=(y=(z=10)+5)–5;"后，x 的值为_____，y 的值为_____，z 的值为_____。

2. 以下程序运行时的输出结果是_____。

```
#include<stdio.h>
void main()
{ char c='A';
  printf("C:dec=%d,oct=%o,hex=%x,ASCII=%c\n",c,c,c,c);
}
```

3. 设有声明语句 "float x;"，若要使 x 能正确接收从键盘输入的一个数，函数调用语句为_____。

4. 设有声明语句 "int x=7;"，则执行语句 "x+=x-=x+x;" 后，x 的值为_____。

5. 设有声明语句 "int a,b;"，则程序段 "a+=b;b=a-b;a-=b;" 的功能是_____。

6. 若有声明语句 "int y;"，则表示命题 "y 是奇数" 成立的 C 语言表达式是_____。

7. 设有声明语句 "int i,j;"，执行语句 "j=(i=1,i+9)>9?i++:++i;" 后，i 的值为_____，j 的值为_____。

8. 操作 "x≥3 或 x≤-10" 的 C 语言表达式是_____。

9. 以下程序运行时的输出结果是_____。

```
#include<stdio.h>
void main()
{
  int a,b,c,d;
  a=c=0;b=1;d=20;
  if(a)d=d-10;
  else if(!b)
        if(!c) d=15;
        else d=25;
  printf("%d\n", d );
}
```

10. 以下程序运行时的输出结果是_____。

```
#include<stdio.h>
void main()
{
    int x=1,y=0;
    switch(x)
    { case 1: switch(y)
              { case 0:printf("**1**");break;
                case 1:printf("**2**");break;
              }
      case 2: printf ("**3**");
    }
}
```

11. 以下程序运行时的输出结果是_____。

```
#include<stdio.h>
void main()
{
  int x=1,y=0,a=0,b=0;
  switch(x)
  { case 1:switch(y)
```

```
                    { case 0:a++;break;
                      case 1:b++;break;
                    }
        case 2:  a++; b++; break;
    }
    printf("a=%d, b=%d\n",a, b);
}
```

12. 以下程序运行时的输出结果是_____。

```
#include<stdio.h>
void main()
{
    int k,n;
    k=1;
    n=263;
    do
    {  k*=n%10;
       n/=10;
    }while(n);
    printf("%d",k);
}
```

13. 鸡兔共有30只，脚共有90只，下列程序用于计算鸡兔各有多少只，请完善程序。

```
#include<stdio.h>
void main()
{
  int x,y;
  for(x=1;x<=29;x++)
      { y=30-x;
        if(_____)
            printf("%d,%d\n",x,y);
      }
}
```

14. 以下程序运行时的输出结果是_____。

```
#include<stdio.h>
void main()
{
  int i,x,y;
  i=x=y=0;
  do{  ++i;
       if(i%2!=0)
           { x=x+i;i++;}
       y=y+i++;
    }while(i<=7);
```

```
    printf("x=%d,y=%d\n",x,y);
}
```

15. 以下程序运行时的输出结果是_____。

```
#include<stdio.h>
void main()
{   int i,j=4;
    for(i=j;i<=2*j;i++)
        switch(i/j)
        {
            case 1: printf("**");break;
            case 2: printf("#");
        }
}
```

16. 以下程序运行时的输出结果是_____。

```
#include<stdio.h>
void main()
{   int i,j,k=19;
    while(i=k-1)
     {   k-=3;
         if(k%5==0)  {i++;continue;}
         else if(k<5) break;
         i++;
     }
    printf("i=%d,k=%d\n",i,k);
}
```

17. 请完善下列程序,其功能是打印100以内个位数为6且能被3整除的所有数。

```
#include<stdio.h>
void main()
{   int i,j;
    for(i=0;_____;i++)
     {   j=i*10+6;
         if(_____)continue;
         printf("%d",j);
     }
}
```

18. 以下程序运行时的输出结果是_____。

```
#include<stdio.h>
void main()
{   int i=1;
    while(i<=15)
```

```
        if(++i%3!=2) continue;
        else printf("%3d",i);
    printf("\n");
}
```

19. 完善下面程序，其功能是计算100至1000之间有多少个数其各位数字之和是5。

```
#include<stdio.h>
void main()
{   int  i,s,k,count=0;
    for(i=100;i<=1000;i++)
      {s=0;k=i;
       while(_____) { s=s+k%10;  k=_____; }
       if(s!=5) _____;
       count++;
      }
    printf("%d", count);
}
```

20. 以下程序运行时的输出结果是_____。

```
#include<stdio.h>
void main()
{
    int i=5;
    do { switch(i%2)
         { case 4: i--; break;
           case 6: i--; continue;
         }
         i--;  i--;
         printf("%d", i);
    } while(i>0);
}
```

【拓展训练】

1. 求水仙花数。如果一个三位数的百位、十位和个位数的立方和等于这个数，则称该数为水仙花数。

2. 求1~100以内的"完备数"。一个数如果恰好等于除它本身之外的各个因子之和，则称该数为"完备数"。例如：6是完备数。因为6的因子为1，2，3，且6=1+2+3。

3. 打印如下图形：

4．下列程序用 switch 语句实现了一个简单菜单的功能。仔细阅读该程序，理解 C 语言中菜单程序设计常用的方法。

```
#include<stdio.h>
#include<math.h>
void main()
{
   char i;
   float x;
   printf("enter x:");
   scanf("%f",&x);
   printf("1. To calculate e to the power x\n");
   printf("2. To calculate logx to the base 10\n");
   printf("3. To calculate lnx \n");
   printf("4. To calculate square root of x\n");
   printf("\n");
   printf("enter your choice:[1/2/3/4]");
   scanf("%1s",&i);
   switch(i)
    { case '1': printf("exp(%f)=%e\n",x,exp(x)); break;
      case '2': printf("log10(%f)=%e\n",x,log10(x)); break;
      case '3': printf("log(%f)=%e\n",x,log(x)); break;
      case '4': printf("sqrt(%f)=%e\n",x,sqrt(x)); break;
      default: printf("Sorry, can\'t do for you!\n"); break;
    }
}
```

【问题与程序设计】

用户从键盘输入 n（n<=5）位不重复的数字，来匹配计算机给出的 n 位随机数字，若数字和位置均等同，表示用户赢。每猜一次，计算机均给出提示信息（x，y），x 表示数字、位置都匹配的个数，y 表示数字匹配但位置不匹配的个数。试思考猜数游戏编程的思路。

设计要求 1：将用户输入的 n（n<=5）位数字与已给出的随机数比较，只要数字全部匹配，就表示用户赢，忽略位置关系。

① 如何产生 n（n<=5）位随机数？需要计算机产生随机数，该如何处理？如果由出题者即时输入，该怎样解决？

② 怎样保证计算机产生的随机数中 n 位随机数字不重复？

③ 只要求数字匹配，怎么判断用户输入的数字与计算机给出的数字的一致性？

④ 如果只有部分数字匹配，也需要反馈用户猜中数字的个数，还需要怎么改进？

设计要求 2：将用户输入的 n（n<=5）位数字与已给出的随机数比较，数字和位置全部等同，才表示用户赢。

① 既要求数字匹配，又要求位置相同，怎么判断用户输入的数字与计算机给出的数字的一致性？

② 如果允许用户最多猜三次，以最好成绩为准，程序还需如何改进？

第 4 章 函　　数

学习目标
1. 熟练掌握函数的定义、声明、调用及执行过程；
2. 理解函数的形式参数与实在参数、值传递等概念；
3. 理解并掌握函数返回值的概念；
4. 理解变量的作用域、生存期，初步学会使用不同作用范围、不同存储类别的变量。

4.1　概　　述

C 程序通常由一个或几个函数组成，其中有且仅有一个以 main 命名的函数，这个函数称为主函数。源程序中的每一个函数是一个独立的模块，能够用来完成某种操作。迄今为止，所接触到的函数中，main 函数是用户自定义的函数；而 printf、scanf、sqrt 和 fabs 等函数是系统提供的标准库函数。虽然 C 语言提供了丰富的库函数，但实际问题千变万化，库函数不可能完全满足编程的需求。因此，需要用户扮演一个更加积极主动的角色，创建自己需要的函数。

【例 4-1】 阅读下列程序，考查该程序的执行过程。
源程序：

```
#include<stdio.h>
int max(int x,int y)          /* 定义max函数 */
{
   int z;
   z=x>y?x:y;
   return  z;                 /* 返回z值 */
}

void main()                   /* 定义主函数 */
{
   int a,b,c;
   scanf("%d,%d",&a,&b);
   c=max(a,b);                /* 调用max函数求a,b中的大数，并把大数赋给c */
   printf("max=%d",c);
}
```

评注：例 4-1 是由 main 和 max 两个用户自定义函数构成的 C 程序。main 函数是整个程序的控制部分，程序的执行从 main 函数开始，并在 main 函数中结束。在执行过程中，main 函数先后调用了 scanf、max 及 printf 函数。程序执行过程如图 4.1 所示。

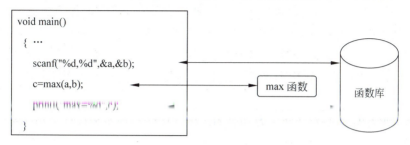

图 4.1　例 4-1 程序的执行过程

main 函数在执行过程中，首先调用库函数 scanf 完成数据输入；再调用 max 函数完成求两个输入的整型数中的大数并将值返回赋给变量 c；最后调用库函数 printf 完成结果数据的输出。

4.1.1　函数的定义

在使用一个函数前，需要先对其进行定义。函数定义的一般格式为：

函数类型　函数名（形式参数说明）
{
*　　变量说明；*
*　　语句序列；*
}

通常把函数定义的第一行称为"函数首部"，用一对花括号括起来的部分称为"函数体"。

【例 4-2】　定义一个函数 factorial，求非负整数 n 的阶乘（即求 n!）。
源程序：

```
long factorial(int n)          /* 定义 factorial 函数 */
{   int k;
    long t=1;
    for(k=1;k<=n;k++)
        t*=k;
    return t;
}
```

说明：

函数类型。函数类型用于指明函数返回值的类型。由于 factorial 函数中 n! 的值可能较大，为防止溢出，将函数返回值定义为 long 型。一个函数不一定有返回值，如例 4-1 中定义的 main 函数，它的类型定义为 void 型（空类型），表示没有返回值，系统保证不使函数返回任何值。函数类型也可以缺省，当函数类型缺省时，系统会默认指定为 int 型。

函数名。函数名用于标识不同的函数。函数命名要符合 C 语言标识符的命名规则。最好能做到"见名知义",如求阶乘函数命名为 factorial,求最大值函数命名为 max 等。

形式参数说明。函数名后圆括号中说明的变量称为函数的形式参数,简称形参。factorial 函数中定义的形参是 n,调用此函数时,调用函数把对应的参数值传递给形参 n,当形参 n 取得值后,就可参加函数体中相关语句的执行。在形参说明时,应根据实际需要来指明每个形参的类型、名称,多个形参之间应用逗号隔开。当然,函数也可不带参数,如例 4-1 中的 main 函数,此时该函数称为"无参函数"。尽管函数的形参可以缺省,但函数名后的圆括号不能省略。

函数体。函数体是函数完成主要功能的部分,由变量声明和执行语句两部分组成。变量声明包括对函数中用到的变量的声明等内容,如 factorial 函数中声明的变量 k 和 t。执行语句是对数据进行处理的部分,如在 factorial 函数中,利用循环将整型变量 k 的所有取值 1~n 累乘到变量 t 中,当循环结束时,变量 t 中存放的值便是 n!。最后,通过 return 语句将 t 的值作为函数返回值带回到调用函数中。

C 语言允许使用空函数,函数体中什么都不定义的函数称为空函数。例如:

```
void dummy()
{    }
```

调用空函数 dummy,并不能完成什么任务,没有任何实际意义。不过,在程序设计的开始阶段,只是设计最基本的模块,很难一下子完成所有的功能,可以在准备扩充功能的地方预先填入一个空函数,以后需要时再作补充。这样做,不影响程序的整体结构,编出的程序更易于阅读、理解和调试,因而也容易保证程序的正确性。

4.1.2 函数的返回及返回值

1. 函数的返回

被调用函数执行完成后,需要返回到调用函数中的调用处,继续执行后面的语句。有两种情况可以中止被调用函数的执行并返回到调用函数。

1)被调用函数执行到最后的"}"处,自动返回调用函数

【例 4-3】 阅读下列程序,考查程序的输出结果。

源程序:

```
#include<stdio.h>
void printstar()
{
   printf("* * * * * * * * * ** * * * * * * *\n");
}
void printmessage()
{
   printf("\t One World One Dream! \n");
   printf("\t  Welcome to Beijing!\n");
}
```

```
void main()
{
   printstar();
   printmessage();
   printstar();
}
```

运行结果：

```
* * * * * * * * * * * * * * * * * *
        One World One Dream!
        Welcome to Beijing!
* * * * * * * * * * * * * * * * * *
```

评注：上述程序的主函数中只有 3 条函数调用语句。源程序从 main 函数开始执行，首先调用 printstar 函数，程序执行的流程便转向该函数，打印完一行星号后遇到右括号"}"时，便返回到 main 函数中，按着依次执行 main 函数中的 printmessage 和 printstar 函数调用语句，每次执行均是执行到被调用函数中的"}"时返回。当执行到 main 函数中的"}"时，整个程序执行结束。这 3 个函数都只是完成相关操作，无返回值，故均可定义为 void 型。

2）被调用函数执行到 return 语句时，立刻返回到调用函数

当函数需要有返回值时，可以用 return 语句中止函数的执行，返回到调用函数，并由 return 语句返回一个值。

return 语句的一般格式为：

return(表达式);

或

return 表达式;

或

return;

如果 return 后带有表达式，则 return 语句将会把表达式的值作为函数值返回到调用函数中。当 return 后没有表达式时，则返回一个不确定的值。

2．返回值

return 语句不仅能中断函数的执行返回调用函数，而且能使函数带回一个值。一个函数通过 return 语句只能带回一个值，即使一个函数中有多个 return 语句，一次函数调用也只有一个 return 语句被执行。

【例 4-4】 请设计函数 char sign(int x)，其功能是判断形参 x 是负整数还是非负整数，如果是负整数，则函数返回值'-'，否则返回'+'。设计 main 函数，从键盘上输入整数 x，用 x 作为实在参数调用 sign 函数，最后输出 x 及 x 的符号信息。

源程序：

```
#include<stdio.h>
char sign(int x)
{
   if(x>=0)return('+');
   else return('-');
}
void main()
{
   int x;
   scanf("%d",&x);
   printf("Sign of %d is %c.\n", x, sign(x));
}
```

测试数据：2008↙
运行结果：Sign of 2008 is +.
测试数据：-128↙
运行结果：Sign of -128 is -.

说明：

return 语句中表达式值的类型应与函数定义时的类型一致，如果类型不一致，则以函数类型为准，数值型数据自动进行类型转换。

【例 4-5】 阅读下列程序，考查函数的返回值。

源程序：

```
#include<stdio.h>
int max(float x,float y)
{
   return(x>y?x:y);                /* 返回表达式 x>y?x:y 值 */
}
void main()
{
   printf("1.max=%d\n", max(1.8,-4.5));
   printf("2.max=%f\n", (float)max(1.8,-4.5));
}
```

运行结果：

1.max=1
2.max=1.000000

评注：本例中，函数 max 被定义为 int 型，而函数体内 return 语句中表达式的值为 double 型，二者不一致。按 C 语言的规定，先将表达式的值转换为 int 型，然后由 max 函数中的 return 语句将其带回到 main 函数中，故 main 函数中的第 1 条 printf 函数调用语句输出的是整数 1，第 2 条 printf 函数调用语句将返回值 1 强制转换成 float 型输出。

如果不需要函数返回任何值,可把函数的类型定义为 void 型,如上述定义的函数 main。如果不定义为 void 型函数,即使函数中没有 return 语句或 return 语句中没有表达式,函数依然是有返回值的,只不过返回的是一个不确定的值。

4.1.3 函数的声明和调用

1．函数的声明

C 语言规定,函数应先定义,后使用。在调用时,如果函数的定义在调用语句之前,则可以直接调用;如果函数的定义在调用语句之后,则应先进行声明,才能正确调用。

1)标准库函数的声明

如果需要调用系统提供的库函数,应该在程序的开头用预处理命令 include 进行文件包含。例如,前面已经用过的命令:"#include<stdio.h>"和"#include<math.h>"等。其中"stdio.h"、"math.h"是头文件,包含了相关库函数所用到的一些宏定义、函数原型等信息。当调用 getchar、putchar 等函数时,需要包含标准输入输出头文件 stdio.h,当调用库函数 fabs、sqrt 等数学函数时,需要包含头文件 math.h。有关预处理、部分库函数原型等概念请参见第 7 章及附录 D。

2)用户自定义函数的声明

函数声明的作用是把函数类型、函数名、函数参数的个数和类型等信息通知 C 编译系统,以便在遇到函数调用时,编译系统能正确识别函数并检查调用是否合法。

函数声明可以在调用函数内部进行,也可以在调用函数外部进行。若只在调用函数内部声明,其作用范围仅为该函数,否则,其作用范围从声明处直到源程序文件结束。

【**例4-6**】 请设计程序完成如下功能:从键盘上输入两个实数,计算它们的和,并输出结果值。

源程序:

```
#include<stdio.h>
void main()
{
    float sum(float x,float y);/* 函数声明,将 main 函数与 sum 函数调换位置则可省 */
    float a,b,c;
    scanf("%f %f",&a,&b);
    c=sum(a,b);
    printf("sum=%f\n",c);
}
float sum(float x,float y)
{
    float s;
    s=x+y;
    return(s);
}
```

测试数据: 3.1 4.5↙

运行结果：sum=7.600000

评注：这是一个简单的函数调用。由于 sum 函数的定义位于 main 函数之后，因而在 main 函数中调用该函数的语句前，用声明语句"float sum(float x,float y);"对 sum 函数进行了声明。

其实，在函数声明中也可以只写形参的类型，而不写形参的名字或写其他名字，因为编译系统是不检查参数名的。故上述的声明可以写为"float sum(float ,float);"，其效果与"float sum(float x,float y);"是等效的。

2．函数的调用

函数调用一般采用如下两种方式。

1）函数语句

函数语句也称函数调用语句，即把函数调用作为一个语句使用。如例 4-3 程序中的函数语句"printstar();"和"printmessage();"等。

【例 4-7】 阅读下列程序，考查运行结果。

源程序：

```
#include<stdio.h>
void printstar()
{
   printf("* * * * * * * * * * ** * * * * * *\n");
}
void main()
{   int a;
    scanf("%d",&a);                /* 有参函数调用语句 */
    printstar();                   /* 无参函数调用语句 */
    printf("\tResult is %d\n",a>=0?a:-a);
    printstar();
}
```

测试数据：-123↙
运行结果：　* * * * * * * * * ** * * * * * *
　　　　　　　　Result is 123
　　　　　　* * * * * * * * * ** * * * * * *

评注：由于 printstar 是一个 void 型函数，无返回值，故在 main 函数中用"printstar();"函数调用语句调用了 printstar 函数。一般情况下，对用 void 型定义的无返回值的函数或非 void 型不需要返回值的函数调用，应使用这种调用方式。

2）函数表达式

对于有返回值的函数，可以把它作为表达式的一部分参与运算。例如，例 4-6 中的语句"c=sum(a,b);"就是一条函数调用表达式语句。

从上述的两种函数调用方式中，可以看出，调用函数时必须给出正确的函数名，函数名后的一对圆括号中给出相关的参数。如果调用的是无参函数，则参数省略；否则，这些参数应与函数定义中的形参一一对应,且具有实际值。通常把这样的参数称为实在参数。

4.1.4 形式参数与实在参数

1.形式参数与实在参数的定义

函数之间的通信通常是由参数的传递来完成的。函数定义时函数名后括号中的变量称为形式参数(简称形参),调用函数时函数名后括号中的表达式称为实在参数(简称实参)。例如:

```
int max(int x,int y)          /* 定义max函数,x和y为形参 */
{
   return(x>y?x:y);
}
void main()
{
   ...
   c=max(a,b);                /* 调用max函数,a和b为实参 */
   ...
}
```

在未调用max函数时,形参x和y不占内存单元,只有当主函数执行到"c=max(a,b);"语句,调用max函数时,形参才被分配内存单元。调用结束后,形参所占的内存单元立即被释放。

调用max函数时,系统将两个实参a和b的值分别传递给对应的形参x和y,为了保证正确调用,一般要求实参应与形参的类型、个数、顺序一致,并且实参要有确定值。当然,实参不仅可以是变量,也可以是常量、表达式等。

2.参数值的传递

C语言规定,实参对形参的数据传递是"值传递",即单向传递。只能由实参传给形参,而不能由形参传回来给实参。在内存中,实参与形参占用不同的存储单元,即使实参和形参同名,也占用不同的存储单元。

【**例4-8**】 阅读下列程序,理解函数参数值的传递。

源程序:

```
#include<stdio.h>
void swap(int x,int y)
{
   int t;
   t=x;
   x=y;
   y=t;
   printf("middle:x=%d,y=%d\n",x,y);
}
```

```
void main()
{
  int x=10,y=20;
  printf("first:x=%d,y=%d\n",x,y);
  swap(x,y);
  printf("last:x=%d,y=%d\n",x,y);
}
```

运行结果：

```
first:x=10,y=20
middle:x=20,y=10
last:x=10,y=20
```

评注：函数 swap 的功能是交换两个形参 x、y 的值。但是，这样的交换并不能改变主函数中的实参 x 和 y 的值，主函数中的变量 x 和 y 在调用 swap 函数前后的值保持不变。在程序执行过程中，实参 x、y 和形参 x、y 虽然同名，但占用不同的存储单元，它们在内存中的变化情况，如图 4.2 所示。

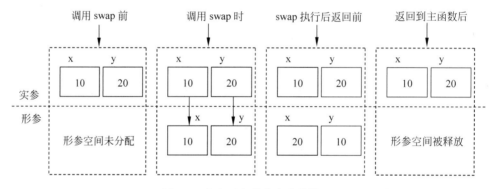

图 4.2　实参形参的内存变化情况

在调用函数时，给形参分配内存单元，并将实参的值传递给形参，swap 函数中交换的是形参单元的值。调用结束后，形参单元被释放，实参单元仍保留并维持原值。

4.2　带自定义函数的程序设计

C 语言程序的基本控制结构及 C 源程序的函数式结构非常适合结构化程序设计的要求。结构化程序设计的思路是自顶向下，逐步细化，模块化。也就是说，在解决较复杂的大问题时，应首先将其分解成若干个较小的问题，较小的问题又可细分为更小的问题，每个小问题可称为一个模块。各个模块可以分别由不同的人员去解决，通过对小问题的成功求解，从而达到对整个问题的迎刃而解。设计 C 语言程序也应如此，化繁为简，分而治之。

C 语言程序中的主函数用来描述整体功能结构，而各个功能模块的具体实现则通过相应的函数去完成，主函数只要调用各个相应的函数，就能实现程序的全部功能。在 C 程序中，主函数可以调用其他函数，其他函数之间也可以相互调用。

【例4-9】 请设计程序，找出 100 以内的所有质数。

分析：该类问题在第 3 章中已经求解过。在学习了函数的使用后，重新考虑一下解决这一问题的方案。将"判断一个数是否为质数"这一问题分离出来，设计一个函数来实现，main 函数中只解决如何枚举"所有 100 以内的数"这个问题。这样，可以缩短每个函数的长度，简化程序结构，更重要的是便于共享和调试程序。

源程序：

```c
#include<stdio.h>
#include<math.h>
int prime(int m)                    /* 定义 prime 函数用来判断 m 是否为质数 */
{
   int n;
   for(n=2;n<=sqrt(m);n++)
      if(m%n==0)return 0;           /* 返回值为 0 表示不是质数 */
   return 1;                        /* 返回值为 1 表示是质数 */
}
void main()
{
   int n;
   for(n=2; n<100; n++)             /* 枚举所有 100 以内的正整数 */
      if(prime(n))                  /*调用 prime 函数，根据返回值判断 n 是否为质数 */
         printf("%4d",n);
}
```

运行结果：

```
2   3   5   7  11  13  17  19  23  29  31  37  41  43  47  53
59  61  67  71  73  79  83  89  97
```

评注：此例与例 3-27 相比，程序改编以后虽然没有缩短整个程序的长度，但这样的设计无论从程序的结构上看，还是考虑到判断一个数是否为质数的 prime 函数的复用性都是十分有益的。

【例4-10】 计算组合数 $C_m^n = \dfrac{m!}{n!(m-n)!}$。

分析：要求出组合数，需要分别计算 "m!"、"n!" 和 "(m–n)!"。设想定义一个求阶乘的 factorial 函数，需要时调用函数 factorial，通过传递不同的实参便可得到不同数的阶乘值。

源程序：

```c
#include<stdio.h>
void main()
{
   int m, n;
   long cmn,factorial(int);                    /* 声明 factorial 函数 */
   scanf("%d %d",&m,&n);
   cmn=factorial(m)/factorial(n)/factorial(m-n);
```

```
                                           /* 3次调用factorial函数 */
    printf("Result=%ld\n",cmn);
}
long factorial(int x)
{
    long y=1;
    for( ; x>0; x--)
        y=y*x;
    return(y);
}
```

测试数据：4 2✓
运行结果：Result=6

评注：在程序设计时，将可能多次使用的、有特定功能的模块，编制成可供其他函数调用的函数，可以大大减少重复编程的工作量，提高编程效率，减少错误。

4.3 变量的作用域与存储类别

C语言程序由函数构成，各个函数之间的通信可以通过参数传递来实现，也可以通过使用公共的变量来实现。根据作用域的不同，变量可以分为局部变量和全局变量；根据生存期的不同，变量可以分为静态存储类别和动态存储类别。

4.3.1 局部变量和全局变量

1．局部变量

在一个函数内部定义的变量称为局部变量（或称内部变量），只在定义它的函数范围内有效，当退出作用范围时，该变量无效，即程序的其他部分不可以使用该变量。例如：

```
void swap(int x,int y)
{
    int t;
    t=x;
    x=y;
    y=t;
    printf("middle:x=%d,y=%d\n",x,y);
}
```
⎫
⎬ 局部变量x、y、t的作用范围
⎭

```
void main()
{
    int x=10,y=20;
    printf("first:x=%d,y=%d\n",x,y);
    swap(x,y);
    printf("last:x=%d,y=%d\n",x,y);
}
```
⎫
⎬ 局部变量x、y的作用范围
⎭

由于在函数内定义的变量仅在定义它的函数内有效，因此在不同的函数中可以使用同名变量，这些同名变量占用不同的内存单元，代表不同的对象。如上述程序中，主函数中的变量 x、y 与形参 x、y 同名，但形参 x、y 只在 swap 函数内起作用，退出该函数时，形参 x、y 的内存空间被释放；main 函数中定义的变量 x、y 只在 main 函数中起作用。

有时，在函数内的复合语句中也可以定义局部变量（这样的复合语句也称为分程序），这样的变量仅在该复合语句内有效。例如：

```
void main()
{
   int m,n;
   ...
   {
      int s;
      s=m+n;
      ...
   }
   ...
}
```

变量 s 的作用范围
变量 m、n 的作用范围

2．全局变量

在函数外定义的变量称为全局变量（或称外部变量）。一般地，全局变量的作用范围是从变量的定义位置开始到本程序文件结束。例如：

```
int x,y;
void swap()
{
  int t;
  t=x;
  x=y;
  y=t;
  printf("middle:x=%d,y=%d\n",x,y);
}

void main()
{
  x=10,y=20;
  printf("first:x=%d,y=%d\n",x,y);
  swap();
  printf("last:x=%d,y=%d\n",x,y);
}
```

全局变量 x、y 的作用范围

程序中，全局变量 x、y 在 swap 函数之前定义，作用范围是整个程序，即可为两个函数共用。由于在程序中的所有函数都能引用全局变量的值，因此如果在一个函数中改变全局变量的值，就会影响到其他函数，也就是说各个函数之间可以利用全局变量来进行数据传递。上述程序中，在 main 函数中给全局变量 x 和 y 赋值时，会影响到 swap 函数；在 swap 函数中交换两个变量的值后，也会影响到 main 函数。因此，利用全局变量使程序达到了交换两个数据值的目的。

但同时应注意到，全局变量的使用也会带来副作用。由于在各个函数执行时都可能改变全局变量的值，这一改变会影响到其他函数，很容易造成程序的混乱，当程序出错时也难以查错。因此，在程序中应尽可能不使用全局变量。

此外，当全局变量与局部变量同名时，在局部变量的作用范围内，与之同名的全局变量被"屏蔽"，即不起作用。例如：

```
int x=3,y=5;                    /* x、y 为全局变量 */
int max(int x , int y)          /* x、y 为形式参数 */
{
   return(x>y?x:y);
}
void main()
{
   int x=8;                     /* x 为局部变量 */
   printf("max=%d", max(x,y));
}
```

形参 x、y 的作用范围

局部变量 x 的作用范围
全局变量 y 的作用范围

在这个程序中，有三处声明了变量 x，max 函数中形参 x 有效，main 函数中局部变量 x 有效，全局变量 x 在 max 和 main 函数中未起作用；而变量 y 在 main 函数中未声明，因此 main 函数引用的 y 是全局变量。所以，main 函数中对 max 函数的调用"max(x,y)"相当于"max(8,5)"。

4.3.2 变量的生存期

变量的生存期是指变量在程序编译运行的过程中占用内存单元的时间。当运行一个程序时，并不是所有变量在程序的整个运行过程中都占用内存单元的，有些变量是在需要时占用内存，使用结束后便释放内存。从生存期角度来分，变量的存储方式可分为静态存储方式和动态存储方式。具体分为自动（auto）、寄存器（register）、静态（static）和外部（extern）4 种存储类别。

所谓静态存储方式是指程序在编译时由系统分配固定存储空间的方式，如上节介绍的全局变量。而动态存储方式则是在程序运行期间根据需要进行动态分配存储空间的方式，如函数的形式参数。

1. 自动变量

自动变量是动态存储的，使用 auto 作存储类别的声明，例如：

```
void swap(int x,int y)
{
   auto int t;                  /* 声明 t 为自动变量 */
   …;
}
```

上述程序段中，t 是自动变量，执行完 swap 函数后，自动释放 t 所占内存单元；x 和 y 是形参，函数中的形参是自动变量，在调用该函数时系统为它们分配内存单元，函数调用结束时自动释放这些内存单元。

声明自动变量时，关键字 auto 可以省略。也就是说，在前面介绍的函数中所用的变量都未声明为 auto，其实都隐含指定为 auto 变量。

2．寄存器变量

一般情况下，变量的值都存放在内存中，当有一些变量使用频繁时，为提高执行效率，C 语言允许将局部变量的值存放在 CPU 的寄存器中，这种变量称为寄存器变量。寄存器变量使用 register 作存储类别的声明。例如：

```
long factorial(int x)
{
  register long i,y=1;       /* 声明 i、y 为寄存器变量 */
  for(i=1; i<=x; i++)
    y=y*i;
  return(y);
}
```

只有局部自动变量、形参才可作为寄存器变量。但由于计算机系统中寄存器的数目有限，往往无法保证寄存器变量一定分配到寄存器中，这时编译系统会将寄存器变量按自动变量进行处理。

当今的优化编译系统能够识别使用频繁的变量，从而自动地将这些变量放在寄存器中，而不需要程序设计者指定。因此，实际上用 register 声明变量是不必要的。

3．静态变量

程序中的静态变量在程序编译时就分配内存单元并一直占用，直到整个程序运行结束。静态变量使用 static 作存储类别的声明。

1）用 static 声明局部变量

使用 static 声明局部变量，这种变量称为静态局部变量。它既是静态存储的，同时作用范围又是局部的。

【例 4-11】 阅读并调试下列程序，考查静态局部变量与自动变量的值的变化情况。

源程序：

```
#include<stdio.h>
void func()
{
  static int m;              /* m 为静态局部变量 */
  auto int n=0;              /* n 为自动变量 */
  printf("m=%d,n=%d\n",m,n);
  m++; n++;
}
void main()
{
  int i;                     /* i 为自动变量 */
```

```
    for(i=0;i<5;i++)
    {   printf("%d:",i);
        func();
    }
}
```

运行结果：

```
0:m=0,n=0
1:m=1,n=0
2:m=2,n=0
3:m=3,n=0
4:m=4,n=0
```

其中，m 是静态局部变量，其初值为 0。每一次调用 func 函数时，m 总是继承了上一次调用该函数时得到的值。n 是自动变量，每次调用 func 函数时，n 被重新赋初值 0。

静态变量若不赋初值，编译时系统自动为之赋值 0；而对自动变量来说，不赋初值则是一个不确定的值。静态变量是在编译时赋初值的，并且只赋一次。对于局部静态变量，在程序运行时已有初值，以后每次调用函数时不再重新赋初值，而只是保留上次函数调用结束时的值。而对自动变量赋初值，是在函数调用时进行的，所以每调用一次函数便重新赋一次初值。

值得注意的是，虽然静态局部变量在函数调用结束后仍然存在，但其他函数不能引用它，因为其作用域是局部的。

2）用 static 声明全局变量

在定义全局变量时用 static 声明，使得该变量只限于本文件中的函数引用，而不能被其他文件引用。对全局变量加或不加 static 声明，都是静态存储的，都在编译时分配内存单元，只是作用范围不同。

使用这样的变量，可以保持各个文件的独立性，使各个文件中使用相同的全局变量名而互不影响，为程序的模块化、通用化提供了方便。

4．外部变量

C 语言规定，全局变量的作用范围是从变量的声明处开始，到本程序文件的结束。当需要扩大其作用范围时，可以使用 extern 加以声明。

1）在一个文件内声明外部变量

【例 4-12】 用 extern 声明外部变量，扩展在程序中的作用范围。

源程序：

```
#include<stdio.h>
void main()
{
  int func();
  extern x;                    /* 外部变量 x 的声明 */
  printf("1.x=%d\n", x);
  func();
```

```
    printf("2.x=%d\n", x);
}
int x=1;                          /* 外部变量 x 的定义 */
func(void)
{
    x++;
}
```

运行结果:

1.x=1
2.x=2

外部变量 x 的定义在 main 函数之后,因此 x 的作用范围应该在 func 函数内有效。但由于在 main 函数中用 extern 对变量 x 进行了声明,这样在 main 函数中也就可以合法使用变量 x 了。

在一个文件中使用 extern 声明外部变量,可以扩大其作用范围。如果在函数外部加以声明,从"声明"处开始的所有函数都可以使用该变量;如果在函数内部声明,只在该函数内部使用。

2)在多文件的程序中声明外部变量

一个 C 语言程序可以由一个或多个源程序文件组成。如果一个文件中定义的全局变量只限于该文件中使用,用 static 进行声明即可;如果在一个文件中想引用另一个文件中已定义的全局变量,则用 extern 加以声明。例如:

文件 file1.c 中的内容为:

```
#include<stdio.h>
#include "file2.c"              /* 包含源程序文件 file2.c */
int x;                          /* 外部变量 x 的定义 */
void main()
{
    int func();
    printf("x=%d\n", x);
    func();
    printf("x=%d\n", x);
}
```

文件 file2.c 中的内容为:

```
extern x;                       /* 外部变量 x 的声明 */
func(void)
{
    x++;
}
```

file1.c 和 file2.c 是两个不同的源程序文件,在 file1.c 的开始处定义了外部变量 x,所以作用范围是该文件;在 file2.c 的开始处对 x 进行了声明,本文件不会再为它分配内存,而是使用在另一个文件中已定义的外部变量,这样就将 file1.c 中定义的变量的作用范围扩大到了 file2.c 文件。

4.4 典型例题

解决复杂问题的程序是由许多功能模块组成的,功能模块又由多个函数实现。设计功能和数据独立的函数是程序设计最基本的工作。本节通过举例,将逐步掌握函数的功能确定和函数的接口设计。

【例 4-13】 请设计程序,从键盘上输入两个正整数 a 和 b,求它们的最大公约数。

分析:本例用欧几里得算法来求两个正整数的最大公约数。欧几里得算法又称辗转相除法,用于求两个正整数 a、b 的最大公约数。其计算原理依据下面的定理:

$$gcd(a,b)=gcd(b,a\%b)$$

即,两个整数 a、b 的最大公约数等于整数 b 和 a%b 的最大公约数。算法描述如下:

(1) 将大数 a 赋给 m,b 赋给 n(如 a<b,可先交换 a、b 的值);
(2) 将 m 作为被除数,n 作为除数,相除后余数赋给 r;
(3) 判断 n 是否为 0,若不为 0,将(2)中的除数 n 赋给 m,余数 r 赋给 n,返回(2);
(4) 若 n 为 0,此时的 m 就是所要求的最大公约数。

设计函数 int gcd(int m,int n),其功能是利用辗转相除法求两个正整数 m 和 n 的最大公约数,函数返回最大公约数。

源程序:

```
#include "stdio.h"
int gcd(int m,int n)
{
   int r;
   while(n!=0)
   {
      r=m%n;
      m=n;
      n=r;
   }
   return m;
}
void main()
{
   int a,b,t;
   printf("Please input a and b: ");
   scanf("%d%d",&a,&b);
   if(a<b) t=a,a=b,b=t;
   printf("result=%d\n",gcd(a,b));
}
```

测试数据：12 8↙
运行结果：result=4

【例 4-14】 给定正整数 n，求 n 的所有小于 n 的互质数。所谓互质数是指两个数没有除 1 以外的公约数，如：n=9，则 2、4、5、7、8 为 9 的互质数。请按如下的输出格式输出：n=9--> 2 4 5 7 8。

分析：设计函数 int bi_prime(int m,int n)，其功能是判断两个正整数 m 和 n 是否是互质数，如果是互质数，则函数返回值 1；否则函数返回值 0。

源程序：

```
#include "stdio.h"
int bi_prime(int m,int n)
{
   int j;
   for(j=2;j<=m;j++)
        if(m%j==0&&n%j==0)
            return 0;
   return 1;
}
void main()
{
   int n,j,k=0;
   scanf("%d",&n);
   printf("n=%d-->",n);
   for(j=2; j<n; j++)
     if(bi_prime(j,n))
         printf("%3d",j);
}
```

测试数据：9↙
运行结果：n=9--> 2 4 5 7 8

【例4-15】 请设计程序，从键盘上输入一行字符，分别统计出其中英文字母、空格、数字和其他字符的个数。

分析：设计函数 void stat(char c)，其功能是判断形参 c 是何种字符，并使相应类别的字符个数增加 1。由于题意要求字符的分类有 4 种，故要设计 4 个变量分别用于记录英文字母、空格、数字字符和其他字符的个数；又因为一次函数调用后被调用的函数最多只能返回一个值，因此设计 4 个全局变量分别用于记录英文字母、空格、数字和其他字符的个数。

源程序：

```
#include<stdio.h>
int letter,space,digit,other;
void stat(char c)
{
```

```
        if(c>='A'&&c<='Z' || c>='a'&&c<='z') letter++;
        else if(c==32)space++;
            else if(c>='0'&&c<='9')digit++;
                else other++;
}
void main()
{
    char c;
    printf("Please input string: ");
    while((c=getchar())!='\n')
      stat(c);
    printf(" letter=%d space=%d digit=%d other=%d\n", letter,space,
    digit,other);
}
```

测试数据：`abc 123 ^&* j2k4 ASD.`↙
运行结果：`letter=8 space=4 digit=5 other=4`

【例 4-16】用迭代法求 $\sqrt{a}$ 的近似值。迭代公式为：$x_{n+1} = \frac{1}{2}\left(x_n + \frac{a}{x_n}\right)$。要求前后两次求出值的差的绝对值小于 10^{-6} 时迭代中止。

分析：设计函数 float square(float a)，其功能是利用迭代法求 $\sqrt{a}$，迭代法求平方根的算法如下：

（1）选一个近似的平方根（如：a/2），赋给变量 x0；

（2）将 x0 代入迭代公式，计算 x1；

（3）当 x0 与 x1 的差的绝对值不小于要求的精度 10^{-6} 时，将 x1 赋给 x0，重复（2）；否则执行（4）；

（4）x1 即为所要求的结果，函数返回值 x1。

源程序：

```
#include<stdio.h>
#include<math.h>
float square(float a)
{
    float x0,x1;
    x0=a/2;
    x1=0.5*(x0+a/x0);
    while(fabs(x0-x1)>=1.0e-6)
    {   x0=x1;
        x1=0.5*(x0+a/x0);
    }
    return x1;
}
void main()
{
```

```
    float a;
    scanf("%f",&a);
    if(a<0) printf("\n x is a negative\n");
    else   printf("sqrt(%.1f)=%.1f\n", a, square(a));
}
```

测试数据：9↙
运行结果：sqrt(9.0)=3.0

【例 4-17】 用二分法求方程 $2x^3-4x^2+3x-6=0$ 在 $(-10,10)$ 之间的一个近似实根，要求绝对值误差不超过 10^{-5}。

分析：二分法的思路为先指定一个区间(m, n)，如果函数 f(x)在此区间是单调变化的，则可以根据 f(m)和 f(n)是否异号来确定方程 f(x)=0 在区间(m, n)内是否有实根。若 f(m)和 f(n)异号，则方程在区间(m, n)内必有一个实根；否则，要重新改变 m 和 n 的值。当确定 f(x)在(m, n)内有一个实根后，用二分法将(m, n)一分为二，再判断在哪一个小区间中有实根。如此不断进行下去，直到区间足够小为止。具体步骤如下：

（1）为 m 和 n 赋初值；
（2）求中点：r=(m+n)/2 及 f(r)；
（3）判断 f(r)与 f(m)是否异号，如果异号，则在(m, r)中寻找根，把 r 赋给 n；如果同号，则在(r,n)中寻找根，把 r 赋给 m；
（4）判断 f(r)的绝对值是否小于 10^{-5}，若不小于，则返回（2）；否则执行（5）；
（5）输出所得的近似根 r。

源程序：

```
#include<stdio.h>
#include<math.h>
float f(float x)
{
    return((2*x-4)*x+3)*x-6;
}
void main()
{
    float m=-10, n=10, r;
    r=(m+n)/2.0;
    while(fabs(f(r))>1e-5)
    {
        if(f(m)*f(r)<0)  n=r;
        else   m=r;
        r=(m+n)/2.0;
    }
    printf("The result is %6.3f\n", r);
}
```

运行结果：

```
The result is 2.000
```

4.5 实践活动

活动一：知识重现

说明：本章主要讲述了函数的定义、声明、调用以及形式参数、实在参数等概念。在此过程中，请关注以下问题：

1．什么是函数声明？什么时候不可缺省函数声明？函数定义包括哪几个部分？
2．什么是形式参数与实在参数？调用函数时，如何进行参数传递？
3．局部变量和全局变量的异同？

活动二：实参对形参的数据传递

说明：根据例题下面的注意事项，分析程序并写出结果，上机调试程序，验证所写出的结果是否正确。

```c
/* 实参对形参的数据传递 */
#include<stdio.h>
void main()
{   void s(int n);                  /* 函数声明 */
    int n=100;                      /* 声明变量n，并初始化 */
    s(n);                           /* 用n作为实参调用函数 */
    printf("n_n=%d\n",n);           /* 输出调用后实参的值，便于进行比较 */
}
void s(int n)
{   int i;
    printf("n_x=%d\n",n);           /* 输出改变前形参的值 */
    for(i=n-1; i>=1; i--)
        n=n+i;                      /* 改变形参的值 */
    printf("n_x=%d\n",n);           /* 输出改变后形参的值 */
}
```

注意事项：

- 实参可以是常量、变量、表达式、函数等。无论实参是何种类型的量，在进行函数调用时，都必须具有确定的值，以便把这些值传送给形参。因此，应预先用赋值、输入等办法，使实参获得确定的值。
- 形参变量只有在被调用时，才分配内存单元；调用结束时，即刻释放所分配的内存单元。因此，形参只有在该函数内有效。调用结束返回主函数后，则不能再使用该形参变量。
- 实参对形参的数据传送是单向的，即只能把实参的值传送给形参，而不能把形参的值反向传送给实参。

- 实参和形参占用不同的内存单元，即使同名也互不影响。

活动三：个人学习，计算结果

说明：输入长方体的长（l）、宽（w）、高（h），求长方体体积及正、侧、顶三个面的面积。通过此程序，掌握内部变量、外部变量等相关概念。先算出结果，然后上机测试是否正确，如果错误，试找出原因。

```
/*功能：利用全局变量计算长方体的体积及三个面的面积*/
#include<stdio.h>
int s1,s2,s3;
int vs(int a,int b,int c)
{   int v;
    v=a*b*c;  s1=a*b;  s2=b*c;  s3=a*c;
    return  v;
}
void main()
{   int v,l,w,h;
    printf("\ninput length,width and height:  ");
    scanf("%d%d%d",&l,&w,&h);
    v=vs(l,w,h);
    printf("v=%d   s1=%d   s2=%d   s3=%d\n",v,s1,s2,s3);
}
```

活动四：算法实现

说明：如果一个数 n 顺读（从左到右）、逆读（从右到左）均是同一自然数， n 称为回文数。具有如下性质：对其各位数字，顺序"取高位，作低位"所构成的自然数和顺序"取低位，作高位"所构成的自然数均是 n。C 语言中，判断一个自然数是否是回文数时，基于回文数的概念和性质，利用循环结构、强制中止循环、标记技术、整数的权重表示法、取余数（%）、取商数（/）、累加器（或变形累加器）和关系表达式等来综合处理。

下列程序的功能是：寻找并输出 11 至 999 之间的数 m，满足 m、m^2、m^3 均为回文数。例如 m=11，m^2=121，m^3=1331 皆为回文数，故 m=11 是满足条件的一个数。请设计函数 int value(long m)，其功能是判断 m 是否是回文数，如果是，则函数返回 1，否则返回 0。请勿改动源程序中已有的部分，完善该源程序。

```
#include<stdio.h>
#include<conio.h>
int value(long m)
{
   /* 请完善该函数 */



}
void main()
{
   long int m;
```

```
    for(m=11;m<1000;m++)
       if(value(m)&&value(m*m)&&value(m*m*m))
          printf("m=%4ld,m*m=%7ld,m*m*m=%10ld\n",m,m*m,m*m*m);
}
```

习　　题

【本章讨论的重要概念】

通过本章学习，应掌握的重要概念如图 4.3 所示。

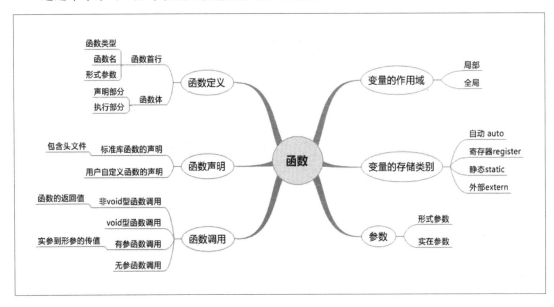

图 4.3　思维导图——函数

【基础练习】

选择题

1. C 语言规定，简单变量做实参时，和对应形参之间的数据传递方式是_____。
   A．地址传递　　　　　　　　　　B．由实参传给形参，再由形参传回给实参
   C．单向值传递　　　　　　　　　D．由用户指定传递方式
2. C 语言允许函数类型的缺省定义，此时该函数值隐含的类型是_____。
   A．float 型　　　B．int 型　　　C．long 型　　　D．double 型
3. 在 C 语言中，形参的缺省存储类型是_____。
   A．auto　　　　　B．register　　　C．static　　　　D．extern
4. 以下选项中，叙述错误的是_____。
   A．在不同函数中可以使用相同名字的变量
   B．形式参数是局部变量
   C．在函数内定义的变量只在本函数范围内有效
   D．在函数内的复合语句中定义的变量在本函数范围内有效

5. 以下选项中，叙述正确的是_____。
   A. 函数返回值的类型是由调用该函数时的主调函数类型所决定的
   B. 函数调用可以作为独立的语句存在，也可以作为函数的实参、形参及表达式
   C. 全局变量的作用域一定比局部变量的作用域范围大
   D. 静态(static)类别变量的生存期贯穿于整个程序的运行期间

填空题

1. 以下程序功能为找出能被 3 整除并且至少有一位是 5 的两位数，打印出所有这样的数及个数。

```
int sub(int n)
{
   int a1,a2;
   a1=_____;
   a2=_____;
   if((n%3==0&&a1==5)||(n%3==0&&a2==5))
      return 1;
   else
      return -1;
}
void main()
{
   int n=0,k;
   for(k=10;k<100;k++)
      if(sub(k)==1)
         { printf("%5d",k);n++;}
   printf("\nn=%d",n);
}
```

2. 以下程序运行时的输出结果是_____。

```
float fun(int x,int y)
{  return (x+y);  }
void main()
{
   int a=2,b=5,c=8;
   printf("%3.0f\n",fun((int)fun(a+c,b),a-c));
}
```

3. 以下程序运行时的输出结果是_____。

```
void main()
{
   fun();   fun();   fun();
}
fun()
```

```
{
    int x=0;
    x+=1;
    printf("%5d",x);
}
```

4. 以下程序运行时的输出结果是_____。

```
#include<stdio.h>
void num()
{
    extern int x,y;
    int a=15,b=10;
    x=a-b;
    y=a+b;
}
int x,y;
void main()
{
    int a=7,b=5;
    x=a+b;  y=a-b;
    num();
    printf("%d,%d\n",x,y);
}
```

5. 以下程序运行时的输出结果是_____。

```
f(int a)
{
    int b=0;
    static int c=3;
    b++,c++;  return(a+b+c);
}
void main()
{
    int a=2,i;
    for(i=0;i<3;i++)printf("%d",f(a++));
}
```

6. 以下程序运行时的输出结果是_____。

```
#include "stdio.h"
void main()
{
    int k=4,m=1,p,func(int ,int );
    p=func(k,m);printf("%d,",p);
    p=func(k,m);printf("%d\n",p);
```

```
}
func(int a,int b)
{
   static int m=0,i=2;
   i+=m+1;
   m=i+a+b;
   return(m);
}
```

7. 以下程序运行时的输出结果是_____。

```
#include "stdio.h"
int x1=30,x2=40;
void main()
{
   int x3=10,x4=20,sub(int,int);
   sub(x3,x4);
   sub(x2,x1);
   printf("%d,%d,%d,%d\n",x3,x4,x1,x2);
}
sub(int x,int y)
{
   x1=x;   x=y;
   y=x1;
}
```

8. 已有函数 pow，现要求取消变量 i 后 pow 函数的功能不变。请填空。

修改前的 pow 函数如下：

```
pow(int x,int y)
{
   int i,j=1;
   for(i=1;i<=y;++i)  j=j*x;
        return(j);
}
```

则根据题目要求修改后的 pow 函数为：

```
pow(int x,int y)
{
   int j;
   for(_____;_____;_____)
        j=j*x;
   return(j);
}
```

【拓展训练】

1. 编程，通过函数调用计算 y=|x|。

2. 编程，通过函数调用求从键盘上任意输入的一个正整数的反序数。如：输入为 123，则调用函数后的输出结果为 321。

3. 编程，通过函数调用输出所有的"水仙花数"。所谓"水仙花数"是指一个 3 位数，其各位数字的立方和等于该数本身。

4. 一球从 100 米高度自由落下，每次落地后反跳回原高度的一半，再落下。编程，通过函数调用求在第 10 次落地时，共经过多少米？第 10 次反弹有多高？

5. 编程，通过函数调用计算级数前 n 项的和：$1+x+\dfrac{x^2}{2!}+\dfrac{x^3}{3!}+\cdots+\dfrac{x^n}{n!}$。

例如，输入 n=10，x=0.3 时，函数值为 1.349859。

【问题与程序设计】

用户从键盘输入 n（n<=5）位不重复的数字，来匹配计算机给出的 n 位随机数字，若数字和位置均等同，表示用户赢。每猜一次，计算机均给出提示信息（x，y），x 表示数字、位置都匹配的个数，y 表示数字匹配但位置不匹配的个数。试思考猜数游戏编程的思路。

设计要求：将用户输入的 n（n<=5）位数字与已给出的随机数比较，既要求数字匹配，又要求位置相同，才表示用户赢。

① 用户从键盘输入 n 位数字用函数 fun1 实现，计算机产生 n 个随机数用函数 fun2 实现。请使用全局变量存放这 n 个数字。

② 判断是否完全匹配用函数 test1 实现，判断有多少数字匹配用函数 test2 实现。由函数返回猜数情况。

③ 如果用户可以最多猜三次，请改进程序。

④ 如果该题不允许使用全局变量，如何完成函数之间的数据传递？

第 5 章 数 组

学习目标
1. 掌握数组的声明及应用;
2. 理解一维、二维数组的逻辑结构和存储结构;
3. 熟练掌握字符数组的使用(字符串的存储、字符串的基本操作);
4. 掌握在数组中进行元素查找、插入、删除等操作;
5. 掌握冒泡排序、选择排序、插入排序等常用排序算法。

C 语言中的数据类型主要有基本类型和构造类型两大类。前面介绍的 int、float、double、char 等属于基本类型,也可根据具体问题构造出复杂的数据类型(如数组、结构等),这种复杂的数据类型称为构造类型。本章介绍的数组是一种最简单的构造类型。

数组是具有同一类型和相同变量名的变量的有序集合,这些变量在内存中占有连续的存储单元,在程序中一般用下标来区分。

数组是一种十分有用的数据结构,在程序设计中许多问题不用数组几乎难以解决。依据逻辑结构的不同,数组可分为一维数组、二维数组等。C 语言中对数组的维数没有限制,二维及二维以上的数组称为多维数组。

5.1 一维数组

5.1.1 一维数组的声明与引用

1. 一维数组的声明

当数组中每个元素只带一个下标时,称这样的数组为一维数组。
一维数组声明的一般形式为:

类型说明符 数组名 [整型常量表达式];

例如:

```
static int a[10];
float b[5], c[2+8];
char s[100];
```

说明:

类型说明符:指明该数组中元素的数据类型。如上述声明中,a 数组中所有元素均为

int 型，b、c 数组中所有元素均为 float 型。

数组名：用于标识数组对象，命名规则同变量名。

整型常量表达式：指明数组元素的个数，也称数组长度，写在一对方括号中，不允许用变量动态说明数组的大小，因为变量要等到编译结束后，程序运行时才能得到数值，系统在编译阶段无法根据变量值确定数组的大小，从而不能完成存储空间的分配。例如，以下两种说明方式均是错误的：

```
float a[10.2];              /* 数组长度不能用实数说明 */
int n=10; int b[n];         /* 数组长度不能用变量动态说明 */
```

系统在编译时将为数组在内存中分配一块连续的存储区域，依次存放数组元素，因此数组元素的内存地址是连续的。数组名仅代表该数组在内存中的首地址，即第一个元素的地址，不能用数组名代表整个数组。

2．一维数组元素的引用

一维数组元素的引用形式为：

数组名[下标表达式]

例如，若有声明语句如下：

```
int a[5];
```

则 a[0]、a[i]、a[i+1](i<5)等都是对 a 数组元素的合法引用，其中 0、i、i+1 称为下标表达式。

说明：

在 C 语言中，引用数组元素时下标从 0 开始，下标表达式的值一般需符合：0≤下标表达式的值≤数组长度–1。

例如，上述声明 a 数组后，a 数组可以引用的元素有 a[0]、a[1]、a[2]、a[3]和 a[4]。

下标可用任意类型的表达式表示，系统自动取整，表达式可以由常量、变量及运算符组成。C 语言程序在运行过程中，系统并不检验数组元素的下标是否越界，因此数组在引用过程中两端都可能因越界而破坏其他存储单元中的数据，甚至破坏程序代码。因此，在编写程序时，引用数组元素时保证下标不越界是十分重要的。

5.1.2　一维数组的初始化

数组初始化就是在声明数组的同时为数组元素赋值，从而节省运行时间。常用的一维数组初始化的方法有以下 3 种。

1．对所有元素初始化

对所有元素初始化时可以将所赋初值依次放在一对花括号中，初值之间用逗号隔开，系统将这些数值按排列顺序依次赋给 a 数组中的元素（从 a[0]开始）。例如，设有数组声明和初始化如下：

```
int a[5]={2,4,6,8,10};
```

则系统将给数组元素 a[0]、a[1]、a[2]、a[3]、a[4]依次赋值 2、4、6、8、10。

2. 仅对部分元素初始化

当所赋初值的个数少于数组元素时，系统将所列出的初值从 a[0]开始依次赋给数组元素，后面未得到初值的数组元素取系统默认值，数值型数组默认值为 0，字符型数组默认值为'\0'。例如：

```
int a[5]={2,4,6};
```

等价于

```
int a[5]={2,4,6,0,0};
```

需要注意的是，C 语言规定数组初始化时不允许初值个数大于数组长度，否则在编译时将给出出错信息。

3. 隐含指明数组大小

当对数组的全部元素赋初值时，可省略数组长度说明，系统根据初值的个数确定数组长度。例如：

```
int a[]={2,4,6,8,10};
```

等价于

```
int a[5]={2,4,6,8,10};
```

5.1.3 一维数组应用举例

【例 5-1】 查找是程序设计中最常用到的算法之一。假定要从 n 个数中查找值 x 是否存在，最原始的办法是从头到尾逐个查找，这种查找方法称为顺序查找法。请设计顺序查找法程序，编程要求如下：

① 编写函数 int search(int a[],int n,int x)，其功能是在长度为 n 的数组中查找整数 x 是否存在，若存在则函数返回 x 在数组中的下标，否则返回–1。

② 编写函数 main，声明并初始化一个一维数组 a，接受从键盘上输入的整数 x，用 a 和 x 作为实在参数调用函数 search，根据调用函数得到的结果，输出 x 所在的下标或输出"Not found!"。

源程序：

```
#include<stdio.h>
int search(int a[],int n,int x)
{
   int i;
   for(i=0;i<n;i++)
     if(a[i]==x)break;          /* 扫描 a 数组中的所有元素 */
                                /* 若 a[i]等于 x，则表明找到，提前结束循环 */
   if(i<n) return i;
   else return -1;
}
void main()
{  int a[10]={10,9,8,7,6,5,4,3,2,1};
```

```
   int i,x;
   scanf("%d",&x);
   i=search(a,10,x);
   if(i!=-1) printf("Position:%d",i);
   else printf("Not found!");
}
```

评注：顺序查找法又称线性查找法。本例中的查找是从头至尾逐个查找。当然，也可以从尾到头逐个查找。

【例 5-2】 请设计选择排序法程序。程序设计要求如下：

① 编写函数 void sort(int a[],int n)，其功能是将长度为 n 的数组 a 中的元素按升序排列。

② 编写函数 main，声明一个数组 a，从键盘上输入 10 个整数依次赋给数组中的各个元素，用 a 和 10 作为实在参数调用函数 sort 对 a 数组排序，并输出排序后的结果。

分析：选择排序法的基本思想是从所有数中先找出最小的，将其放在第一个位置（这称为一趟），再在余下的数中找出最小的，放在第二个位置，以此类推，最后完成排序。对于某个元素 a[i](i=0,1,2,…,8)，将它和后面所有的元素 a[i+1]～a[9]进行比较，找出 a[i]～a[9]范围内最小值元素的下标 k，比较结束后将 a[i]与 a[k]的值交换。10 个数排序，只要将前 9 个数确定下来，最后一个数也就唯一确定了。如果待排序数据有 n 个，则采用选择排序法时需要进行 n–1 趟。选择排序算法的 N-S 图描述，如图 5.1 所示。

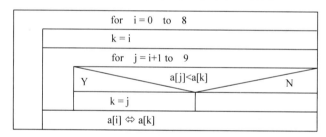

图 5.1 选择排序法的 N-S 图

源程序：

```
#include<stdio.h>
void sort(int a[],int n)
{
   int i,j,k,t;
   for(i=0;i<=n-2;i++)
      { k=i;
        for(j=i+1;j<n;j++)
           if(a[k]>a[j]) k=j;
        t=a[i];
        a[i]=a[k];
        a[k]=t;
      }
}
```

```
void main()
{
    int a[10]={10,9,8,7,6,5,4,3,2,1},i;
    sort(a,10);
    for(i=0;i<10;i++)
        printf("%5d",a[i]);
}
```

评注：简单选择排序的基本思想是：每一趟在 n−i+1(i=1，2，…，n−1)个元素中选取关键字值最小的元素作为有序序列中第 i 个元素。

5.2 二维数组

5.2.1 二维数组的声明与引用

1．二维数组的声明

当数组中每个元素带有两个下标时，称这样的数组为二维数组。

二维数组的声明形式为：

类型说明符 数组名 [整型常量表达式 1] [整型常量表达式 2];

例如：

```
int a[2][3];            /* a 数组有 6 个元素 */
float b[3][2];          /* b 数组有 6 个元素 */
char str[10][80];       /* str 数组有 800 个元素 */
```

说明：

在二维数组的声明形式中，"整型常量表达式 1"指明行数，"整型常量表达式 2"指明列数。在逻辑上可以把二维数组看成是一个具有行和列的表格或一个矩阵。

二维数组中元素的个数=行数×列数。

可以把二维数组看作是一种特殊的一维数组，这个一维数组中的每个元素又是一个一维数组。例如，二维数组 a 可以这样理解：a 数组有两个元素 a[0]和 a[1]，这两个元素又都是长度为 3 的一维数组，各自有 3 个 int 类型的元素，分别是 a[0][0]、a[0][1]、a[0][2]和 a[1][0]、a[1][1]、a[1][2]。

建立起这样的概念十分重要，因为 C 语言编译系统确实把二维数组 a 中的 a[0]、a[1]作为数组名来处理的。二维数组的这种处理形式，有助于理解指针中行地址、列地址等概念。

2．二维数组元素的引用

二维数组元素的引用形式为：

数组名 [行下标] [列下标]

例如，有以下声明语句：

```
int a[2][3],i=1,j=2;
```
则 a[0][0]、a[1][0]、a[i][j]等都是数组元素引用形式。

说明：

行下标、列下标可以是任意类型的表达式，系统自动取整。

行、列下标的引用最终不能超过数组声明后地址的上下界。例如 a 数组的 6 个元素分别为 a[0][0]、a[0][1]、a[0][2]、a[1][0]、a[1][1]、a[1][2]，这些都是合法的引用。需要说明的是，由于 C 语言编译系统对二维数组元素的存储采用以行为主序的存储方法，元素 a[0][4]相对于 a[0][0]偏移 4 个位置，而元素 a[1][1]相对于 a[0][0]也偏移 4 个位置，故 a[0][4]等价于 a[1][1]，a[0][4]也是合法的引用；而 a[1][4]则是越界访问。C 语言编译系统对元素的访问不做是否越界的检查，所以在编程时保证数组不越界访问是十分重要的。

5.2.2 二维数组元素的存储方式

1. 二维数组的逻辑结构

二维数组在逻辑上呈二维表格型。例如，设有说明语句"int a[2][3];"，则 a 数组元素在逻辑结构上可以看作是一个 2 行 3 列的表格，如图 5.2 所示。

列号 行号	0 列	1 列	2 列
0 行	a[0][0]	a[0][1]	a[0][2]
1 行	a[1][0]	a[1][1]	a[1][2]

图 5.2 二维数组的逻辑结构

2. 二维数组的存储结构

与一维数组一样，二维数组中的元素在内存中也占用一系列连续的存储单元。但内存是线性结构，因此在 C 语言（TC 环境）中，二维数组的元素存放在内存中时"按行序为主序"转换为一维的线性顺序。例如，设有说明语句"int a[2][3];"，则 a 数组元素在内存中的存储情况如图 5.3 所示（假设首元素 a[0][0]的存储地址为 1001H）。

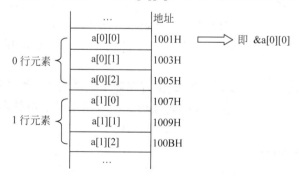

图 5.3 二维数组的存储结构

5.2.3 二维数组元素的初始化

二维数组元素的初始化形式主要有以下几种。

1. 分行赋值

将初值按行序排列，每行初值再用一对花括号括起来，相邻元素、相邻行之间用逗号隔开。系统将初值序列中第 1 对花括号中的初值依次赋给行下标为 0 的行中的各元素，第 2 对花括号中的初值依次赋给行下标为 1 的行中的各元素，以此类推。例如，设有如下声明及初始化语句：

```
int a[2][3]={{5,6,7},{8,9,10}};
```

则各元素得到初值如下：a[0][0]=5，a[0][1]=6，a[0][2]=7，a[1][0]=8，a[1][1]=9，a[1][2]=10。

2. 对部分元素初始化

如果只有部分数组元素得到初值，最好采用分行赋值的形式。例如：

```
int b[2][3]={{5},{8}};
```

则各元素得到初值如下：b[0][0]=5，b[1][0]=8；其余元素初值均为 0。

3. 按存储顺序赋值

将元素的初值写在一对花括号内，数组元素将按内存中的存储次序依次得到初值。例如：

```
int b[2][3]={5,6,7,8,9,10};
```

则各元素得到初值如下：b[0][0]=5，b[0][1]=6，b[0][2]=7，b[1][0]=8，b[1][1]=9，b[1][2]=10。

4. 隐含指定二维数组的行数

声明二维数组时，可以省略行的说明，此时系统能依据初值个数或花括号的个数推断出数组的行数。例如，有如下声明语句：

```
int a[][3]={5,6,7,8,9,10};
int b[][3]={{5},{8}};
```

都可以隐含确定数组 a 和数组 b 的第 1 维的长度是 2。

5.2.4 二维数组应用举例

【例 5-3】 从键盘上输入数据给一个 3×5 的整型数组赋值，找出数组中最大元素值及其所在的行列位置。

源程序：

```
#include<stdio.h>
void main()
{
  int a[3][5];
  int i,j,maxval,maxi,maxj;
  for(i=0;i<3;i++)            /* 从键盘上为 a 数组输入数据 */
    for(j=0;j<5;j++)
      scanf("%d",&a[i][j]);
```

```
      maxval=a[0][0];              /* 变量 maxval 记录最大值 */
      maxi=maxj=0;                 /* 变量 maxi 和 maxj 分别记录最大值所在的行号和列号 */
      for(i=0;i<3;i++)
         for(j=0;j<5;j++)
             if(maxval<a[i][j])
               { maxval=a[i][j];  maxi=i;  maxj=j;}
      printf("max=%d, row=%d, column=%d",maxval, maxi, maxj);
    }
```

评注：解决这一问题的关键是掌握如何遍历二维数组的每个元素，从而用"擂台"思想去找出二维数组中值最大或最小的元素，在寻找过程中，记录行号和列号。

【例 5-4】 请设计程序，将二维数组 a 各元素的行列位置互换。

分析：假设二维数组 a 和将 a 行列位置互换后得到的结果数组 b 如下：

$$a = \begin{pmatrix} 1 & 2 \\ 3 & 4 \\ 5 & 6 \end{pmatrix} \quad b = \begin{pmatrix} 1 & 3 & 5 \\ 2 & 4 & 6 \end{pmatrix}$$

源程序：

```
#include<stdio.h>
void main()
{
  int a[3][2]={1,2,3,4,5,6};
  int b[2][3];
  int i,j;
  trs(a,b);
  printf("array  a:\n");
  for(i=0;i<3;i++)
     { for(j=0;j<2;j++)
          printf("%5d",a[i][j]);
       printf("\n");
     }
  printf("array  b:\n");
  for(i=0;i<2;i++)
     { for(j=0;j<3;j++)
          printf("%5d",b[i][j]);
       printf("\n");
     }
}
trs(int a[][2],int b[][3])
{
  int i,j;
  for(i=0;i<3;i++)
    for(j=0;j<2;j++)
       b[j][i]=a[i][j];          /* 将 a[i][j]元素转置到 b[j][i]中 */
}
```

5.3 字符数组与字符串

5.3.1 用一维字符数组存放字符串

C 语言本身并没有设置某种类型来声明字符串变量，字符串的存储完全可以依赖于字符数组。字符数组中的每个元素都是 char 类型，可以存放字符串中的一个字符。

1．字符数组的声明

一维字符数组的声明形式为：

char 数组名 [整型常量表达式];

例如：

char a[100];

该语句声明了一个名为 a 的一维字符数组，共有 100 个元素，可存放长度小于 100 的字符串常量。

二维字符数组的声明形式为：

char 数组名 [整型常量表达式 1][整型常量表达式 2];

与数值型的二维数组相同，一般用"整型常量表达式 1"指明行数，"整型常量表达式 2"指明列数，例如：

char b[3][50];

该语句声明了一个名为 b 的二维字符数组，有 3 行 50 列共 150 个元素，通常可在每行分别存放一个长度小于 50 的字符串常量。如：b[0]表示第 0 行字符串，b[1]表示第 1 行字符串等。

2．字符数组及其元素的引用

字符数组元素引用的一般格式如下。

一维字符数组元素的引用：

数组名 [下标]

二维字符数组元素的引用：

数组名 [行下标][列下标]

例如：a[0]，b[2][0]等。

3．字符数组的初始化

一维字符数组的初始化形式为：

char 数组名 [整型常量表达式] = { "字符串常量" };

或

char *数组名[整型常量表达式]="字符串常量";*

例如：

char a[10]={"apple"};

或者

char a[10]="apple";

都是正确的初始化语句。而语句：

char a[10]; a="apple";

则是错误的，因为数组名仅代表数组的首地址，在编译时已经确定，是常量，程序运行期间，其值不再被改变，故不允许出现在赋值号的左边。

二维字符数组的初始化形式为：

char *数组名[行数][列数]={"字符串常量1","字符串常量2",…};*

或

char *数组名[行数][列数]={{"字符串常量1"},{"字符串常量2"},…};*

例如：

char b[3][20]={"How","are","you"};
char c[3][20]={{"How"},{"are"},{"you"}};

有时也把存放多个字符串的二维数组称为字符串数组。

4．字符串首地址与字符串的输入输出

构成字符串的字符在内存中依次连续存放，并且每个字符串末尾都有结束标记'\0'，因此系统只要知道字符串的首地址就能对其进行输入输出操作。

用字符数组存放字符串，字符数组的首地址（数组名）也就是字符串的首地址，可以通过字符数组名对字符串进行输入输出操作，但这并不意味着可以用字符数组名代表字符串全体。

格式输入输出函数可完成对字符串的输入输出，无论是输入还是输出，输入输出表项中的对应参数都是字符数组名（串首地址），输入以空格、Tab、回车等结束，输出到'\0'为止，'\0'不输出。

【例 5-5】 输入一个字符串到数组 str 中，并输出该字符串。

源程序：

```
#include<stdio.h>
void main()
{
  char str[20];
  scanf("%s",str);         /* str 是地址，不能再用取地址运算符 */
  printf("%s",str);
}
```

测试数据：How are you.↙

运行结果：How

评注：格式输入函数 scanf 中对应参数是字符数组名 str。由于该函数以空格、Tab 或回车结束输入，因此，当遇到 How 后的第一个空格时便认为输入结束，str 数组中只接收了 How。

当然也可以逐个引用字符数组元素完成字符串的输入输出操作。例如，上例可改写为：

```c
#include<stdio.h>
void main()
{
   char str[20];
   int i;
   for(i=0;i<19;i++)
     { scanf("%c",&str[i]);
       if(str[i]=='\n')break;
     }
   str[i]='\0';
   for(i=0;str[i]!='\0';i++)
     printf("%c",str[i]);
}
```

显然，用逐字符处理字符串的方式要比用字符数组整体处理字符串的方式繁杂得多。

由于系统把字符串常量直接看作该串的首地址，所以可以直接对字符串进行输出操作。例如 "printf("%s", "computer");"。

另外，系统还提供了许多专门用于字符串处理的库函数，使字符串操作更加简便灵活。

5.3.2 常用字符串处理函数

C 语言提供了丰富的函数库，例如，头文件 string.h 中提供了一些常用的字符串处理函数，使用这些库函数将使字符串处理更为方便。但使用库函数前须用 include 命令将相应的头文件包含到源文件中。例如，字符串处理函数 gets、puts 对应的头文件是 stdio.h；而 strcat、strcmp、strcpy、strlen 等函数所对应的头文件是 string.h。

1．字符串输入函数 gets

格式：

gets(字符数组名)

功能：从键盘上读入一个字符串到指定的数组中，返回值为该字符数组的首地址。

【例 5-6】 读入一个字符串到数组 str 中，并输出它。

源程序：

```c
#include "stdio.h"
void main()
{  char str[20];
   gets(str);
   printf("%s",str);
}
```

比较两种输入方式"gets(str)"与"scanf("%s", str)":
(1) 二者功能相似,都可以输入字符串到字符数组 str 中。
(2) gets(str)的输入以回车换行符结束,因此输入的串中可包含空格和 Tab。"scanf("%s", str)"的输入以空格、Tab 或回车结束,因此输入的串中不能包含空格和 Tab。如果程序运行时输入"How are you!",则前者数组得到的字符串为"How are you!",而后者得到的字符串是"How",其余的部分将丢失。请注意这两种方式的区别。

2. 字符串输出函数 puts
格式:

puts(字符数组名)

功能:将字符数组中的字符串输出到屏幕上,直到第一个'\0'结束,并将结束标记'\0'转换为'\n'输出。

【例 5-7】 从键盘上输入一个字符串到数组 str 中,并输出它。
源程序:

```
#include "stdio.h"
void main()
{  char str[20];
   gets(str);
   puts(str);    /* 后两条语句可合起来简写为 puts(gets(str)); */
}
```

注意:
(1) 系统把字符串常量理解为字符串首地址,因此函数参数也可以是字符串常量。
(2) 输出的串中可以包含转义字符。例如,语句"puts("Beijing\nChina");"的输出结果为:

```
Beijing
China
```

3. 字符串复制函数 strcpy
格式:

strcpy(s1,s2)

功能:将字符串 s2 复制到 s1 所指的存储空间中。函数返回 s1 的值,即目标串的首地址。
说明:s1 指向的存储空间必须足够容纳 s2 字符串。

【例 5-8】 阅读下列程序,考查字符串复制函数的应用。
源程序:

```
#include "stdio.h"
#include "string.h"
void main()
{
   char a[20], b[20];
   strcpy(a,"apple");
```

```
        strcpy(b,a);
        strcpy(a,"OK");
        puts(a);
        puts(b);
}
```

运行结果:

```
OK
apple
```

4. 字符串比较函数 strcmp

格式:

strcmp(s1,s2)

功能:比较两个字符串的大小。将两个字符串中对应位置上的字符从左向右(按 ASCII 码值)逐个比较,直到遇到第一个不相同的字符或'\0'结束。函数返回一个整数值。

说明:

(1) s1、s2 均可写成字符数组名或字符串常量等形式。

(2) 函数值为最后比较的两个字符的 ASCII 码值之差。若 s1 串等于 s2 串,函数返回 0;若 s1 串大于 s2 串,函数返回一个正整数;若 s1 串小于 s2 串,函数返回一个负整数。

因此根据该函数值是否为 0 来判断两个字符串是否相等,而不能直接用关系运算符"=="来判断两个字符串是否相等。

【例 5-9】 阅读下列程序,理解字符串比较函数的应用。

源程序:

```
#include "stdio.h"
#include "string.h"
void main()
{  char a[20],b[20];
   gets(a);
   gets(b);
   if(strcmp(a,b)==0)
      printf("a=b");
   else
      if(strcmp(a,b)<0)  printf("a<b");
      else  printf("a>b");
}
```

测试数据: This✓
          That✓

运行结果: a>b

5. 字符串连接函数 strcat

格式:

strcat(s1,s2)

功能：将 s2 所指字符串连接到 s1 所指的字符串的后面，并自动覆盖 s1 串末尾的'\0'，函数返回 s1 串的首地址。

说明：

（1）s1 所指字符串应有足够的空间容纳两串合并后的内容。

（2）连接时将 s1 串的结束标记'\0'删除，s2 串中的'\0'随串一同被复制。

（3）字符串 s2 的内容不变。

【例 5-10】 阅读下列程序，理解字符串连接函数的应用。

源程序：

```
#include "stdio.h"
#include "string.h"
void main()
{
    char a[50]="One World!";
    char b[20]="One Dream!";
    strcat(a,b);
    puts(a);
    puts(b);
}
```

运行结果：

One World! One Dream!
One Dream!

6. 求字符串长度函数 strlen

格式：

strlen(s)

功能：求以 s 为首地址的字符串的长度，并作为函数值返回。

说明：

（1）字符串长度为不含'\0'在内的其他所有字符的个数。

（2）遇到第一个'\0'停止计数。

（3）字符串长度不等同于字符串占用内存空间的字节数。

【例 5-11】 阅读下列程序，考查求字符串长度函数的应用。

源程序：

```
#include "stdio.h"
#include "string.h"
void main()
{
    char s[20]="a□b\n";      /* □表示空格 */
    printf("%d",strlen(s));
}
```

运行结果：

4

5.3.3 字符串应用举例

【例 5-12】 从键盘上输入一行文本，统计其中有多少个单词（假设连续的一组字母视为一个单词，单词之间用空格分隔）。

分析：假如用字符数组 str 存储一行文本。设 i 是元素下标兼作循环变量，str[i]表示字符串中的一个字符，count 表示单词个数，如果当前字符为非空格且前一个字符为空格（首字符的前一个字符默认为是空格），则表示一个新单词的开始，单词个数 count 要增加 1。为了表示新单词的开始，设变量 k 作为前一字符的状态标志：若 k=0 表示前一个字符是空格，若 k=1 表示前一个字符是非空格。故 count 增加 1 的条件可描述为：当前字符 str[i]是非空格且 k=0。该算法的 N-S 图描述，如图 5.4 所示。

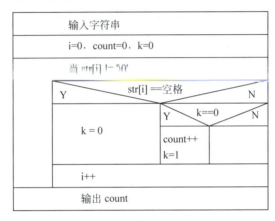

图 5.4 统计单词数的 N-S 图

源程序：

```
#include<stdio.h>
fcount(char str[])
{
  int i,k=0,count=0;
  for(i=0;str[i]!='\0';i++)
    if(str[i]==' ')              /* ' '内含1个空格 */
       k=0;
    else
       if(k==0) { count++;  k=1; }
  return count;
}
void main()
{
  char str[80];
  int count=0;
  gets(str);
  count=fcount(str);
  printf("%d", count);
}
```

测试数据：This is a book.✓
运行结果：4

【例 5-13】 输入一行英文字符，对其加密后输出。加密方法为：每个字母取其后的第 3 个字母，并保持原来的大小写状态，如字母 A 变成 D，B 变成 E，……，X 变成 A，Y 变成 B，Z 变成 C，……。

分析：如果用字符数组 str 存储一行英文字母。设 i 作为元素下标，c 表示 str[i]字符加密后的字符，注意在 0~127 范围内 int 型与 char 型可以通用。

源程序：

```
#include<stdio.h>
encrypt(char s[])
{
  char c;
  int i;
  for(i=0;s[i]!='\0';i++)
     { c=s[i]+3;
        if(c>90&&c<94||c>122&&c<126)
           c=c-26;              /* 将字母 a 和 z、A 和 Z 看作首尾相连*/
        s[i]=c;
     }
}
void main()
{
  char str[80];
  gets(str);
  encrypt(str);
  puts(str);
}
```

测试数据：AaBbYyZz✓
运行结果：DdEeBbCc

5.4 典型算法

由于数组中的元素是按下标顺序连续存放的，所以在数组中可实现如排序、查找、插入、删除等多种操作。本节将介绍部分常用算法。

【例 5-14】 使用冒泡排序法将 a 数组中的 10 个数按升序排列。

分析：冒泡排序法的基本思想是将相邻两个数比较大小，小的调到前面，大的调到后面。例如，第一趟，a[0]~a[9]共 10 个数参加比较：将第 a[0]与 a[1]比较，小的调整到 a[0]，大的调整到 a[1]，再将新的 a[1]与 a[2]比较，小的调整到 a[1]，大的调整到 a[2]，……，a[8]与 a[9]比较，小的调整到 a[8]，大的调整到 a[9]。10 个数两两比较共需 9 次，结束后最大的数被调整到了最后。如果待排序的 10 个初始数据为（9,8,7,6,5,4,3,2,1,0），则采用冒泡排序法进行排序时，第一趟排序过程及第一趟冒泡结束后的结果如图 5.5 所示。

第 5 章 数组

```
9  8  8  8  8  8  8  8  8  8
8  9  7  7  7  7  7  7  7  7
7  7  9  6  6  6  6  6  6  6
6  6  6  9  5  5  5  5  5  5
5  5  5  5  9  4  4  4  4  4
4  4  4  4  4  9  3  3  3  3
3  3  3  3  3  3  9  2  2  2
2  2  2  2  2  2  2  9  1  1
1  1  1  1  1  1  1  1  9  0
0  0  0  0  0  0  0  0  0  9
第1次 第2次 第3次 第4次 第5次 第6次 第7次 第8次 第9次 结果
```

图 5.5 第一趟冒泡排序示意图

第二趟，a[0]～a[8]共 9 个数参加排序，共有 8 对相邻元素进行两两比较。第二趟排序过程及排序结果如图 5.6 所示。

```
8  7  7  7  7  7  7  7  7
7  8  6  6  6  6  6  6  6
6  6  8  5  5  5  5  5  5
5  5  5  8  4  4  4  4  4
4  4  4  4  8  3  3  3  3
3  3  3  3  3  8  2  2  2
2  2  2  2  2  2  8  1  1
1  1  1  1  1  1  1  8  0
0  0  0  0  0  0  0  0  8
9  9  9  9  9  9  9  9  9
第1次 第2次 第3次 第4次 第5次 第6次 第7次 第8次 结果
```

图 5.6 第二趟冒泡排序示意图

以此类推。如果待排序数据有 M 个，则冒泡排序法共需要进行 M–1 趟。设 n 表示排序的趟数，n 的变化范围为[1，M–1]。在第 n 趟排序时，将有 a[0]～a[M–n]共 M–n+1 个数参加排序，根据冒泡排序思想，每一趟中共有 M–n 对相邻元素需要进行两两比较，即比较的次数为 M–n 次。本例中的冒泡排序的算法描述如图 5.7 所示。

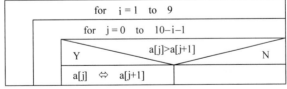

图 5.7 冒泡排序法的 N-S 图

源程序：

```c
#include<stdio.h>
void sort(int a[],int n)
{   int i,j,t;
    for(i=0;i<n-1;i++)
    {
        for(j=0;j<10-i-1;j++)
            if(a[j]>a[j+1])
                {t=a[j]; a[j]=a[j+1]; a[j+1]=t;}
```

```
    }
}
main()
{
  int a[10]={10,9,8,7,6,5,4,3,2,1};
  int i;
  sort(a,10);
  for(i=0;i<10;i++)
      printf("%5d",a[i]);
}
```

运行结果：

```
    1    2    3    4    5    6    7    8    9   10
```

【例 5-15】 利用插入排序法将 a 数组中的 10 个数按升序排列。

分析：插入排序法的基本思想是将 a[1]按升序插入 a[0]前后，使前 2 个数排好序，再将 a[2]元素按升序插入到已经有序的前 2 个数中，……，将 a[i]按升序插入到已经排好序的 a[0]~a[i–1]元素中，……，最后将 a[9]按升序插入到已经排好序的 a[0]~a[8]元素中。算法描述如图 5.8 所示。

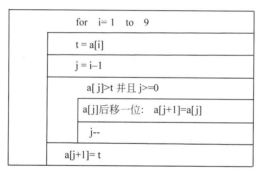

图 5.8 插入排序法的 N-S 图

源程序：

```
#include<stdio.h>
void sort(int a[],int n)
{
  int i,j,t;
   for(i=1;i<=n-1;i++)
       { t=a[i];
         j=i-1;
         while(j>=0&&a[j]>t)       /* a[0]~a[i-1]中比 a[i]值大的元素都后移一位 */
             { a[j+1]=a[j]; j--; }
         a[j+1]=t;
       }
}
void main()
{
  int a[10]={10,9,8,7,6,5,4,3,2,1};
```

```
    int i;
    sort(a,10);
    for(i=0;i<10;i++)
        printf("%5d",a[i]);
}
```

运行结果：

1   2   3   4   5   6   7   8   9   10

【例 5-16】（折半查找法）设 a 数组已有初值且已按升序排列，从键盘上输入一个整数 x，判断所给 a 数组中是否存在，并存在输出其下标，若不存在，则输出找不到的信息。

分析：折半查找法也称二分查找法。设初始状态下，数组 a 的第一个元素的下标为 low，最后一个元素的下标为 high，在 a[low]～a[high]范围内找下标为 mid=(low+high)/2 的中间元素，将 a[mid]与 x 比较大小，由于数组已经有序，故当：

x =a[mid]，则表示找到；

x <a[mid]，缩小查找范围，可继续在 a[low]～a[mid-1]范围内查找，即 high=mid-1；

x >a[mid]，缩小查找范围，可继续在 a[mid+1]～a[high]范围内查找，即 low=mid+1。

如此进行，直到找到 x 值，或条件 low≤high 不满足时结束查找，前者表示找到，后者表示找不到。折半查找的算法描述，如图 5.9 所示。

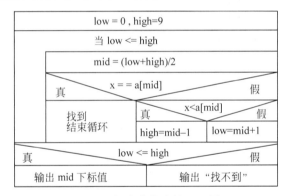

图 5.9 折半查找法的 N-S 图

源程序：

```
#include<stdio.h>
bisearch(int a[],int n,int x)
{
    int low, mid, high;
    low=0;
    high=n-1;
    while(low<=high)
        { mid=(low+high)/2;
          if(x==a[mid]) break;
          else if(x<a[mid]) high=mid-1;
               else low=mid+1;
        }
    if(low<=high)
        return mid;
```

```
        else
            return -1;
}

void main()
{   int a[10]={2,4,6,8,10,12,14,16,18,20};
    int x,loc;
    scanf("%d",&x);
    loc=bisearch(a,10,x);
    if(loc>=0)
        printf("Found:%d\t position:%d",x,loc);
    else
        printf("Not found:%d",x);
}
```

测试数据：<u>12↙</u>
运行结果：Found:12   position:6
测试数据：<u>11↙</u>
运行结果：Not found:11

【例 5-17】（查找且删除元素）设长度为 10 的 a 数组已有初值，从键盘输入一个整数 x，查找它是否存在于 a 数组中，若存在则删除该元素并输出删除元素后的 a 数组。

分析：查找且删除元素的算法描述，如图 5.10 所示。

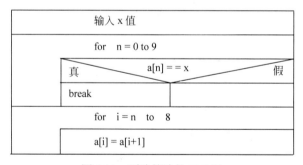

图 5.10　删除算法的 N-S 图

源程序：

```
#include<stdio.h>
int fd(int a[],int len,int x)
{
   int i, n;
   for(n=0;n<len;n++)
       if(a[n]==x) break;
   for(i=n;i<=len-2;i++)
       a[i]=a[i+1];
   if(n<len)
       return len-1;
   else
       return -1;
```

```
}
void main()
{   int a[10]={1,2,3,4,5,6,7,8,9,10};
    int x, i, n;
    scanf("%d",&x);
    n=fd(a,10,x);
    if(n==-1)
        printf("Not found!");
    else
        for(i=0;i<n;i++)
            printf("%5d",a[i]);
}
```

测试数据：6↙
运行结果：　　1　2　3　4　5　7　8　9　10
测试数据：11↙
运行结果：Not found!

【例5-18】（插入元素）设 a 数组已有初值且已按降序排序，输入一个整数 x，并插入到 a 数组中，使数组依然有序。

分析：从后向前找第一个大于 x 的元素 a[i]，将 a[i+1]～a[8]元素依次后移一位，最后将 x 放入 a[i+1]中。完成插入功能的函数 insert 算法描述，如图5.11所示。

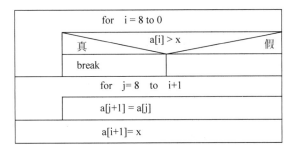

图5.11　插入算法的 N-S 图

源程序：

```
#include<stdio.h>
insert(int a[],int x)
{   int i,j;
    for(i=8;i>=0;i--)
        if(a[i]>x) break;
    for(j=8;j>=i+1;j--)
        a[j+1]=a[j];
    a[i+1]=x;
}
void main()
{   int num[10]={18,16,14,12,10,8,6,4,2};
    int i, x;
    scanf("%d",&x);
```

```
    insert(num,x);
    for(i=0;i<10;i++)
        printf("%5d",num[i]);
}
```

测试数据： 6↙
运行结果： 18 16 14 12 10 8 6 6 4 2

5.5 实践活动

活动一：知识重现

说明：在本章里，主要讲述了数组的声明、初始化、字符数组的使用和排序等相关概念。在此过程中，请关注以下问题。

1. 一维和二维数组如何声明、引用？掌握二维数组的存储结构。
2. 字符串如何存储？掌握常用字符串处理函数的调用方法。
3. 冒泡排序、选择排序和插入排序等常用排序算法的思想。

活动二：算法实现

1. Eratosthenes 筛法。

问题描述：将 1～100 之间的所有质数打印出来。

数据结构：如何表示筛（用长度不小于 100 的数组）；
如何表示删除筛中的合数。

算法思想：

S1：挖去 1（假设 1～100 分别存放在 a[1]～a[100]中，使 a[1]=0）；
S2：用刚才挖去数的下一个非 0 数 p 去除后面所有的非 0 数，并挖去所有 p 的倍数；
S3：检查 p 是否小于 sqrt(100)，如果是，则返回 s2，否则结束；
S4：打印所有非 0 数。

算法实现：

```
for(i=1;i<101;i++)
    a[i]=i;
a[1]=0;
for(i=2;i<11;i++)
    if(a[i])
        for(j=i+1;j<101;j++)
            if(a[j]%a[i]==0) a[j]=0;
```

2. Josephus。

问题描述：n 个人围坐一圈，顺序编号。从第一个人开始报数（如从 1 到 3 报数），凡报到 3 的出圈，问最后留下的是原来第几号的那位？

数据结构：如何表示圈（用数组表示）；
如何表示某人是否已经出圈。

算法实现：

```
for(i=0;i<n;i++)  a[i]=i+1;
i=k=m=0;
```

```
while(m<n-1)
{
   if(a[i])
        k++;
   if(k==3)
        { a[i]=0;k=0;m++; }
   i++;
   if(i==n)  i=0;
}
for(i=0;i<n;i++)
     if(a[i]) printf("%d\n",a[i]);
```

习 题

【本章讨论的重要概念】

通过本章的学习，应掌握的重要概念如图 5.12 所示。

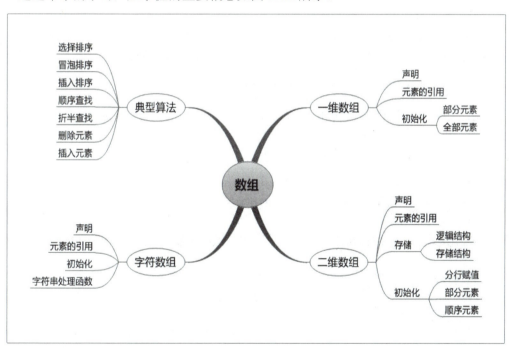

图 5.12 思维导图——数组

【基础练习】

选择题

1. 在 C 语言中引用数组元素时，下列有关数组元素下标的数据类型的叙述中，正确的是_____。

    A．只能是整型常量　　　　　　　　B．只能是整型表达式

    C．只能是整型常量或整型表达式　　D．可以是任何类型的表达式

2. 错误的字符串赋值或赋初值方式是_____。

A. char str[ ]={'s','t','r','i','n','g','\0'};   B. char str[7]={'s','t','r','i','n','g'};
C. char str[10]; str="string";   D. char str1[ ]="string",str2[ ]="12345678";

3. 若有以下说明和语句，则输出的结果是_____。

```
char sp[]= "\x69\082\n";
printf ("%d,%d", strlen(sp),sizeof(sp));
```

A. 3,2   B. 5,6
C. 1,6   D. 1,3

4. 两个静态数组 A 和数组 B 进行如下初始化：

```
static char A[]="ABCDEF";
static char B[]={'A','B','C','D','E','F'};
```

则下列选项中，叙述正确的是_____。

A. A 和 B 完全相同
B. A 和 B 只是长度相等
C. A 和 B 不相同，A 是指针数组
D. A 数组长度比 B 数组长

5. 若有以下的说明和语句，则它与_____中的说明是等价的。

```
char s[3][5]={"aaaa","bbbb","cccc"};
```

A. char s[ ][ ]={"aaaa","bbbb","cccc"};
B. char s[3][]={"aaaa","bbbb","cccc"};
C. char s[ ][5]={"aaaa","bbbb","cccc"};
D. char s[ ][4]={"aaaa","bbbb","cccc"};

6. 若用数组名作为函数调用的实参，传递给形参的是_____。

A. 数组的首地址   B. 数组第一个元素的值
C. 数组中全部元素的值   D. 数组元素的个数

填空题

1. 下列程序的功能是_____。

```
#include<stdio.h>
void main()
{
   int a[4], x, i;
   for(i=1;i<=3;i++)a[i]=0;
   scanf("%d",&x);
   while(x!=-1)
      {a[x]+=1;scanf("%d",&x);}
   for(i=1;i<=3;i++)
      printf("a[%2d]=%4d\n",i,a[i]);
}
```

2. 阅读下列程序，回答题后问题。

```
#include<stdio.h>
void main()
{
   int b[51], x, i, j=0,n=0;
   scanf("%d",&x);
   while(x>-1)
       {  b[++n]=x; scanf("%d",&x);}
   for(i=1;i<=n;i++)
       if(b[i]%2==0) b[++j]=b[i];
   for(i=1;i<=j;i++)
       printf("%3d",b[i]);
   printf("\n");
}
```

若输入数据如下：

7 10 5 4 6 7 9 8 3 2 4 6 12 2 3 7 9 11 14 15 –1↙

则输出结果是_____。

3．阅读下列程序，回答题后问题。

```
#include<stdio.h>
void main()
{
   int a[51], x, i, n;
   printf("Enter n: "); scanf("%d",&n);
   for(i=1;i<=n;i++)
      scanf("%d",a+i);
   printf("Enter x:");
   scanf("%d",&x);
   a[0]=x;i=n;
   while(x>a[i])
      { a[i+1]=a[i]; i--; }
   a[i+1]=x;   n++;
   for(i=1;i<=n;i++)
       printf("%3d",a[i]);
   printf("\n");
}
```

给 a 数组输入 10，8，6，4，2 共 5 个数，放在 a[1]～a[5]中，请阅读程序，则：

① 若给 x 输入 5，以上程序的输出结果是_____。

② 若给 x 输入 15，以上程序的输出结果是_____。

4．以下程序分别在 a 数组和 b 数组中放入 an+1 和 bn+1 个由小到大的有序数，程序把两个数组中的数按由小到大的顺序归并到 c 数组中。

```
#include<stdio.h>
void main()
```

```
{
  int a[10]={1,2,5,8,9,10},an=5;
  int b[10]={1,3,4,8,12,18},bn=5;
  int i,j,k,c[20],max=9999;
  a[an+1]=b[bn+1]=max;
  i=j=k=0;
  while((a[i]!=max)||(b[j]!=max))
     if(a[i]<b[j])
        {c[k]=_____; k++; _____;}
     else
        {c[k]=_____; k++; _____;}
  for(i=0;i<k;i++)
     printf("%4d",c[i]);
  printf("\n");
}
```

5. 以下程序把一个整数转换成二进制数，所得二进制数的每一位放在一维数组中，输出此二进制数。注意：二进制数的最低位放在数组的第一个元素中，请填空。

```
#include<stdio.h>
void main()
{
  int b[16], x, k, r, i;
  printf("输入一个整数给 x:");
  scanf("%d",_____);
  printf("%6d binary num is:\n",x);
  k=-1;                    /* 变量 k 用作 b 数组的下标 */
  do
   {
      r=x %_____;
      b[_____]=r;
      x/=_____;
   }while(x!=0);
   for(i=k; i>=0; i--)
      printf(" %d", b[i]);
}
```

【拓展训练】

1. 试写出完成下列要求的语句：

① 声明一个有 50 个整型元素的数组 a；

② 声明一个 10 行 50 列的二维字符数组 b；

③ 声明并初始化一个有 10 个元素的实型数组 c，使得 c[0]=3，c[1]=4，c[2]=5，其余元素均为 0。

2. 执行以下程序后，length 的值和 number 的值分别是多少？

```
#include "stdio.h"
```

```
#include "string.h"
main()
{
    char str[]="hello!";
    int length,number;
    length=strlen(str);
    number=sizeof(str);
    printf("%d,%d\n",length,number);
}
```

3. 将某一维数组中的元素值逆序存放。如原顺序为 1，3，3，2，4，6，逆序存放后顺序为 6，4，2，5，3，1。

4. 编写程序，输出杨辉三角形的前 10 行：

```
         1
       1   1
     1   2   1
   1   3   3   1
 1   4   6   4   1
1  5  10  10  5  1
        ⋮
```

5. 已知奇数数组 a 和偶数数组 b 均已按升序排列，要求将两数组元素值按升序合并入数组 c 中。

6. 编写程序，试比较 4 个字符串的大小，不要用 strcmp 函数（自编具有 strcmp 功能的子函数）。

【问题与程序设计】

1. 围绕着山顶有 10 个圆形排列的洞，编号分别为 1 到 10，狐狸和兔子分别住在各自的洞里，狐狸总想吃掉兔子，兔子说："可以，但必须找到我，我就藏身于这十个洞中，你先到 1 号洞找，第二次隔 1 个洞（即 3 号洞）找，第三次隔 2 个洞（即 6 号洞）找，以后如此类推，次数不限。"但狐狸从早到晚进进出出了 1000 次，仍没有找到兔子。问兔子究竟藏在几号洞里？

2. 魔方阵是指元素为自然数 1，2，…，N^2 的 N×N 方阵，每个元素值均不相等，每行、列及主、副对角线上各 N 个元素之和都相等。对奇阶魔方阵，可用 Dole Rob 算法生成，其过程为：从 1 开始，依次插入各自然数，直到 N^2 为止。选择插入位置原则为：

（1）第一个位置在第一行的正中；

（2）新位置应当处于最近一个插入位置右上方，但如右上方位置已超出方阵上边界，则新位置取应选列的最下一个位置；如超出右边界则新边界取应选行的最左一个位置；

（3）若最近一个插入元素为 N 的整数倍，则选下面一行同列的位置为新位置。

请在主函数中输入奇数 n，调用子函数 void dolerob(int a[][10],int n)生成 n 阶魔方阵，调用子函数 void print()输出该方阵。

第 6 章 指 针

学习目标
1. 理解指针与地址的概念，取地址运算符&和指针运算符*的作用；
2. 理解指针作为函数参数的意义；
3. 掌握数组的指针和指向数组的指针变量等概念及其应用；
4. 掌握用指针处理字符串的方法。

指针是 C 语言的一个重要概念，也是 C 语言的特色。运用指针可以实现动态地分配存储空间、直接处理内存地址、表示各种复杂的数据结构、简单而有效地处理数组、实现函数间的数据通信、方便地使用字符串等。指针的应用增强了 C 语言的处理能力，提高了程序的执行效率，也可使程序更加简洁和紧凑，因此 C 语言适合于开发系统软件。

同时，指针也是 C 语言中较难理解和容易出错的部分，因此初学者在学习本章时需要特别细心，多思考、多比较、多上机，在实践中逐步掌握。本章主要介绍指针的基本概念、指向一维数组的指针、指向字符串的指针以及指针的典型应用等。

6.1 指针的基本概念

6.1.1 地址与指针

1. 地址

1）地址的概念

计算机的内存储器被划分成一个个连续的大小为 1 个字节的存储单元，为了区分各存储单元，要为每个存储单元编号，这个编号即为存储单元的地址。每个存储单元对应一个地址，通常用二进制或十六进制来表示地址。地址从 0 开始顺序增加，如图 6.1 所示。

若程序中定义了一个变量，C 编译系统根据变量的类型来分配一定大小的存储空间，TC 2.0 系统通常对整型变量分配 2 个字节，对单精度实型变量分配 4 个字节，对双精度实型变量分配 8 个字节，对字符型变量分配 1 个字节。例如，有如下变量说明：

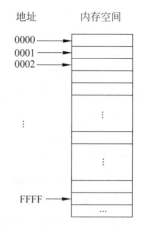

图 6.1 内存及其地址示意图

```
int a;
float b;
char c;
```

在 TC 环境下，系统将为变量 a 分配 2 个字节的存储单元，为变量 b 分配 4 个字节的存储单元，为变量 c 分配 1 个字节的存储单元，如图 6.2 所示（图中的地址只是示意）。每个变量的地址是指这个变量所占存储单元的第一个字节的地址。例如，a 变量的地址是 2000，b 变量的地址为 2002，c 变量的地址为 2006。

1）变量的地址与变量的内容

变量的地址与变量的内容是两个不同的概念。例如，若 a 为整型变量，系统编译时分配给 a 变量 2 个字节，假设占用空间地址为 2000 和 2001，那么 a 变量的地址为 2000；若 b 变量占 4 个字节，占用空间的地址分别为 2002、2003、2004、2005，则 b 变量的地址为 2002。执行语句"a=3;b=6.0;"后，a 变量的内容为 3；而 b 变量的内容为 6.0。变量的地址和变量的内容示意如图 6.3 所示。

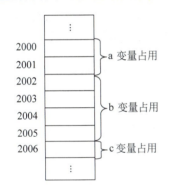

图 6.2　变量 a、b、c 内存分配示意图

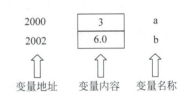

图 6.3　变量的地址和变量的内容示意图

在实际操作中不需要知道变量在内存中具体分配的地址，在程序中一般用变量名来对内存单元进行存取操作，每个变量与具体地址的联系由 C 编译系统来完成。事实上程序经过编译后已经将变量名转换为变量的地址，对变量的存取都是通过地址进行的。

2．指针

指针即地址，也是内存单元的编号，一个变量的地址也就是该变量的指针。例如，图 6.3 中，2000 是变量 a 的指针，而 3 是变量 a 的值。

1）直接访问与间接访问

对内存单元的访问有直接访问和间接访问两种方式。

直接访问方式是直接按变量名存取变量的方式。例如，语句"int a;a=3;"中，"a=3;"就是变量的直接访问形式，如图 6.4（a）所示。

间接访问方式是通过指针来存取变量的方式。例如，定义一个变量 a_pointer，用来存放整型变量的地址，并被分配到地址为 3000、3001 的存储单元中。现在把变量 a 的地址（假设是 2000）存放到 a_pointer 中，这时，a_pointer 的值就是 2000。

要存取变量 a 的值，也可以采用间接方式：先找到存放"整型变量 a 的地址"的变量，从中取出 a 的地址（即 2000），然后到地址为 2000、2001 的存储空间中取出 a 的值（即 3），如图 6.4（b）所示。

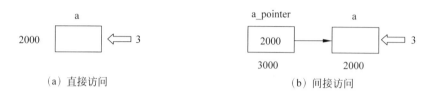

（a）直接访问　　　　　　　（b）间接访问

图 6.4　变量的直接访问和间接访问方式示意图

2）变量的指针

变量的指针即变量的地址。在 C 语言中，将地址形象化地称为"指针"，意思是通过它能找到以它为地址的内存单元。

3）区分指针和指针变量的概念

一个变量如果用来存放另一变量的地址（即存放变量的指针），则称该变量为指针变量。注意区分"指针"和"指针变量"两个概念。严格地说，一个指针是一个地址，是一个常量。而一个指针变量却可以被赋予不同的指针值，是变量。但在习惯上，常把一个指针变量简称为指针。如图 6.4 中地址 2000 是变量 a 的指针，a_pointer 是指针变量，其值就是指针 2000。

6.1.2　指针变量的声明与引用

1．指针变量的声明

声明指针变量的一般形式为：

类型说明符 *指针变量名 1，*指针变量名 2，…；

例如：

```
int *p;      /* 声明指向整型变量的指针变量 p */
float *q;    /* 声明指向单精度实型变量的指针变量 q */
```

在以上声明语句中，p，q 都是用户标识符，用于标识一个变量，在每个变量前的*是一个说明符，用来说明该变量是指针变量。需要注意的是，变量前的*不可省略，若省略了*，就变成了 p 是整型变量，q 是单精度实型变量。int 和 float 是类型名，说明 p 和 q 分别是指向 int 和 float 型变量的指针变量，也就是说，变量 p 存放 int 型变量的地址，而变量 q 中存放 float 型变量的地址，通常把 int 和 float 分别称为指针变量 p 和 q 的基类型。基类型不同的指针变量不要混合使用。

2．指针变量的赋值

一个指针变量可以通过不同的渠道获得一个确定的地址值，从而使其指向一个具体的对象。

1）通过取地址运算符&获得地址值

单目运算符&用来求出运算对象的地址，利用求地址运算可以把一个变量的地址赋给指针变量。例如：

```
int a=20,*pa;
pa=&a;    /* 把变量 a 的地址赋值给指针变量 pa */
```

pa 与&a 是相同的指针。pa 是变量，它的值能改变，根据具体情况可以更改 pa 的值来使 pa 指向其他整型变量。&a 为表达式，是变量 a 的地址，当系统分配给 a 确定的空间后，&a 的值是固定的，不能变化。指针变量和变量的指针关系如图 6.5 所示。

2）通过指针变量获得地址值

可以把一个指针变量的值赋予指向相同数据类型的另一个指针变量。例如，设有如下声明和语句：

```
int a,*pa=&a,*pb;
pb=pa;           /* 把 pa 的值（即变量 a 的地址）赋予指针变量 pb */
```

pa 和 pb 均是指向整型变量的指针变量，所以可以相互赋值。把 pa 的值赋给 pb 后的关系，如图 6.6 所示。

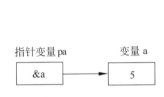
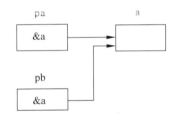

图 6.5　指针变量赋值示意图　　　　　图 6.6　通过指针变量获得地址示意图

3）数组中首元素的地址赋予指向数组的指针变量

设有如下声明和语句：

```
int a[3],*pa;
pa=a;           /* 数组名表示数组首元素的地址，赋值后 pa 指向数组 a */
```

4）给指针变量赋空值

所有类型的指针变量的值都可置为 NULL，其值是 0。具有 NULL 值的指针也称为空指针，不表示任何可访问的内存单元，通常用作某种标志（如链表的末尾、函数调用失败等）。例如，"int *p=0;" 或者 "int *p=NULL;"。

空指针与无指向的指针是有区别的。空指针表明指针没有指向任何对象，有值且其值为 0，虽然能够直接使用它，但仍然有破坏系统的危险性；而无指向的指针可能指向一个不可预知的存储单元，直接使用无指向的指针要比使用空指针的危险性大得多。

在程序中，不要将一个整数值赋予一个指针变量，因为那样做无意义。例如，语句"int *p=100;"，即将整数 100 作为地址赋给指针变量 p。如果这样做，可能对内存进行误操作而造成严重的后果。

3．指针变量的引用

C 语言中提供了一个称作"间接访问运算符"（也称指针运算符）的单目运算符*。当指针变量中存放了一个确定的地址值时，就可以用间接访问运算符来引用相应的存储单元。如果指针变量 pa 与&a 是相同的指针，那么*pa 与*(&a)有相同的含义，都代表&a 的存储单元中整型变量的值，也就是 a 的值。

【例 6-1】 从键盘上输入 a 和 b 两个整数，按先大后小的顺序输出 a 和 b。
源程序：

```
void main()
{
  int *p1,*p2,a,b,t;
   printf("input a and b:");
   scanf("%d,%d",&a,&b);
   p1=&a; p2=&b;                    /* 使指针变量指向整型变量 */
   if(*p1<*p2)
       {t=*p1;*p1=*p2;*p2=t;}      /*间接访问法,交换指针变量指向的整型变量的值*/
   printf("a=%d,b=%d\n",a,b);      /* 输出 a 和 b 的值 */
   printf("max=%d,min=%d\n",*p1,*p2);  /* 输出 p1 和 p2 指向的整型变量的值 */
}
```

测试数据：5,9↙
运行结果：a=9,b=5
　　　　　max=9,min=5

评注：执行程序中的"p1=&a;p2=&b;"语句时，把变量 a 和变量 b 的地址分别赋给指针变量 p1 和 p2，使 p1 指向 a，p2 指向 b，所以*p1 与 a 等价，其值为 5，*p2 与 b 等价，其值为 9，如图 6.7（a）所示。执行 if 语句时，由于*p1 的值小于*p2 的值成立，因此通过指针交换了变量 a 和 b 的值，如图 6.7（b）所示。在程序的运行过程中，指针变量的值始终没有变化。

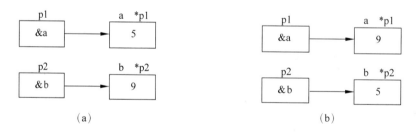

图 6.7　指针与所指向变量之间的关系

如果对例 6-1 程序中的 if 子句作修改，使程序变为如下形式：

```
void main()
{
  int *p1,*p2,*p,a,b;
   printf("input a and b:");
   scanf("%d,%d",&a,&b);
   p1=&a; p2=&b;
   if(*p1<*p2)
       {p=p1;p1=p2;p2=p;}           /* 交换指针 */
   printf("a=%d,b=%d\n",a,b);
```

```
            printf("max=%d,min=%d\n",*p1,*p2);
        }
```

测试数据：5,9↙
运行结果：a=5,b=9
         max=9,min=5

评注：当输入 5 和 9 时，由于 a<b，即*p1 的值小
于*p2 的值，所以执行 if 语句时将 p1 和 p2 的值做了交
换，p1 的值变成&b，p2 的值变成&a，即 p1、p2 的指
向发生了变化，但 a 和 b 并没有交换，它们仍然保持原
来的值。输出*p1 和*p2 时，实际上分别输出的是变量 b
和 a 的值，所以先输出 9，然后输出 5，如图 6.8 所示。

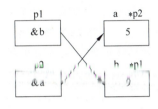

图 6.8　运行中指针与变量之间的关系

6.1.3　指针变量的运算

指针变量通常可以参与两种运算：算术运算和关系运算。指针变量参与算术运算往往
表示指针的移动；而指针变量参与关系运算，往往表示所指向数据对象的位置关系。

1．算术运算

并不是指针变量参与所有的算术运算均有意义，一般情况下，指针变量参与自增(++)、
自减(－－)、加上或减去一个整数时才有意义，它们均表示指针的移动。因此，只有当指
针指向一组连续的存储单元时，指针的移动才有意义。例如，设有如下声明和语句：

```
int a[5]={5,4,3,2,1}, *p1, *p2;
p1=a;
```

则在内存中开辟 5 个连续的、用于存放 int 型数据的存储单元，分别分配给数组元素 a[0]、
a[1]、a[2]、a[3]、a[4]使用。同时分配存储单元给指针变量 p1 和 p2 使用，并使指针变量
p1 指向数组 a 的第一个元素，如图 6.9（a）所示。

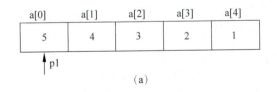
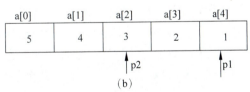

　　　　　　　　　(a)　　　　　　　　　　　　　　　　　(b)

图 6.9　指针变量算术运算示例

现在来解释以下各条语句连续执行过程中的结果，从而帮助理解指针移动的概念。

```
p2=p1+1;    /* 使指针变量 p2 指向 a[1] */
p2++;       /* 使指针变量 p2 指向 a[2] */
p2++;       /* 使指针变量 p2 指向 a[3] */
p2--;       /* 使指针变量 p2 指向 a[2] */
p1+=4;      /* 使指针变量 p1 指向 a[4] */
```

执行上述语句后的最终结果，如图 6.9（b）所示。

假设 i、j、k 是整型变量，则在图 6.9（b）示意情况下，执行语句"i=*p1;"后，i 中的值为 1；执行语句"j=*p2;"后，j 中的值为 3；执行语句"k=p1−p2;"后，k 的值为 2。

在对指针变量进行加、减运算（例如，执行语句"p2=p1+1;"）时，数值 1 并不代表指针变量移动一个字节，而是指一个存储单元的长度。至于一个存储单元占多少字节的存储空间，则视指针的基类型而定。在 TC 环境下，如果指针变量的基类型是 int，位移 1 个长度就是位移 2 个字节；如果指针变量的基类型是 char，位移 1 个长度就是位移 1 个字节；如果指针变量的基类型是 double，位移 1 个长度就是位移 8 个字节；其他以此类推。增加 1 表示指针向地址大（高地址）的方向移动一个存储单元长度，而减少 1 表示指针向地址小（低地址）的方向移动一个存储单元长度。在程序中移动指针时，无论指针的基类型是什么，只需做简单的加、减操作而不必去管它移动的具体长度，编译系统将会根据指针的基类型自动地来确定位移的字节数。

2. 关系运算

如果指针 p1、p2 都指向同一数组中的元素，那么对这两个指针进行关系运算是有意义的。

若 p1<p2 为真，表示指针 p1 指向的数组元素的存储位置在 p2 所指向的数组元素的存储位置前面（在地址小的方向）；若 p1>p2，则 p1 在 p2 的后面。

若 p1==p2 为真，则 p1、p2 指向数组中的同一个元素。

以此类推，可以推导出 p1 与 p2 之间的>=、<=、!=的比较意义。

需要注意的是不要将指针与其他类型的对象作比较。如果两个指针变量指向不同数组中的元素，要对它们进行比较，这类比较虽被允许，但无实际意义。

因 C 语言允许将一指针初始化为 0 或 NULL，所以允许将指针与 NULL 或数值 0 进行==、!=的比较，主要用于判定一个指针是否为空指针。

6.1.4 指针变量作为函数的参数

函数参数的类型不仅可以是整型、实型、字符型等，还可以是指针类型。一般变量作函数参数时，实参向形参传递的是一个值，形参值的改变无法影响实参，称之为"值传递"方式。如果形参为指针变量时，实参向形参传递的值是一个地址，这种将指针（地址）传递给被调用函数的方式称为"地址传递"方式。

【例 6-2】 从键盘上输入 a 和 b 两个整数，按先大后小的顺序输出 a 和 b。

分析：考虑用函数来处理该问题。设计函数 void swap(int *p1,int *p2)，其功能是交换指针变量 p1 和 p2 所指向存储空间的值。

源程序：

```
#include "stdio.h"
void swap(int *p1,int *p2)
{   int temp;
    temp=*p1;
    *p1=*p2;
    *p2=temp;
}
```

```
void main()
{  int a,b;
   int *pointer1,*pointer2;
   scanf("%d,%d",&a,&b);
   pointer1=&a;
   pointer2=&b;
   if(a<b)swap(pointer1,pointer2);
   printf("\n%d,%d\n",a,b);
}
```
测试数据：5,9
运行结果：9,5

评注：例 6-2 中，swap 是用户定义的函数，它的形参 p1、p2 是指针变量。

执行 main 函数时，在调用 swap 函数之前，输入 a 和 b 的值，然后将 a 和 b 的地址分别赋给指针变量 pointer1 和 pointer2。使 pointer1 指向变量 a，pointer2 指向变量 b，如图 6.10（a）所示。

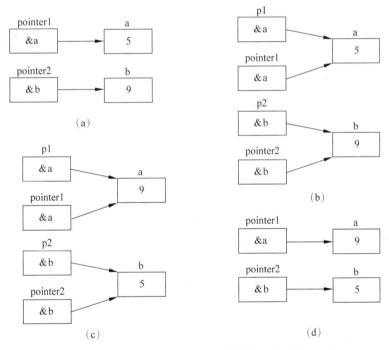

图 6.10 指针变量作为函数参数时实参和形参结合示例

执行 if 语句，如果 a<b，调用函数 swap。实参 pointer1 和 pointer2 是指针变量，在函数调用时，将实参变量的值传递给形参变量，采取的依然是"值传递"方式。因此虚实结合后形参 p1 的值为&a，p2 的值为&b。这时 p1 和 pointer1 均指向变量 a，p2 和 pointer2 均指向变量 b，如图 6.10（b）所示。

调用 swap 函数时，执行该函数中的"temp=*p1; *p1=*p2; *p2=temp;"等语句，使*p1 和*p2 的值互换，也就是使 a 和 b 的值互换，如图 6.10（c）所示。

函数调用结束返回后,指针变量 p1 和 p2 不复存在(所占的内存空间已释放),如图 6.10(d)所示。

最后在 main 函数中输出的 a 和 b 的值是经过交换后的值。

注意:

如果将例 6-2 中的 swap 函数修改为如下的形式,考查修改后的 swap 函数能否实现主函数中 a 和 b 值的交换。

```
void swap(int x,int y)
{   int temp;
    temp=x;  x=y;  y=temp;
}
```

分析:如果在 main 函数中执行"swap(a,b);"语句,在函数调用时,a 的值传送给 x,b 的值传送给 y,如图 6.11(a)所示。在执行完 swap 函数后,x 和 y 的值交换了,但是没有影响到 a 和 b 的值,如图 6.11(b)所示。也就是由于实参向形参的单向"值传递"方式,形参值的改变不能使实参值跟着改变。

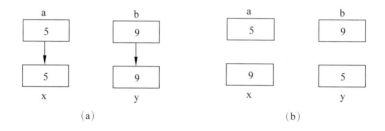

图 6.11　swap 函数形参为整型变量时调用示意

如果想通过函数调用得到 n 个变量变化的值,一般可以采用下列步骤解决:

(1)在主调函数中设 n 个变量,用 n 个指针变量指向它们;

(2)然后将指针变量作实参,将这 n 个变量的地址传给所调用的函数的形参;

(3)通过形参指针变量,改变该 n 个变量的值;

(4)主调函数中这些变量的值便被改变了。

不能企图通过改变形参指针的值而使实参指针的值改变。例如,将例 6-2 中 swap 函数改为:

```
void swap(int *p1,int *p2)
{
  int *p;
  p=p1;
  p1=p2;
  p2=p;
}
```

如果在 main 函数中执行"swap(pointer1,pointer2);"语句,执行过程如下:

(1)pointer1 和 pointer2 分别指向变量 a 和 b,如图 6.12(a)所示。

（2）调用 swap 函数，pointer1 的值传递给 p1，pointer2 的值传递给 p2，如图 6.12（b）所示。

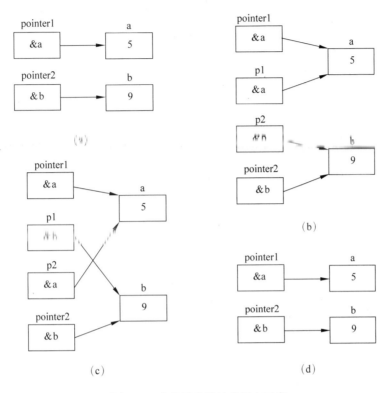

图 6.12　交换形参指针的指向示意

（3）在 swap 函数中使 p1 和 p2 的值交换，如图 6.12（c）所示。

（4）函数调用结束后，p1 和 p2 释放，pointer1 和 pointer2 依然分别指向变量 a 和 b，如图 6.12（d）所示。因此程序最后输出的结果是 5，9。

C 语言中实参变量和形参变量之间的数据传递是单向的"值传递"。指针变量作为函数参数也要遵循这一规则。不能通过调用函数来改变实参指针变量的值，但可以改变实参指针变量所指向的变量的值。

6.2　使用指针访问一维数组的元素

数组中的元素在内存中是连续存放的，指针可以方便地处理内存中连续存放的数据。通过指向数组的指针来间接引用数组元素，可以使目标程序占用较少的内存空间，加快运行速度，从而提高程序的质量。

6.2.1　一维数组的指针

数组的指针是数组的起始地址，数组元素的指针是数组元素的地址。例如，设有声明语句"int a[5];"，因为数组名 a 表示数组 a 的首地址，称 a 为数组 a 的指针，而 &a[0]、&a[1]、&a[2]、&a[3]、&a[4] 称为数组 a 的对应元素的指针。

6.2.2 指向一维数组的指针变量

声明指向数组元素的指针变量与声明指向变量的指针变量的方法相同。例如：

```
int a[10];    /* 声明 a 为包含 10 个整型数据的数组 */
int *p;       /* 声明 p 为指向整型变量的指针 */
p=a;          /* 把数组 a 的首元素的地址赋给指针变量 p，使 p 指向数组 a */
```

注意：

数组为整型，则指向该数组的指针变量的数据类型也应为整型。

数组名 a 不代表整个数组，不是把数组 a 各元素的地址赋值给 p，而是代表 a 数组中首元素的地址（即&a[0]），它是常量指针，所以语句"p=a;"与语句"p=&a[0];"等效。

把 a 或&a[0]赋给指针变量 p，使 p 指向 a 数组中下标为 0 的元素，如图 6.13 所示。

可对指针变量初始化。例如，语句"int a[10],*p=&a[0];"与"int a[10],*p; p=&a[0];"等效。

p、a、&a[0]均指同一单元，它们是数组 a 的首地址，但 a、&a[0]是常量，而 p 是变量，可以移动以指向不同的数组元素。

若用 i (0≤i<10)表示数组 a 的下标，则 p+i 和 a+i 就是&a[i]。p 指向 a 数组首元素后，p、a 及 a[i]等的关系如图 6.14 所示。

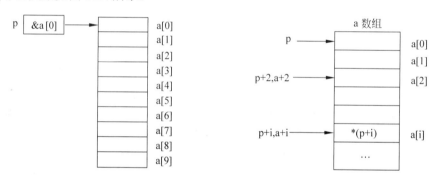

图 6.13　指针变量 p 指向数组 a 的首元素　　图 6.14　指向数组元素的指针示意

(p+i)或(a+i)是 p+i 或 a+i 所指向的数组元素，即 a[i]。在编译时，对数组元素 a[i]就是处理成*(a+i)的，即按数组首元素的地址加上相对位移长度得到要找元素的地址，然后得到该元素的值。

指向数组的指针变量也可以带下标，例如，p[i]与*(p+i)等价。

对数组元素的访问，可以用下标法，也可以用指针法。若指针变量 p 获得数组 a 首元素的地址，则数组 a 与指针 p 的关系如表 6.1 所示。

表 6.1　指针变量与数组的关系

地　址	含　义	数　组　元　素	含　义
a、&a[0]、p	a 的首元素地址	*a、a[0]、*p	数组元素 a[0]
a+i、&a[i]、p+i	a[i]的地址	*(a+i)、a[i]、*(p+i)、p[i]	数组元素 a[i]

【例 6-3】 阅读下列程序，理解输出一个数组中全部元素值的多种方法。

源程序：

```c
#include<stdio.h>
void main()
{ int i,*p,a[5];
  p=a;                                /* p 指针指向数组 a */
  for(i=0;i<5;i++) a[i]=i+10;         /* 给数组 a 赋值 */
  for(i=0;i<5;i++)
    { printf("a[%d]=%d\t",i,a[i]);    /* 下标法访问数组元素 */
      printf("*(p+%d)=%d\t",i,*(p+i));/* 指针偏移量表示法访问数组元素 */
      printf("p[%d]=%d\t",i,p[i]);    /* 指针下标表示法访问数组元素 */
      printf("*(a+%d)=%d\n",i,*(a+i));
                          /* 数组名作为指针的指针偏移量表示法访问数组元素*/
    }
}
```

运行结果：

```
a[0]=10     *(p+0)=10     p[0]=10     *(a+0)=10
a[1]=11     *(p+1)=11     p[1]=11     *(a+1)=11
a[2]=12     *(p+2)=12     p[2]=12     *(a+2)=12
a[3]=13     *(p+3)=13     p[3]=13     *(a+3)=13
a[4]=14     *(p+4)=14     p[4]=14     *(a+4)=14
```

6.2.3 通过指针变量引用一维数组元素举例

1. 指针变量可以实现本身值的改变

【例 6-4】 通过指针变量输出 a 数组中的各个元素值。

源程序：

```c
#include<stdio.h>
void main()
{
  int a[5],*p,i;
  for(i=0;i<5;i++)
     scanf("%d",&a[i]);
  printf("\n");
  for(p=a; p<(a+5);p++)    /* p 依次取得数组中的每一个元素的地址 */
     printf("%d ",*p);
}
```

测试数据：1 2 3 4 5↙
运行结果：1 2 3 4 5

评注：存取数组中的不同元素，可以将数组首元素的地址赋给指针变量，再通过指针变量的改变来取得各元素的地址。p++使 p 的值不断改变，从而指向不同的元素。

如果将程序中第二个 for 循环改成：

```
for(p=a;a<(p+5);a++)
    printf("%d",*a);
```

则是错误的。因为 a 是数组名，它是数组首元素的地址，是常量，在程序运行时它的值是固定不变的，所以在本例中，p++是合法的，而 a++则是错误的。

2. 注意指针变量的当前值

【例 6-5】 阅读下列程序，考查指针变量的变化。

源程序：

```
#include<stdio.h>
void main()
{
  int a[5],i,*p=a;
  for(i=0;i<5;i++)
    scanf("%d",p++);
  printf("\n");
  for(i=0;i<5;i++,p++)
      printf("%d ",*p);
}
```

测试数据：<u>1 2 3 4 5↙</u>
运行结果：-36 292 3558 1 -38

评注：这个程序输出的并不是 a 数组中各元素的值。虽然指针变量 p 初始值为数组 a 中首元素的地址（见图 6.15 中的①）。但是，第一个 for 循环结束时，p 已经指向数组的末尾（见图 6.15 中的②）。再继续下去，p 指向的是 a 数组后的存储区域，是不可预料的，所以输出的结果是这些存储区域中的不定值。解决的方法是在第二个 for 循环之前加一条赋值语句"p=a;"，使 p 回到数组 a 的首地址。

修改后正确的程序为：

```
#include<stdio.h>
void main()
{   int a[5];
    int i,*p=a;
    for(i=0;i<5;i++)
        scanf("%d",p++);
    printf("\n");
    p=a;
    for(i=0;i<5;i++,p++)
        printf("%d ",*p);
}
```

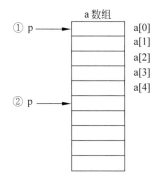

图 6.15 通过指针变量输出 a 数组的 5 个元素

测试数据：1 2 3 4 5✓
运行结果：1 2 3 4 5

3．C 编译系统在对数组元素访问时不作越界检查

例 6-5 中的源程序在运行时没有语法错误，从中也可以看出用指针变量 p 既可以指向数组元素，也可以指到数组以后的内存单元，C 编译系统不作下标越界检查。所以程序员在编写程序时必须注意数组元素的引用，以防越界访问。

4．与指向一维数组的指针变量相关的一些运算

设有如下声明与语句：

```
int a[5], i, *p;
p=a;
```

则

- p++（或 p+=1），使 p 指向下一元素；
- *p++ 与 *(p++)等价，其作用是先得到 p 指向的变量的内容（即*p），然后再使 p 增加 1，即使 p 指向后一个元素；
- *(p++)与*(++p)不同，前者表达式值为 a[0]，后者值为 a[1]；
- (*p)++表示 p 指向的元素值加 1，即(a[0])++（假设 p 指向 a[0]）。

如果 p 指向 a 数组中的第 i 个元素，则

- *(p--)先对 p 进行*运算，再使 p 自减，相当于 a[i--]；
- *(++p)先使 p 自加，再作*运算，相当于 a[++i]；
- *(--p)先使 p 自减，再作*运算，相当于 a[--i]。

6.2.4 一维数组名作为函数的参数

数组名代表数组首元素的地址，用它做实参时，就把首元素的地址传给形参，形参以此为首地址。这样，实参数组和形参就同占一段内存区。例如：

```
main()
{
  int array[10];
  …
  f(array,10);
  …
}
f(int arr[],int n)
{ … }
```

上述程序段中，主函数中调用 f 函数时用数组名 array 作实参，其目的是把数组首元素的地址传递给形参（不是把数组所有元素的值传给形参）。即实参数组与形参共占同一段内存单元。实际上，能够接受并存放地址值的只能是指针变量。因此，C 编译系统都是将形参数组名作为指针变量来处理的。例如，上述程序段中函数 f 的形参在编译时是将 arr 按指针变量处理的，函数 f 定义的首部相当于"f(int *arr, int n)"。

C语言调用函数时虚实结合的方法都是采用"值传递"方式,当用变量名作为函数参数时传递的是变量的值,当用数组名作为函数参数时,由于数组名代表数组的起始地址,因此传递的值是数组首元素的地址,所以要求形参为指针变量。不要错认为用数组名作函数参数时不采用"值传递"方式。用变量名和数组名作函数参数的比较,如表6.2所示。

表 6.2 以变量名和数组名作为函数参数的比较

实参类型	要求的形参类型	传递的信息	调用函数能否改变实参的值
变量名	变量名	变量的值	不能改变实参变量的值
数组名	数组名或指针变量	实参数组首元素的地址	能改变实参数组中各元素的值

【例 6-6】 用选择法对10个整数从大到小排序,排序功能用函数sort实现,形参为数组名以及被排序数组中元素的个数。

源程序:

```
#include "stdio.h"
void sort(int x[],int n)
          /* x 实际上是一个指针变量,可改写为 void sort(int *x,int n)*/
{ int i,j,k,t;
  for(i=0;i<n-1;i++)
    {
      k=i;
      for(j=i+1;j<n;j++)
         if(x[j]>x[k])k=j;
      if(k!=i)
         { t=x[i];   x[i]=x[k];   x[k]=t; }
    }
}
void main()
{
  int i,a[10]={3,7,9,11,0,6,7,5,4,2};
  sort(a,10);              /* 作为实参的 a 代表数组 a 首元素的地址 */
  for(i=0;i<10;i++)
    printf("%d ",*(a+i));
}
```

运行结果:

```
11 9 7 7 6 5 4 3 2 0
```

评注:函数调用"sort(a,10);"中用数组名a和数组a中元素的个数10作为实参调用函数sort。将数组a的首元素的地址传给形参x,这样形参x就指向实参数组a所占内存区域的起始地址,10传递给形参n。

在函数sort中对x指向的10个存储单元中的数值进行排序,也就是对主函数中的数组a进行排序。

函数调用完成并返回后,形参x和形参n将被释放。

【例 6-7】 用选择法对10个整数从大到小排序,用指针变量作为形参。

源程序：

```c
#include "stdio.h"
void sort(int *x,int n)                   /* 形参 x 为指针变量 */
{
   int i,j,k,t;
   for(i=0;i<n-1;i++)
     { k=i;
       for(j=i+1;j<n;j++)
           if(*(x+j)<*(x+k)) k=j;          /* 修改为 if(x[j]<x[k]) k=j; */
       if(k!=i)
         {
            t=*(x+i);
            *(x+i)=*(x+k);
            *(x+k)=t;
         }
     }
}
void main()
{
  int i,a[10]={3,7,9,11,0,6,7,5,4,2};
  sort(a,10);                             /* 作为实参的 a 代表数组 a 首元素的地址 */
  for(i=0;i<10;i++)printf("%d  ",*(a+i));
}
```

评注：在程序设计中，如果主函数中有一个实参数组，想在调用函数 f 后改变此数组中元素的值，例如：

```c
main()
{ int a[10];
  …
  f(a,10);
  …
}
```

则 f 函数中接收数组名的形参可用以下 3 种形式（为叙述方便，设函数 f 为 void 型，其他类型类推）：

```c
void f(int x[],int n)
  { … }
void f(int x[10],int n)
  { … }
void f(int *x, int  n)
  { … }
```

实际上，这 3 种形式的参数虽然形式不同，但本质是一样的，C 编译系统均将它们处理为一个指针变量，仅接收实参传递的地址。

6.3 用指针处理字符串

6.3.1 字符串的表示

1．字符串的表示形式

在 C 语言中，可以用两种方法表示一个字符串。

1）用字符数组存放一个字符串

【例 6-8】 阅读下列程序，理解用字符数组存储字符串的形式。

源程序：

```
#include<stdio.h>
void main()
{
   char str[]="Hello world";
   printf("%s\n",str);
}
```

运行结果：

```
Hello world
```

评注： 程序中 str 数组是一个字符型数组，用于存放字符串常量"Hello world"，如图 6.16 所示。str 是数组名，表示字符数组首元素的地址，本例中即为字符串"Hello world"的起始地址。

图 6.16 用字符型数组存放一个字符串示例

2）用字符指针变量指向一个字符串

【例 6-9】 阅读下列程序，理解用字符指针变量指向字符串的应用。

源程序：

```
#include<stdio.h>
void main()
{
   char *str="Hello world";
   printf("%s\n",str);
}
```

运行结果：

```
Hello world
```

评注：源程序中，str 是一个指向字符的指针变量。"char *str="Hello world";"是指针变量 str 的声明及初始化语句，与"char *str; str="Hello world";"是等效的。其中的语句"str="Hello world";"是将字符串"Hello world"所占内存空间的首地址赋给指针变量 str，而不是将字符串"Hello world"赋给指针变量 str。str 与字符串的关系，如图 6.17 所示。

图 6.17 用字符型指针指向一个字符串示例

注意：

通过字符数组名或字符指针变量可以输出一个字符串。而对一个数值型数组，是不能企图用数组名输出它的全部元素的。

如：

```
int a[10];
 …
   printf("%d\n",a);
```

是不能自动输出 a 数组中的所有元素值的，对于数值型数组，只能逐个元素输出。

在格式输入/输出函数（scanf/printf）中，可利用格式控制%s 对一个字符串进行整体输入输出。

对字符串中字符的存取，可以用下标法，也可以用指针法。

【例 6-10】 请设计程序，实现将 a 数组中存放的字符串复制到 b 数组中。

源程序：

```
#include<stdio.h>
void main()
{  char a[]="C Language";
   char b[20];
   int i;
   for(i=0;*(a+i)!='\0';i++)
       *(b+i)=*(a+i);
   *(b+i)='\0';
   printf("string a is :%s\n", a);
   printf("string b is :");
   for(i=0; b[i]!='\0';i++)
       printf("%c",b[i]);
   printf("\n");
}
```

运行结果：

```
string a is :C Language
string b is :C Language
```

评注：源程序中，第一个 for 循环的功能是依次将 a[i]的值复制到 b[i]中，直到 a[i]的值为'\0'时结束，结束第一个 for 循环后，执行语句 "*(b+i)= '\0';" 以处理好新字符串 b 的结束标志。第二个 for 循环用下标法依次访问数组 b 的全部元素（每个元素是一个字符）。

【例 6-11】 请设计程序，用指针变量来实现例 6-10 的功能。

源程序：

```
#include<stdio.h>
void main()
{   char a[]= "C Language";
    char b[20],*p1,*p2;
    p1=a;p2=b;
    for(; *p1!= '\0';p1++,p2++)
        *p2=*p1;
    *p2='\0';
    printf("string a is :%s\n",a);
    printf("string b is : ");
    puts(b);
}
```

评注：源程序中，p1 和 p2 是指向字符型数据的指针变量。它们与字符数组 a、b 的不同之处在于：前者是指针变量，可以移动；而后者是数组名，是数组在内存的首地址，是常量。第一个 for 循环语句中的 "p1++, p2++" 表示指针变量 p1、p2 分别向高地址方向移动一个长度单位，如图 6.18 所示（□代表空格）。

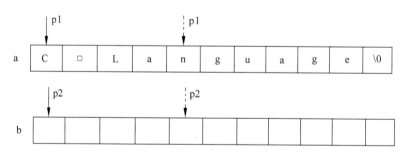

图 6.18　将字符串 a 复制到字符串 b

2．字符指针变量与字符数组的区别

字符指针变量与字符数组的区别如下：

（1）字符数组由若干个元素组成，每个元素中存放一个字符，而字符指针变量中存放的是地址，而不是将字符串存放到字符指针变量中。

（2）字符串赋值方式不同。

① 指针方式。例如：

char *string="I love China!";

等效于

```
char *string;
string="I love China!" ;
```

② 数组方式。例如：

```
char string[]="I love China!";
```

注意不能写成：

```
char string[20];
string="I love China!";
```

（3）如果定义了一个字符数组，在编译时为它分配内存单元，它有确定的地址。而定义一个字符指针变量时，只给指针变量分配内存单元，在其中可以存放一个地址值。也就是说，该指针变量可以指向一个字符型数据，但如果未对它赋地址值，它没有具体的指向，这是很危险的。

例如：

```
char str[10];
scanf("%s",str);
```

是可以的。但：

```
char *a;
scanf("%s",a);
```

一般能运行，但很危险，因为指针变量 a 中存储的是一个不可预料的值（即 a 没有指向具体的存储单元）。应当改为：

```
char *a,str[10];
a=str;
scanf("%s",a);
```

（4）指针变量的值是可以改变的，数组名虽然代表地址，但它的值是不能改变的。例如：

```
char *a="I love China!";
a=a+7;
printf("%s",a);
```

是正确的，而下列语句则有错误：

```
char str[]="I love China!";
str=str+7;        /* 语法错，str 是数组名，它的值不能改变 */
printf("%s",str);
```

3．字符串指针作为函数的参数

利用字符数组名或指向字符串的指针变量作为函数的参数，属于"地址传递"。

【例 6-12】 用函数调用实现字符串的复制，形参用字符数组。

源程序：

```c
#include "stdio.h"
void copy_string(char from[],char to[])
{   int i=0;
    while(from[i]!='\0')
      {to[i]=from[i];i++;}
    to[i]='\0';
}
void main()
{
    char a[]="This is a book.",b[20];
    copy_string(a,b);
    printf("\nstring b=%s",b);
}
```

运行结果：

```
string b=This is a book.
```

评注：执行语句 "copy_string(a,b);"，用数组名 a 和 b 作为实参调用函数 copy_string，将数组 a 的起始地址传给形参 from，使 from 指向 a 数组所占的内存空间；将数组 b 的起始地址传给形参 to，使 to 指向 b 数组所占的内存空间。

执行 while 语句时，通过形参 from 将数组 a 中的所有元素一一赋给 to 指针指向的内存空间，即一一赋了 b 数组。

需要注意的是，虽然 from 和 to 分别指向 a 数组和 b 数组，但在 main 函数中，只能分别通过 a、b 来访问这两组空间；而在 copy_string 函数中，却只能分别通过 from 和 to 来访问这两组空间。

【**例 6-13**】 修改例 6-12，形参用字符指针变量来实现字符串的复制。

源程序：

```c
#include "stdio.h"
#include "alloc.h"
void copy_string(char *from,char *to)
{
    for(;*from!='\0';from++,to++) *to=*from;
    *to='\0';
}
void main()
{
    char *a="This is a book.",*b;
    b=(char*)malloc(20);  /*通过动态分配存储空间的库函数 malloc 分配 20 字节的空间，
                            由 b 指向*/
    copy_string(a,b);
    printf("\nstring b=%s",b);
```

```
    free(b);              /* 释放 b 指针所指向的空间 */
}
```

运行结果：

```
string b=This is a book.
```

评注：本例中，形参用字符指针变量，实参也用字符指针变量来进行数据的传递。

调用 copy_string 函数之前，调用库函数 malloc，向系统申请 20 个字节的内存空间，并将起始地址赋值给指针变量 b。

用指针变量 a 和 b 作为实参，调用函数 copy_string，将指针变量 a 的值传递给形参 from，使 from 指向字符串 "This is a book."；将字符指针变量 b 的值传递给形参 to，使 to 指向刚分配的 20 个字节的内存空间。

执行 for 循环语句，将 from 指向的字符串中的字符一一赋给 to 指向的存储单元（即 b 指向的存储单元）。

copy_string 函数可以简化。

①
```
void copy_string(char *from, char *to)
{
    while((*to=*from)!='\0')
        { to++; from++; }
}
```

②
```
void copy_string(char *from, char *to)
{ while((*to++=*from++)!='\0'); }
```

注意：执行 "*to++=*from++" 时，先将*from 赋给*to，然后使 to 和 from 增值。

③
```
void copy_string(char *from, char *to)
{ while(*to++=*from++); }
```

以上各种方法变化多端，初学时会有些困难，但对 C 熟练之后，以上形式的使用是比较多的，应逐渐熟悉并掌握它们。

6.3.2 基于指针的字符串操作

C 语言中虽没有提供对字符串进行整体操作的运算符，但提供了很多有关字符串操作的库函数。例如，不能由运算符来实现字符串的赋值、合并、比较等运算，但可以通过调用相应的库函数来实现这些功能。下面的例子说明了相应库函数的功能及实现思路。

【例 6-14】 从键盘上任意输入一个字符串，求该字符串的长度。

分析：编写函数 int length(char *str)，其功能是求 str 指向字符串的长度，函数返回该字符串的长度。

编写函数 main，从键盘上任意输入一个字符串，调用 length 函数，并将结果输出到屏幕。

源程序：

```
#include "stdio.h"
int length(char *str);

void main()
{
  char s[100];
  int m;
  printf("Please Enter String:");
  gets(s);
  m=length(s);
  printf("\nThe String's Length is %d",m);
}
int length(char *str)
{
  int n=0;
  while(*str)
  { n++;str++; }
  return(n);
}
```

测试数据： `Hello world✓`
运行结果： `The String's Length is 11`

【例6-15】 从键盘上任意输入两个字符串，将它们首尾相连后输出。

分析： 编写函数 void conj(char *p1,char *p2)，其功能是将 p2 指向的字符串，连接到 p1 指向的字符串的后面。例如，如果 p1 指向"Win-"，p2 指向"TC"，则连接后的 p1 指向的字符串为"Win-TC"。

编写函数 main，从键盘上任意输入两个字符串，调用 conj 函数实现字符串连接，并将结果输出到屏幕。

源程序：

```
#include "stdio.h"
void conj(char *p1,char *p2);
void main()
{
  char s1[80],s2[80];
  gets(s1);  gets(s2);
  conj(s1,s2);
  puts(s1);
}
void conj(char *p1,char *p2)
{
   while(*p1)p1++;
   while(*p2)
     {*p1=*p2; p1++; p2++;}
```

```
    *p1='\0';
}
```

测试数据：Win-↵
　　　　　TC↵

运行结果：Win-TC

评注：用 s1 和 s2 作为实参调用函数 conj，将数组 s1 和 s2 的首地址分别传递给形参 p1 和 p2，使 p1 和 p2 分别指向输入的字符串，如图 6.19（a）所示。

conj 函数中第一个 while 循环的功能是：将 p1 移到 p1 所指字符串的结束标志'\0'处，如图 6.19（b）所示。

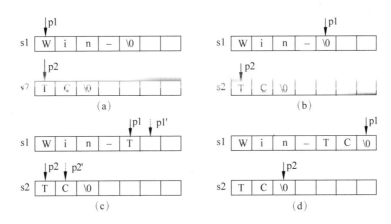

图 6.19　字符串 s1 和 s2 连接示意

conj 函数中的第二个 while 循环的功能是：每做一次循环，从 p2 指向的 s2 字符串中取出一个字符，赋值给 p1 指向的 s1 数组，即加到"Win-"字符串的后面；然后 p1、p2 指向下一个元素，开始下一次循环，如图 6.19（c）的 p1'，p2'。循环结束后，s2 中的字符已一一被添加到 s1 数组的后面，最后执行"*p1='\0';"为新字符串加上结束标志，如图 6.19（d）所示。

【例 6-16】 从一个字符串中删除指定的字符。如果字符串中有多个指定字符，则只删除第一个。例如，若字符串为"this is a book."，指定被删字符为 s，则删除 s 后的字符串变为"thi is a book."。

分析：编写函数 void delete (char s[],char t)，其功能是删除 s 所指向字符串中的第一次出现的 t 字符。

编写主函数 main，定义一个字符数组并初始化为"this is a book."，从键盘上输入一个被删除字符，调用函数 delete，并将结果输出至屏幕。

源程序：

```
#include "stdio.h"
#include "string.h"
void delete(char s[],char t)
```

```
    {
        int i,n=-1,m;
        for(i=0;s[i]!='\0';i++)
            if(s[i]==t)
            {
                n=i;
                break;
            }
        if(n==-1)
         {
             printf("\nThere is no\'%c\'in the\"%s\"\n",t,s);
             exit(1);   /* 异常退出应 exit, 其中的返回值交给编译器做其他相关对应操作 */
         }
        for(i=n;s[i]!='\0';i++)
            s[i]=s[i+1];
    }
    void main()
    {
        char c[20]="this is a book.",a;
        printf("\nInput the character:");
        scanf("%c",&a);
        delete(c,a);
        printf("c:  %s",c);
    }
```

测试数据：s↙
运行结果：c: thi is a book.

评注：主函数中，用字符数组名 c 作为实参调用函数 delete，使 delete 函数的形参 s 指向字符数组 c，被删除字符变量 a 的值传递给形参变量 t。

delete 函数中，第一个 for 循环的功能是：依次扫描字符数组中的元素并将其与 t 比较，若相等则把当前位置赋给 delete 函数的内部变量 n，并跳出循环。for 循环结束后，n 若依然是初值–1，则表示数组中没有和 t 相同的元素，输出提示信息并结束该程序的执行。

delete 函数中，第二个 for 循环的功能是：删除指定字符。方法是该元素之后的元素依次往前移动一个位置。

6.4 典型例题

【例 6-17】 请设计程序，实现数组元素的逆置。例如，若初始数组 a 的元素依次为 1，3，5，7，9，则逆置后数组 a 的元素依次为 9，7，5，3，1。

源程序：

```
#include<stdio.h>
void fun(int *p,int n)
{
  int i,t,*q;
  q=p+n-1;
  for(i=0;i<n/2;i++)
  {   t=*p;
      *p=*q;
      *q=t;
      p++;
      q--;
  }
}
void main()
{
  int a[5],i;
  printf("Input the array: ");
  for(i=0;i<5;i++)
      scanf("%d",&a[i]);
  fun(a,5);
  printf("The array after modified: ");
  for(i=0;i<5;i++)
      printf("%3d",a[i]);
}
```

测试数据: 1 3 5 7 9↙
运行结果: The array after modified: 9 7 5 3 1

评注: fun 函数中,语句"q=p+n-1;"执行后,使指针变量 q 指向数组中最后一个元素,如图 6.20(a)所示。for 循环的功能是实现数组元素的逆置。该 for 循环执行一次循环体后的结果如图 6.20(b)所示。

图 6.20 数组元素的逆置

【例 6-18】 请设计程序,要求实现的功能是从 10 个数中找出其中的最大值和最小值。

分析: 编写函数 void max_min_value(int *array,int *max,int *min,int n),其功能是找出 array 所指向的长度为 n 的数组中元素的最大值和最小值,并将最大值和最小值分别赋给 max 和 min 指向的变量。

编写 main 函数,定义一个数组并输入 10 个数,调用 max_min_value 函数,将最大值和最小值输出至屏幕。

源程序：

```c
#include "stdio.h"
void max_min_value(int *array,int *max,int *min,int n)
{
   int i;
   *max=*min=*array;
    for(i=0;i<n;i++,array++)
      if(*array>*max)
         *max=*array;
      else if(*array<*min)
         *min=*array;
}
void main()
{
   int i,a[10],max,min;
   printf("enter 10 integer numbers:\n");
   for(i=0;i<10;i++)
      scanf("%d",&a[i]);
   max_min_value(a,&max,&min,10);
   printf("\nmax=%d,min=%d\n",max,min);
}
```

测试数据：4 34 2 54 6 43 64 3 5 1✓
运行结果：max=64,min=1

评注：一个函数可以有返回值，但是通过 return 语句最多只能返回一个值，本例要求调用函数 max_min_value 后同时得到最大值和最小值，显然通过 return 语句是无法实现的。本例中，函数 max_min_value 通过两个形参指针变量 max 和 min 实现。

【例 6-19】 从键盘上任意输入一个数，将其插入到一个已按从大到小顺序排列的数组中，并使插入数据后的数组依然按从大到小的顺序排列。

分析：假设 a 数组中元素的初始值依次为 90，80，70，60，50，40，被插数 n 为 66，则插入 n 后 a 数组中的元素值依次应为 90，80，70，66，60，50，40。

源程序：

```c
#include<stdio.h>
void main()
{
   int a[10]={90,80,70,60,50,40},i=0,n,m;
   int *p=a;
   printf("Input the data: ");
   scanf("%d",&n);
```

```
    for(;n<*p;p++)
        i++;                              /* 找插入位置 */
    for(p=a+6,m=0;m<(6-i);m++)            /* 后移 */
        {
            *p=*(p-1);
            p--;
        }
    *(a+i)=n;
    for(i=0;i<7;i++)
        printf("%5d",a[i]);
}
```

测试数据： 66↙
运行结果：　90　80　70　66　60　50　40

评注： 第一个 for 循环定位 n 应该插入的位置，从 a[0]开始依次跟 n 比较，当循环结束时，i 就是 n 应该插入的位置。

第二个 for 循环是将比 n 小的数组元素依次后移一个位置，指针变量 p 开始指向的是 a[6]，把 a[5]的值赋值给 a[6]；然后 p 再往前移到 a[5]，把 a[4]的值赋值给 a[5]；以此类推，目标是为 n 腾出位置。

语句 "*(a+i)=n;"，实现把 n 插入到数组中。

【例 6-20】 对字符串 s1 和 s2 分别按字典序排序，然后将 s1 和 s2 有序合并为字符串 s3 并同时删除 s3 中重复出现的字符，最后输出字符串 s3。

分析： 根据题意，假设当字符串 s1 和 s2 分别是"this"和"school"时，程序输出 s1 的排序结果为"hist"，s2 的排序结果为"chloos"，s3 的输出结果为"chilost"。

源程序：

```
#include "stdio.h"
#include "string.h"
void merge(char *x,char *y,char *z)
{
    char t;
    int i=0,j=0,k=-1;
    while(x[i]&&y[j])
    {
        if(x[i]<y[j]) t=x[i++];
        else t=y[j++];
        while(x[i]==t) i++;
        while(y[j]==t)j++;
        z[++k]=t;
    }
    while(x[i])
```

```
        if(x[i]!=z[k])z[++k]=x[i++];
        else i++;
    while(y[j])
        if(y[j]!=z[k])z[++k]=y[j++];
        else j++;
    z[++k]='\0';
}
void sort(char s[])
{
    int i,j,k,n;
    char t;
    n=strlen(s);
    for(i=0;i<n-1;i++)
    {
        k=i;
        for(j=i+1;j<n;j++)
          if(s[k]>s[j])k=j;
        if(k!=i)
        {
            t=s[k];
            s[k]=s[i];
            s[i]=t;
        }
    }
}
void main()
{
    char s1[20]="this",s2[20]="school",s3[40];
    sort(s1);
    sort(s2);
    merge(s1,s2,s3);
    puts(s1); puts(s2); puts(s3);
}
```

运行结果：

```
hist
chloos
chilost
```

评注：主函数中声明了 3 个字符数组 s1、s2 和 s3，并用测试数据将 s1 和 s2 初始化。然后调用 sort 函数将 s1 和 s2 按字典顺序排序。再调用函数 merge，完成两个有序字符串 s1 和 s2 的合并。调用 merge 函数时虚实参数的结合，如图 6.21（a）所示。

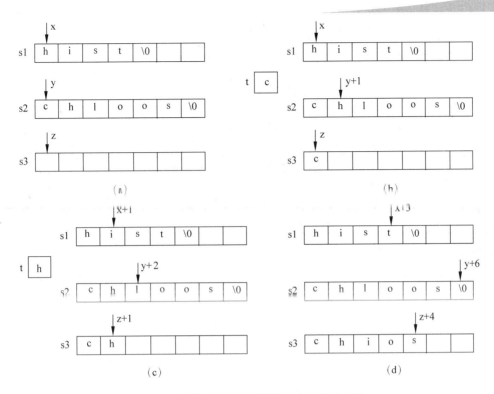

图 6.21 合并字符串同时删除重复出现的字符

merge 函数中,第一个 while 语句的功能是按要求合并 s1 和 s2 串,直到其中一个字符串合并完成为止。x[i]和 y[j]相当于*(x+i)、*(y+j),也就是 s1[i]、s2[j];因为现在已经是有序的字符串,执行 if(x[i]<y[j])找出两个字符串中小的字符放到变量 t 中,如图 6.21(b)所示,x[0]>y[0],字符变量 t 被赋值为'c',指针 y+1 指向下一个元素。

merge 函数中,嵌套在第一个 while 语句中的循环语句"while(x[i]==t)i++;"和"while(y[j]==t)j++;"的功能是去掉重复出现的字符,如图 6.21(c)所示。

若 s2 的字符已全部赋值到 s3 中,执行 while(x[i])把剩下 s1 的字符赋值到 s3 中去;反之若 s1 的字符全赋值到 s3 中,执行 while(y[i])把剩下 s2 的字符赋值到 s3 中去。如图 6.21(d)所示,指针 y+6 指向 s2 字符的'\0',while(x[i]&&y[j])循环结束,此时 s1 中剩下的字符't'由 while(x[i])循环赋值给数组 s3。

6.5 实践活动

活动一:知识重现,"表"享其成

说明:在上面的章节里,详细讲解了指针的基本概念、讲解了一维数组与指针、字符串与指针等相关概念。在此过程中,请关注以下难点问题:

(1)指针与指针变量的区别;
(2)值传递与地址传递的联系与区别;
(3)字符指针变量与字符数组的区别;

（4）用指针处理字符串的方法。

仔细体会表 6.3 中所列出的概念及其含义，必要时进行讨论。

表 6.3 "表"享其成

概　　念	含　　义
指针	即地址，变量的指针即变量在内存中所占存储空间的地址
指针变量	用于存放变量地址的变量
值传递	当变量作为函数的形参时，实参传递给形参的是实参的值，形参值的改变不会影响实参，称之为"值传递"方式
地址传递	当指针变量作函数的形参时，实参传递给形参的是地址。这种将指针（地址）传递给被调用函数的方式称为"地址传递"方式

活动二：编程练习

请设计函数 void　LwrToUpr (char str[ ])，将字符串中小写字母转换成大写字母，其他字符保持不变。不允许修改已经给出的 main 函数。

```
#include "stdio.h"
#include "conio.h"
void  LwrToUpr(char str[]);
void main()
    { char string[11]="C Language";
      printf("Before being converted:%s\n", string);
      LwrToUpr(string);
      printf("After being converted:%s\n", string);
    }
void  LwrToUpr(char str[])
    {

       /* 请完善该函数 */

    }
```

思考：

1. 请尽量用不同的测试数据去测试所设计的程序。

2. 尝试将 void LwrToUpr(char str[ ]) 改为 void LwrToUpr(char *str)，并理解这种修改的真实含义。

习　　题

【本章讨论的重要概念】

通过学习本章，应掌握的重要概念如图 6.22 所示。

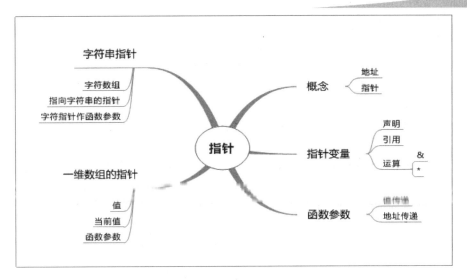

图 6.22 思维导图——指针

【基础练习】

选择题

1. 下列程序运行时输出到屏幕的结果为_____。

```
#include<stdio.h>
sub(int x,int y,int *z)
  {  *z=y-x;}
void main()
{  int a,b,c;
   sub(10,5,&a);
   sub(7,a,&b);
   sub(a,b,&c);
   printf("%4d,%4d,%4d\n",a,b,c);
}
```

　　A. 5,2,3　　　B. –5,–12,–7　　C. –5,–12,–17　　D. 5,–2,–7

2. 设有程序如下：

```
#include<stdio.h>
main()
{  int a=10,b=20;
   printf("(1)a=%d,b=%d\n",a,b);
   swap(&a,&b);
   printf("(2)a=%d,b=%d\n",a,b);
}
 swap(int p, int q)
   { int t; t=p;p=q;q=t;}
```

若想在 main 函数中调用 swap 函数后实现交换变量 a、b 的值，则以下说法中正确的是_____。

A．该程序完全正确
B．该程序有错，只要将语句"swap(&a,&b);"改为"swap(a,b);"即可
C．该程序有错，只要将 swap 函数中的形参 p 和 q 以及 t 均定义为指针（执行语句不变）即可
D．以上说法都不正确

3．已有声明语句"int k=2; int *ptr1,*ptr2;"且 ptr1 和 ptr2 均已指向变量 k，下面不能正确执行的赋值语句是_____。

A．k=*ptr1+*ptr2;　B．ptr2=k;　　　C．ptr1=ptr2;　　D．k=*ptr1*(*ptr2);

4．下面判断正确的是_____。

A．char *a="China"; 等价于 char *a;*a="China";
B．char str[10]={"China"};等价于 char str[10]; str[ ]={"China"};
C．char *s="China";等价于 char *s; s="China";
D．char c[4]="abc", d[4]="abc"; 等价于 char c[4]=d[4]="abc";

5．设有说明语句："char *s="\ta\017bc";"，则指针变量 s 指向的字符串所占的字节数是_____。

A．9　　　　B．5　　　C．6　　　D．7

6．下面程序段中，for 循环的执行次数是_____。

```
char *s="\ta\018bc";
for(; *s!='\0'; s++)printf("*");
```

A．9　　　　B．5　　　C．6　　　D．7

7．下面能正确进行字符串赋值操作的是_____。

A．char s[5]={"ABCDE"};　　　　　　B．char s[5]={'A', 'B', 'C', 'D', 'E'};
C．char *s; s="ABCDE";　　　　　　D．char *s; scanf("%s",s) ;

8．下面程序段的运行结果是_____。

```
char *s="abcde";
s+=2; printf("%s", s);
```

A．cde　　　　　　　　　　　　　　B．字符'c'
C．字符'c'的地址　　　　　　　　　D．无确定的输出结果

9．设有声明及初始化语句"char s[]="China"; char *p; p=s;"，则下列叙述中正确的是_____。

A．s 和 p 完全相同
B．数组 s 中的内容和指针变量 p 中的内容相等
C．s 数组长度和 p 所指向的字符串长度相等
D．*p 与 s[0]相等

10．下面程序段正确的是_____。

A．char str[20]; scanf("%s",&str+1);
B．char *p; scanf("%s",p);
C．char str[20]; scanf("%s",&str[2]);
D．char str[20], *p=str; scanf("%s", p[2]);

11. 下面程序段的运行结果是_____。

char str[]= "ABC", *p=str;
printf ("%d\n", *(p+3));

    A. 67　　　　　　B. 0　　　　　　C. 字符'c'的地址　　　　D. 字符'c'

12. 下面程序段的运行结果是_____。

char *p="abcdefgh";
p+=3;
printf("%d\n", strlen(strcpy(p, "ABC")));

    A. 8　　　　　　B. 12　　　　　　C. 4　　　　　　D. 7

13. 若已有声明语句"char s[10];"，则下列选项中不表示元素 s[1]的地址的是_____。

    A. s+1　　　　　B. s++　　　　　C. &s[0]+1　　　　　D. &s[1]

14. 若已有声明语句 "int a[5];"，则 a 数组中首元素的地址可表示为_____。

    A. &a　　　　　　B. a+i　　　　　C. a　　　　　　D. &a[1]

填空题

1. 下列程序运行时的输出结果是_____。

```
#include<stdio.h>
#include<conio.h>
void main()
  {
    int i,k;
    for(i=0;i<4;i++)
       {  k=sub(&i);
          printf("%3d",k);
       }
    printf("\n");
  }
int sub(int *s)
  {
    static int t=0;
    t=*s+t;
    return t;
  }
```

2. 下列程序运行时的输出结果是_____。

```
#include<stdio.h>
void main()
{
    static char a[]="Language", b[]="programe";
    char *p1, *p2; int k;
    p1=a;  p2=b;
    for(k=0;k<=7;k++)
```

```
            if(*(p1+k)==*(p2+k))
                printf("%c", *(p1+k));
    }
```

3. 下列程序要把从终端读入的一行字符作为字符串放在字符数组中, 然后输出。请填空。

```
#include<stdio.h>
void main()
{
    int i;
    char s[80],*p;
    for(i=0;i<79;i++)
        { s[i]=getchar();
          if(s[i]=='\n')break;
        }
    s[i]=_____;
    p=_____;
    while(*p)putchar(*p++);
}
```

4. 下列程序运行时的输出结果是_____。

```
#include<stdio.h>
#include<string.h>
void main()
{
    char s[80],*sp="HELLO";
    sp=strcpy(s,sp);
    s[0]='h';
    puts(sp);
}
```

5. 下面程序运行时的输出结果是_____。

```
#include<stdio.h>
void main()
{
    char a[]="12345",*p;
    int s=0;
    for(p=a;*p!='\0';p++)
        s=10*s+*p-'0';
    printf("%d\n",s);
}
```

6. 当运行以下程序时, 从键盘上依次输入 book<CR>和 book.<CR>(<CR>表示回车) 时, 则下列程序运行时的输出结果是_____。

```
#include<stdio.h>
#include<string.h>
```

```
void main()
{
    char a1[80],a2[80],*s1=a1,*s2=a2;
    gets(s1); gets(s2);
    if(!strcmp(s1,s2))printf("*");
    else  printf("#");
    printf("%d",strlen(strcat(s1,s2)));
}
```

7. 下列程序的功能是将两个字符串 s1 和 s2 连接起来。请填空。

```
#include<stdio.h>
void conj(char *p1,char *p2);
void main()
{
    char s1[80],s2[80];
    gets(s1); gets(s2);
    conj(s1,s2);
    puts(s1);
}
void conj(char *p1,char *p2)
{
    while(*p1)_____;
    while(*p2)
       {*p1=_____; p1++;p2++;}
    *p1='\0';
}
```

8. 若有以下声明和语句：

int a[4]={0,1,2,3},*p; p=&a[1];

则++(*p)的值是_____。

9. 若有以下声明和语句：

int a[4]={0,1,2,3},*p; p=&a[2];

则*– –p 的值是_____。

10. 以下程序在 a 数组中查找与 x 值相同的元素的所在位置。请填空。

```
void main()
{
    int a[11],x,i;
    printf("Enter 10 Integers:\n");
    for(i=1;i<=10;i++)
        scanf("%d",a+i);
    printf("Enter x:");
    scanf("%d",&x);
    *a=_____; i=10;
```

```
        while(x!=*(a+i))_____;
        if(_____)
            printf("%5d's position is:%4d\n",x,i);
        else
            printf("%d Not been found!\n",x);
}
```

【拓展训练】

1. 下列程序的输出结果是_____。

```
#include<ctype.h>
long fun(char s[])
{   long n; int sign;
    for( ; isspace(*s); s++);
    sign=(*s=='-')?s++,-1:1;
    if(*s=='+')s++;
    for(n=0; isdigit(*s); s++)
        n=10*n+(*s-'0');
    return sign*n;
}
main()
{   char a[]="  -6534abcc";
    printf("%ld\n", fun(a));
}
```

2. 下列程序的功能是求出 ss 所指字符串中指定字符的个数，并返回此值。例如，若输入的字符串为"123412132"，输入字符"1"，则输出"3"。部分源程序已经给出，请勿改动已有的程序段，完成 fun 函数的编程，使之实现题目要求的功能。

```
#include<stdio.h>
#include<conio.h>
#define M 81
int fun(char *s,char c)
{
   /* 请完善该函数 */
}
void main()
{   char a[M],ch;
    printf("\nPlease enter a string:");gets(a);
    printf("\nPlease enter a char:");ch=getchar();
    printf("\nThe number of the char is:%d\n",fun(a,ch));
}
```

3. 下面程序是利用插入排序法将 10 个字符从大到小进行排序，思路是：先对数组的头两个元素进行排序。然后把第 3 个元素插入已经排好序的两个元素中，使前 3 个元素有序；再把第 4 个元素用同样的方法插入到前 3 个已经有序的元素中，使前 4 个元素有序，以此类推。请填空。

```
#include<stdio.h>
_____
{  int a,b,t;
   for(a=1; a<=9; a++)
    { t=aa[a]; b=a-1;
      while((b>=0)&&(t>aa[b]))
         { _____; b--; }
         _____;
    }
}
void main()
{  char a[11];  int  i;
   printf("\nEnter 10 char:");
   for(i=0; i<=9; i++)a[i]=getchar();
   a[i]='\0';
   insert(a);
   printf("\nthere is 10 char;");
   printf("%s",a);
}
```

4. 下面程序的功能是将字符串 b 复制到字符串 a。请填空。

```
#include<stdio.h>
void s(char *s,char *t)
{
    int i=0;
    while(_____)
        _____;
}
void main()
{
    char a[20],b[10];
    scanf("%s",b);
    s(_____);
    puts(a);
}
```

5. 下面程序的功能是比较两个字符（即字符数组）串是否相等，若相等则返回 1，否则返回 0。请填空。

```
#include<stdio.h>
f(char s[],char t[])
{
   int  i=0;
     while(_____&&_____)
```

```
            i++;
        return(_____);
  }
void main()
{
    char a[6],b[7];
    int i;
    scanf("%s%s",a,b);
    i=f(a,b);
    printf("%d",i);
}
```

6. 将 n 个数按输入顺序的逆序排列，用函数实现。

7. 已知数组中存放有 n 个数，现任意读入一个数 x，要求删除数组中与 x 相同的所有数。

8. 请编程序，将一个字符串中从第 k 个字符开始的连续 n 个字符复制到另一个字符串中。

9. 编写函数 void fun(int x,int *a,int *n)，其功能是：求出 x 的所有偶数因子，并按升序放置在 a 所指向的数组中，因子的个数通过形参 n 返回。如 x 取值 20 时，有 3 个数符合要求，它们是 2，4，10。

【问题与程序设计】

请设计一个小游戏程序，它的内部存储着一些英语单词（在写程序时可给定单词集合）。程序运行中每次从这些单词中随机地选出一个，要求游戏者猜。做游戏者反复询问某些字母是否出现在单词里，程序给出回答。直至游戏者猜出这个单词（或者放弃）。

第 7 章　函数进阶和结构化编程

学习目标
1. 进一步掌握源程序中函数的组织方法；
2. 理解结构化程序设计的思想，并能利用它来解决一些实际问题；
3. 理解函数嵌套调用的概念，并能熟练利用函数的嵌套调用来解决一些实际问题；
4. 理解递推、递归及其算法实现；
5. 理解编译预处理的概念，能熟练应用宏定义和文件包含。

7.1　结构化编程

结构化编程是一种解决问题的策略，这种编程方法包括如下标准：程序中的控制流应该尽可能简单；采用自顶向下设计程序结构的方法。结构化编程包括自顶向下分析问题、模块化设计和结构化编码等 3 个步骤。

7.1.1　自顶向下分析问题

自顶向下分析问题就是把一个较大的复杂问题分解成几个小问题后再解决。面对一个复杂的问题，首先进行上层分析，按组织或功能将问题分解成子问题，如果子问题仍然比较复杂，再做进一步分解，直到处理对象相对简单而容易处理为止。当所有的子问题都得到了解决，整个问题也就得到了解决。在这个过程中，每一次分解都是对上一层问题进行的细化和逐步求精，最终形成一种类似树形的层次结构来描述分析的结果，如图 7.1 所示。

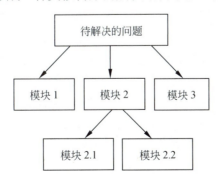

图 7.1　自顶向下解决问题的方法示意

按照自顶向下、逐步求精的方法分析问题，有助于后续的模块化设计、编码调试以及系统的集成等工作。

7.1.2 模块化设计

经过问题分析，设计好层次结构图后，就进入了模块化设计阶段。在这个阶段，需要将模块组织成良好的层次系统，顶层模块调用其下层模块以实现程序的完整功能。每个下层模块再调用更下层的模块，从而完成程序的一个个子功能，最底层的模块完成最具体的功能。

模块化设计时要遵循模块独立性的原则，即模块之间的联系应该尽量简单。具体体现在：

- 一个模块只完成一个指定的功能；
- 模块间只通过参数进行调用；
- 一个模块只有一个入口和一个出口；
- 模块内慎用全局变量。

模块化设计使程序结构清晰，易于设计和理解。当程序出错时，只需改动相关的模块及其连接。模块化设计有利于大型软件的开发，程序员可以分工编写不同的模块。

在 C 语言中，模块一般通过函数来实现，一个模块对应一个函数。这些函数要与其他函数结合（如 C 提供的库函数或用户自定义的其他函数模块），最终通过 main 函数的直接调用或间接调用来完成明确的编程任务。在设计某一个具体的模块时，模块中包含的语句要尽可能简单，这样便于编程者思考与设计，也便于程序的阅读。

7.1.3 结构化编码

经模块化设计后，每个模块都可以独立编码。编程时应选用顺序、选择和循环 3 种控制结构，并使程序具有良好的风格。良好的程序设计风格主要体现在以下几个方面。

- 用"见名知义"法命名对象名。对变量、函数、常量等数据对象命名时，要遵循"见名知义"的原则，这样有助于对变量含义或函数功能的理解。如求和用 sum 做变量名，求阶乘函数取名为 fact 等。
- 使用注释。在程序中要适当增加必要的注释，以增加程序的可读性。
- 使程序结构清晰。编写程序时要使程序结构清晰易懂，语句构造要相对简单直接，原则上一行写一条语句，并采用有层次的缩进格式描述所有的语句。
- 使程序具有良好的交互性。编写程序时要使程序有良好的交互性。例如，输入有提示；输出有说明。输出的结果数据尽量采用统一整齐的报表格式等。

【例 7-1】 读入一组整数存入一个整型数组中，要求显示出计数、当前整数、当前数为止的所有整数之和、当前数为止的最小整数以及当前数为止的最大整数。除此之外，假设必须要显示如下所示的标题及标题下方分列显示的信息。

```
*******************************************
    running sums, minimums, and maximums
*******************************************
Count      Item      Sum     Minimum    Maximum
```

分析：为了构造该程序，尝试采用自顶向下设计的方法把该问题分解成如下子问题：
① 显示标题；
② 显示各列上部的标题部分；
③ 初始化数据并按要求分列整齐地显示它们。

其中的每个子问题都能作为函数直接被编码，然后把这些函数用在 main 函数中解决总的问题。

预处理命令/函数原型声明/主函数：

```
#include<stdio.h>
#include<stdlib.h>
void prn_banner(void);              /* 函数声明 */
void prn_headings(void);            /* 函数声明 */
void read_and_prn_data(void);       /* 函数声明 */
void main(void)
{
  prn_banner();
  prn_headings();
  read_and_prn_data();
}
```

需要说明的是，函数应该先声明后使用，这一点在第 4 章中已经讲述过。对编译器而言可利用函数调用、函数定义等来生成函数声明，也可利用 ANSI C 提供的一种称为函数原型的新的函数声明语法。函数原型告诉编译器传递给函数的参数个数和类型以及函数返回值的类型。例如：

```
double fun(double);
```

它告诉编译器 fun 函数是一个具有类型为 double 的单参数的函数，其返回值的类型是 double。函数原型的一般形式为：

函数返值类型 函数名(参数类P型表)；

参数类型表通常是用逗号分隔开来的类型列表。在表中可以没有标识符，标识符不会影响原型。

函数原型可使编译器更彻底地检查代码。在使用一个函数之前给出它的函数定义、函数原型或两者都给出是一种良好的编程风格。引入标准头文件的主要原因是它含有某些函数原型。在同一个文件中一般把所有的函数放在 main 函数之后，因为习惯上阅读程序时总是从 main 函数开始的。

显示标题函数：

```
void prn_banner(void)
{
  printf("\n*******************************************************");
  printf("\n       running sums, minimums, and maximums        ");
```

```
        printf("\n*********************************************************\n");
}
```

显示各列上部的标题函数:

```
void prn_headings(void)
{
    printf("%5s%12s%12s ","Count","Item","Sum");
    printf("%12s%12s\n\n","Minimum","Maximum");
}
```

初始化数据并按要求显示函数:

```
void read_and_prn_data(void)
{
    int i,sum,smallest,biggest;
    int a[10]={1,2,6,7,0,-6,19,52,10,-10};
    sum=0;smallest=biggest=a[0];
    for(i=0;i<10;i++)
    {   sum+=a[i];
        smallest=min(a[i],smallest);  /*或 smallest=a[i]<smallest?a[i]:
                                            smallest);*/
        biggest=max(a[i],biggest);    /* 或 biggest=a[i]>smallest?a[i]:
                                            biggest);*/
        printf("%5d%12d%12d%12d%12d\n",i+1,a[i],sum,smallest,biggest);
    }
}
```

评注：上述几段程序以非常简单的方式说明了程序设计中自顶向下的思想。如果一项任务很复杂，那么就可以把它分解成一些较小的任务，每一任务设计成相应的函数。采用这种设计方法的另一个益处就是在整体上程序更易阅读。

read_and_prn_data 函数中调用的 min 和 max 函数是两个标准的预定义函数，使用它们必须包含头文件 stdlib.h。

7.2 函数的嵌套调用

函数是用以实现某个特定功能的一段独立程序，在第 4 章中已经介绍了函数的基本使用方法，包括函数的定义、函数的调用和函数的声明等。一个完整的 C 程序由一个主函数 main 和若干个函数组成。main 函数解决整个问题，它调用解决小问题的函数，而这些函数又进一步调用解决更小问题的函数，从而形成函数的嵌套调用。

C 语言的函数定义都是相互平行、独立的，也就是说在定义函数时，不能包含另一个函数的定义。虽然 C 语言不能嵌套定义函数，但可以嵌套调用函数，也就是说，在调用一个函数的过程中，还可调用另一个函数。函数的嵌套调用及返回，如图 7.2 所示。

第 7 章 函数进阶和结构化编程

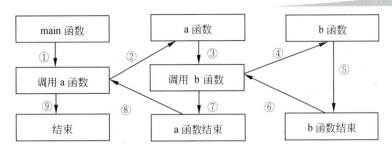

图 7.2 函数嵌套调用结构示意

图 7.2 表示的是二重嵌套调用（含 main 函数共 3 层函数），其执行过程如下：

(1) 执行 main 函数的开头部分；
(2) 在 main 函数的执行过程中，遇"调用 a 函数"的操作语句，流程转去执行 a 函数；
(3) 执行 a 函数的开头部分；
(4) 在 a 函数的执行过程中，遇"调用 b 函数"的操作语句，流程转去执行 b 函数；
(5) 执行 b 函数，如果在 b 函数中再无其他嵌套的函数，则完成 b 函数的全部操作；
(6) 返回调用 b 函数处，即返回 a 函数；
(7) 继续执行 a 函数中尚未执行的部分，直到 a 函数执行结束；
(8) 返回 main 函数中调用 a 函数处；
(9) 继续执行 main 函数的剩余部分直到 main 函数执行结束。

【例 7-2】 设计一个用于计算常用圆形体体积的计算器，该计算器可支持多次反复计算。采用菜单方式输入 1 或 2 或 3，分别表示需要计算球体、圆柱体和圆锥体的体积，计算时需从 main 函数输入调用函数时所要求的实参。

分析： 要实现几种常用圆形体体积计算器，程序量相对较大。不同体积的计算可设立单独的函数，为简化主函数，把对不同形状的辨别设计成一个控制函数 calculate()，经它辨别后再分别调用计算球体体积的函数(vol_ball)、计算圆柱体体积的函数(vol_cylind)和计算圆锥体体积的函数(vol_cone)。调用层次结构如图 7.3 所示。

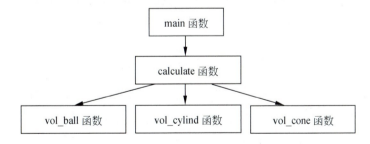

图 7.3 圆形体体积计算器函数调用结构

源程序：

```
/*  例 7-2  求圆形体体积 */
#include<stdio.h>
#include<math.h>
#define PI 3.141592654
```

```c
void calculate(int);
void main(void)
{
    int sel;
    while(1)    /* 循环选择计算圆形体的体积，直到输入非1~3数字为止*/
    {
      printf("\t\t%s","1--ball\n");
      printf("\t\t%s","2--cylind\n");
      printf("\t\t%s","3--cone\n");
      printf("\t\t%s","other--exit\n");
      printf("\t\tPlease input your selete: ");
      scanf("%d",&sel);
      if(sel<1||sel>3)
         { printf("\n input error\nplease input 1~3\n");
            break;
         }
      else
         calculate(sel);
    }
}
void calculate(int sel)
{
  double vol_ball(void);
  double vol_cylind(void);
  double vol_cone(void);
  switch(sel)
   {
     case 1: printf("ball:%.2lf\n",vol_ball());break;
     case 2: printf("cylind:%.2lf\n",vol_cylind());break;
     case 3: printf("cone:%.2lf\n",vol_cone());break;
   }
}
/* ball:v=4/3*PI*r*r*r*/
double vol_ball()
{
  double r;
  printf("Please input r:");
  scanf("%lf",&r);
  return 4.0/3*PI*r*r*r;
}
/* cylind : v=PI*r*r*h*/
double vol_cylind()
{
```

```
      double r,h;
      printf("Please input r&h:");
      scanf("%lf%lf",&r,&h);
      return PI*r*r*h;
    }
    /* cone : v=PI*r*r*h/3.0 */
    double vol_cone()
    {
      double r,h;
      printf("Please input r&h:");
      scanf("%lf%lf",&r,&h);
      return PI*r*r*h/3.0;
    }
```

评注：本程序是一个典型的菜单式程序设计，采用结构化程序设计思想，把程序量相对较大的问题自顶向下进行分解，分解成 3 层结构、5 个函数，主控函数 main 中调用了 calculate 函数，而在 calculate 函数中又可根据选择调用下一层的 vol_ball、vol_cylind 和 vol_cone 这 3 个函数中的一个，实现了嵌套调用。调用结构如图 7.3 所示。这种编程方法使程序的构思、编写及上机调试等过程的复杂度大大降低，阅读起来也非常容易。

7.3 递 推

7.3.1 递推的一般概念

递推是计算机数值计算中的一个重要算法。递推的思路是通过数学推导，将一个复杂的运算化解为若干简单运算的重复执行，以充分发挥计算机擅长重复处理的特点。

【**例 7-3**】 通过公式

$$\frac{\pi}{6}=\frac{1}{2}+\left(\frac{1}{2}\right)\frac{1}{3}\left(\frac{1}{2}\right)^3+\left(\frac{1}{2}\times\frac{3}{4}\right)\frac{1}{5}\left(\frac{1}{2}\right)^5+\left(\frac{1}{2}\times\frac{3}{4}\times\frac{5}{6}\right)\frac{1}{7}\left(\frac{1}{2}\right)^7+\cdots$$

计算 π 的近似值，计算过程在所加项的值小于 10^{-10} 时终止。

分析：设变量 sum 表示公式右边各项 t 的累加和，初值为 0.5；变量 t1、t2、t3 分别表示每项中的 3 个组成部分，t1、t2 的初值为 1，t3 的初值为 0.5；变量 t 表示公式右边的各项，t=t1*t2*t3；变量 odd 初值为 1，表示奇数；变量 even 初值为 2，表示偶数。

源程序：

```
#include<stdio.h>
double fun(double);
void main()
{
    double eps=1e-10,sum;
```

```
        sum=fun(eps);
        printf("\nPI=%.8lf",sum);
    }
    double fun(double eps)
    {   double sum=0.5,t,t1,t2,t3;
        int odd=1,even=2;
        t=t1=t2=1.0;  t3=0.5;
        while(t>eps)
          {
             t1=t1*(even-1)/even;
             odd+=2;
             even+=2;
             t2=1.0/odd;
             t3=t3/4.0;
             t=t1*t2*t3;
             sum+=t;
          }
        return sum*6;
    }
```

评注：在求解此题的过程中，把一个复杂公式转变成了若干个简单公式的重复计算过程，由 fun 函数中的 while 循环来实现。递推法有时候也称为迭代法。

【**例 7-4**】 A、B、C、D、E 合伙夜间捕鱼，凌晨时都已疲惫不堪，各自在河边的树丛中找地方睡着了。日上三竿，A 第一个醒来，他将鱼平分作 5 份，把多余的一条扔回湖中，拿自己的一份回家去了；B 第二个醒来，也将鱼平分作 5 份，把多余的一条扔回湖中，只拿自己的一份；接着 C、D、E 依次醒来，也都按同样的办法分鱼。问 5 人至少合伙捕到多少条鱼？每个人醒来后看到的鱼数是多少条？

分析：假定 5 个合伙人 A、B、C、D、E 的编号分别为 1、2、3、4、5，利用整型数组 fish[k]($1 \leq k \leq 5$)表示第 k 个人所看到的鱼数。即 fish[1]表示 A 所看到的鱼数，fish[2]表示 B 所看到的鱼数，依此类推。显然：

```
fish[1]=5 人所捕的总鱼数
fish[2]=(fish[1]-1)/5*4
fish[3]=(fish[2]-1)/5*4
fish[4]=(fish[3]-1)/5*4
fish[5]=(fish[4]-1)/5*4
```

写成一般式为：

```
fish[i]=(fish[i-1]-1)/5*4    (i=2,3,4,5)
```

这个公式可用于从 A 看到的鱼数去推算 B 看到的鱼数，再由 B 看到的鱼数推算 C 看到的鱼数，以此类推。现在要求的是 A 看到的鱼数。设想推算，先知道 E 看到的再反推 D 看到的，知道 D 看到的再反推 C 看到的，…，直到推出 A 看到的。为此将上式改写为：

```
fish[i-1]=fish[i]*5/4+1    (i=5,4,3,2)
```

当 i=5 时，fish[5]表示 E 醒来所看到的鱼数，该数应满足被 5 整除后余 1，即：

fish[5]%5==1

当 i=4 时，fish[4]表示 D 醒来所看到的鱼数，这个数既要满足

fish[4]=fish[5]*5/4+1

又要满足

fish[4]%5==1

显然，fish[4]一定是整数。这个结论同样可以用于 fish[3]、fish[2]和 fish[1]。

按题意要求，5 人合伙捕到的最少鱼数，可以从小到大枚举。首先，假设 E 所看到的鱼数最少为 6 条，即将 fish[5]初始化为 6 来试探，之后每次增加 5 再试探，直到递推到 fish[1]且所得整数除以 5 之后的余数为 1。求解该问题的 N-S 图，如图 7.4 所示。

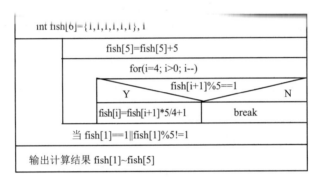

图 7.4 5 人合伙捕鱼算法的 N-S 图

源程序：

```c
#include<stdio.h>
void main()
{
  int fish[6]={1,1,1,1,1,1}, i;
  do
  {
    fish[5]=fish[5]+5;
    for(i=4;i>0;i--)
      {
        if(fish[i+1]%5==1)
           fish[i]=fish[i+1]*5/4+1;
        else
           break;
      }
  }while(fish[1]==1||fish[1]%5!=1);
  for(i=1;i<=5;i++)
    printf("%10d",fish[i]);
```

```
        printf("\n");
}
```

运行结果：

```
3121    2496    1996    1596    1276
```

评注： 这类问题初看起来较为复杂，但经过递推分析，最终得出求解的通式后，问题就会迎刃而解。

7.3.2 递推数列

如果一个数列从某一项起，它的任何一项都可以用它前面的若干项来确定，这样的数列被称为递推数列，表示某项与其前面若干项的关系的公式就称为递推公式。例如 Fibonacci 数列如下：

$$1, 1, 2, 3, 5, 8, 13, \cdots,$$

令 fib(n)表示 Fibonacci 数列的第 n 项，依据数列中项与项之间的关系可写出如下 Fibonacci 数列的递推公式：

$$fib(n)=fib(n-1)+fib(n-2) \quad n=3,4,\cdots \text{（通项公式）}$$
$$fib(1)=fib(2)=1 \quad \text{（边界条件）}$$

递推数列的求解可以用递推算法实现。

7.3.3 递推算法的程序实现

在有了通项公式和边界条件之后，采用循环结构，从边界条件出发，利用通项公式通过若干步递推过程就可以求出解来。

【例 7-5】 计算 $\sum_{i=1}^{20}\sum_{n=1}^{i} n!$ 的值。即求(1!)+(1!+2!)+(1!+2!+3!)+…+(1!+2!+3!+…+20!)。

源程序：

```
#include<stdio.h>
void main()
{
   int i,n;
   float s=0,t;
   for(i=1;i<=20;i++)
      { t=1;
         for(n=1; n<=i; n++)
            { t=t*n;
              s=s+t;
            }
      }
   printf("1!+(1!+2!)+…+(1!+2!+…+20!)=%e\n",s);
}
```

【例 7-6】 王小二自夸刀工不错，有人放一张大的煎饼在砧板上，问他："饼不许离开砧板，切 100 刀最多能分成多少块？"。

分析：解决该问题的关键是在编程之前要先找到规律。令 q(n)为切 n 刀能分成的块数，则有：

$$q(1)=1+1=2$$
$$q(2)=1+1+2=4$$
$$q(3)=1+1+2+3=7$$
$$q(4)=1+1+2+3+4=11$$

如图 7.5 所示。用归纳法不难得出：

$$q(n)=q(n-1)+n \quad \text{（通项公式）}$$
$$q(0)=1 \quad \text{（边界条件，一刀不切只有一块）}$$

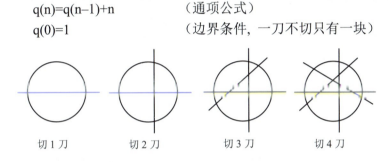

图 7.5 切饼问题示意图

源程序：

```
#include<stdio.h>
#include<conio.h>
#define N 100
void main()
{
  int i,q[101];
  q[0]=1;
  for(i=1;i<=N;i++)
    q[i]=q[i-1]+i;
  printf("%d",q[N]);
}
```

评注：有时候，通项公式和边界条件必须根据题意自行归纳总结，归纳出通项公式和边界条件后，一切问题就迎刃而解了。

7.4 递 归

C 语言允许一个函数调用其本身，这种调用过程被称为递归（recursion）调用。递归是算法设计的有力工具，对于拓展思路非常有用。递归算法并不涉及高深的数学知识，但初学者要建立起递归概念却并不容易。

7.4.1 递归函数的执行过程

如果函数直接或间接地对自己进行调用，就说函数是递归的（分别称为直接递归和间接递归）。在 C 语言中，所有的函数都可以递归地使用，直接递归是最简单的形式。

【例 7-7】 阅读下列程序，理解程序的执行过程，理解该程序的执行结果。

源程序：

```
#include<stdio.h>
void fun(int);
void main(void)
{
   fun(10);
}
void fun(int n)
{
   if(n)
   {  printf("%3d",n);
      fun(n-1);
   }
   else printf("\nEND!");
}
```

运行结果：

```
 10  9  8  7  6  5  4  3  2  1
END!
```

评注： 该程序的运行结果是在屏幕上以降序形式依次显示 1~10 之间的整数。本例也可以用一个包含 printf 函数调用的循环语句来完成。这里的新颖之处在于摒弃了循环，fun 函数自己调用了自己。

【例 7-8】 计算前 n 个正整数之和。

源程序：

```
#include<stdio.h>
void main()
{
   printf("%d",sum(4));
}
int sum(int n)
{
   if(n<=1)
      return n;
    else
      return(n+sum(n-1));
}
```

评注：简单的递归程序有一个标准模式。一般有可对函数的入口进行测试的基本情况（如本例中的 n≤1）。然后把函数中的一个变量（一般为整型）作为参数，考虑一般的递归情况，最终递归情况能演化到基本情况。例如，在 sum 函数中，每次变量 n 都减 1，直到 n 等于 1 这个基本情况。

表 7.1 是对递归函数 sum 的分析。首先要考虑基本情况，然后由基本情况进行推算再考虑其他情况。

表 7.1 对递归函数 sum 的分析

函数调用		返回值
sum(1)	1	
sum(2)	2+sum(1)	即 2+1
sum(3)	3+sum(2)	即 3+2+1
sum(4)	4+sum(3)	即 4+3+2+1

大多数简单的递归函数都能改写为等价的递推形式。递归调用通常比递推要求更多的计算。但如果使用递归能容易编写和维护代码，且运行效率并不全关重要时，那么就可以使用递归技术解决问题。递归是一种强大的解决问题的技术，其关键是识别出一般情况。一个易犯的错误是忘记考虑达到递归终止时的基本情况。

【**例 7-9**】 输入一行字符，使用递归函数按逆序重新显示该行字符。

源程序：

```
#include<stdio.h>
void rev(void);
void main()
{
  printf("Input a line: ");
  rev();
}
void rev(void)
{
  char c;
  if((c=getchar())!='\n')
    rev();
  putchar(c);
}
```

测试数据：Input a line: Welcome to Beijing↙
运行结果：gnijieB ot emocleW

评注：该程序运行时，主函数调用递归函数 rev。当执行 rev 函数中的"if((c=getchar())!='\n')rev();"语句时，随着每个字符的读入，都启动一次新的对 rev 函数的调用，直到用回车终止输入为止。每次调用时变量 c 都有自己的局部存储空间，用于存入输入行中的字符。仅在读入换行符后，才调用 putchar(c)开始显示。在 rev 调用 putchar 显示存储在局部变量 c 中的值时，首先输出换行符，然后输出换行符前的第 1 个字符，换行符前的第 2 个字符，……，直到输出第 1 个字符为止。这样，就实现了对输入行字符的逆转输出。

7.4.2 递归问题求解

为了进一步说明如何用递归函数来解决实际应用问题，以便更好地掌握递归函数的编写方法，下面列举几个用递归法解题的实例。

【例 7-10】 有 5 个人围坐在一起，问第 5 个人多少岁，他说比第 4 个人大 2 岁；问第 4 个人多少岁，他说比第 3 个人大 2 岁；问第 3 个人多少岁，他说比第 2 个人大 2 岁；问第 2 个人多少岁，他说比第 1 个人大 2 岁；问第 1 个人，他说是 10 岁。请问第 5 个人多大？

分析：问题中，要求得第 5 个人的年龄，必须知道第 4 个人的年龄，要求得第 4 个人的年龄必须知道第 3 个人的年龄，而第 3 个人的年龄又取决于第 2 个人的年龄，第 2 个人的年龄又取决于第 1 个人的年龄，每个人的年龄都比前 1 个人的年龄大 2 岁，显然，这是一个递归问题。设 age(n)表示第 n(n=1,2,3,4,5)个人的年龄，则有：

```
age(5)=age(4)+2
age(4)=age(3)+2
age(3)=age(2)+2
age(2)=age(1)+2
age(1)=10
```

一般可以用数学公式表述如下：

$$age(n)=\begin{cases}10, & n=1\\ age(n-1)+2, & n>1\end{cases}$$

从中可以看到，当 n>1 时，求第 n 个人的年龄的公式相同。因此可用一个函数表示上述关系。图 7.6 表示求第 5 个人年龄的过程。

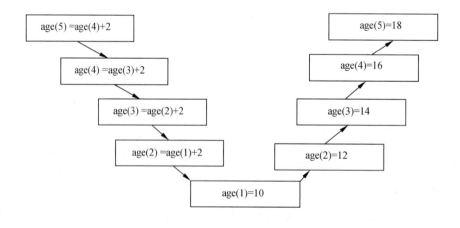

图 7.6 求年龄的递归调用过程

递归求解过程可分成两个阶段：
- 回推，一直回推到递归出口条件为止；

- 递推，从出口开始进行递推求解，一直递推到求得所要求的值为止。

源程序：

```
#include "stdio.h"
int age(int n)
{
    int c;
    if(n==1) c=10;
    else c=age(n-1)+2;
    return(c);
}
main()
{
    printf("%d",age(5));
}
```

评注：本例中，main 函数非常简洁。整个问题的求解全靠一次 age(5)函数调用来解决求第 5 个人的年龄问题。

【例 7-11】 求 Fibonacci 数列的第 40 个数。Fibonacci 数列有如下特点：第 1、第 2 个数均为 1，从第 3 个数开始的每一个数均是其前两个数之和。即：

$$F_1=1, \quad n=1$$
$$F_2=1, \quad n=2$$
$$F_n=F_{n-1}+F_{n-2}, \quad n \geqslant 3$$

分析：根据任务要求，求 Fibonacci 数列可以用下列递归公式表示：

$$F_n = \begin{cases} 1, & n=1,2 \\ F_{n-1}+F_{n-2}, & n \geqslant 3 \end{cases}$$

源程序：

```
#include<stdio.h>
long fib(int t)
{
    long int c;
    if(t==1||t==2)
        c=1;
    else
        c=fib(t-1)+fib(t-2);
    return c;
}
void main()
{
    printf("%10ld",fib(40));
}
```

评注：由于递归程序执行时效率比较低，当问题规模较大时，程序运行后想要得到运行结果需要耐心等待。

【例 7-12】 Hanoi（汉诺）塔问题。相传在古代印度的 Bramah 庙中，有位僧人整天把 3 根柱子上的金盘搬来搬去，原来他是想把 64 只一个比一个大的金盘从一根柱子上移到另一根柱子上去，移动过程要遵循下列规则：每次只允许移动一只盘；任何时刻任何柱子上都不允许大盘摞在小盘的上面，如图 7.7 所示。

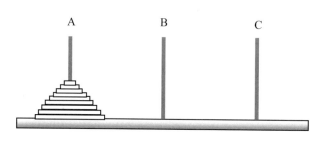

图 7.7　汉诺塔

分析：假设僧人是想把盘子从柱 A 移到柱 C，设计一个算法，显示僧人把盘子从一根柱子移到另一根柱子的序列。

有人会觉得这个问题很简单，真的动手移盘就会发现，如以每秒移动一只盘子计算，按照要求规则将 64 只盘子从一根柱子移至另一根柱子上，所需时间约为 5800 亿年。

先从最简单的情况开始分析，试着慢慢理出思路。最后设计出程序解决这一问题。设 A 柱上有 n 个盘子，分析如下：

如果 n=1，并假定盘号为 1，则将盘 1 从 A 直接移动到 C。

如果 n=2，则

（1）将 A 上的 n–1（等于 1）个盘移到 B。

（2）将 A 上的一个盘移到 C。

（3）将 B 上的 n–1（等于 1）个盘移到 C。

如果 n=3，则

（1）将 A 上的 n–1(等于 2，令其为 n)个盘移到 B（借助于 C）。

① 将 A 上的 n–1（等于 1）个盘移到 C；

② 将 A 上的一个盘移到 B；

③ 将 C 上的 n–1（等于 1）个盘移到 B。

（2）将 A 上的一个盘移到 C。

（3）将 B 上的 n–1（等于 2，令其为 n）个盘移到 C（借助于 A）。

① 将 B 上的 n–1（等于 1）个盘移到 A；

② 将 B 上的一个盘移到 C；

③ 将 A 上的 n–1（等于 1）个盘移到 C。

到此，完成了 3 个盘的移动过程。

从上面分析可以看出，当 n 大于等于 2 时，移动的过程可分解为 3 个步骤：

（1）把 A 上的 n–1 个盘借助 C 移到 B 上；

(2) 把 A 上的一个盘移到 C 上；
(3) 把 B 上的 n–1 个盘借助 A 移到 C 上。
其中（1）和（3）是类同的，可以用递归解决。递归函数中使用了 4 个参数：
- 准备移动的盘数；
- 最初放置这些盘的柱子；
- 临时放置这些盘的柱子；
- 最后存放这些盘的柱子。

源程序：

```
#include "stdio.h"
void move(char x,char y)
{
   printf("%c-->%c\n",x,y);
}
void hanoi(int n,char one,char two,char three)
 /* 将 n 个盘从 one 柱借助 two 柱，移到 three 柱 */
{
  if(n==1)
    move(one,three);
  else
    {  hanoi(n-1,one,three,two);
       move(one,three);
       hanoi(n-1,two,one,three);
    }
}
void main()
{
  int m;
  printf("input the number of diskes:");
  scanf("%d",&m);
  printf("the step to moving%3d diskes:\n",m);
  hanoi(m,'A','B','C');
}
```

评注：从程序中可以看出，hanoi 函数是一个递归函数，有 4 个形参 n，one，two，three。n 表示圆盘数，one、two、three 分别表示 3 个柱子。move 函数的功能是把 one 上的 1 个圆盘移动到 three 上，输出 one→three。如 n>1 则分为 3 步：首先调用递归函数 hanoi，把 n 个盘的上面 n–1 个圆盘从 one 柱借助 three 柱移到 two 柱；然后把 one 柱上最大的一个盘移到 three 柱上；即输出 one→three；最后再递归调用 hanoi 函数，把 two 柱上的 n–1 个圆盘借助 one 柱移到 three 柱。在递归调用过程中 n=n–1，故 n 的值逐次递减，最后 n 等于 1 时终止递归。

需要注意的是，测试该程序时，输入的盘数 m 不宜太大，否则等待的时间可能很长。

【**例 7-13**】 请用递归法设计程序，在屏幕上绘制如图 7.8 所示的图案。

```
          **********
           *********
            *******
             *****
              ***
               *
```

图 7.8 用*号组成的倒三角形图案

分析：使用二重循环可以很方便地输出如图 7.8 所示的图案。也可以使用递归函数在屏幕上绘制精致的图案。

源程序：

```
#include<stdio.h>
#define SYMBOL'*'
#define OFFSET 0
#define LENGTH 11
void display(char,int,int);
void draw(char,int);
void main()
{
   display(SYMBOL,OFFSET,LENGTH);
}
void display(char c,int m,int n)
{
  if(n>0)
    {
       draw(' ',m);        /* ' '中内含1个空格 */
       draw(c,n);
       putchar('\n');
       display(c,m+1,n-2);
    }
}
void draw(char c,int k)
{
  if(k>0)
    {
       putchar(c);
       draw(c,k-1);
    }
}
```

评注：本例中，函数 main 调用了 display 函数，函数 display 调用 draw 和 display，display 是递归函数。函数 draw 显示 k 个字符 c 的值（本例中 c 的值由实在参数 SYMBOL 传递，即为字符'*'），该函数也是递归函数。

【例 7-14】 用递归处理串:(1)求串长;(2)模拟字符串比较函数。

(1)用递归求串长。

分析:串由内存中的连续字符组成,并由一个空字符'\0'结尾。在概念上,可以把串看成是仅由一个空字符组成的空串,或后跟串的一个字符。这样的串定义描述了串是一种递归的数据结构,就能用这样的定义对一些基本的处理串的函数进行递归编码。

源程序:

```
#include<stdio.h>
void main(void)
{
    char str[]="One World! One Dream!";
    printf("%d\n",r_strlen(str));
}

int r_strlen(char s[])
{
   if(*s=='\0')
      return 0;
   else
      return 1+r_strlen(s+1);
}
```

评注:该程序的基本情况是测试空串,如果是空串就返回。用 r_strlen(s+1)进行递归调用,此处的 s+1 是指针表达式,该表达式指向串中的下一个字符。

事实上,这种递归调用方式有损于运行效率。如果一个串的长度是 k,那么就要进行 k+1 次对 r_strlen 函数的调用。

(2)用递归模拟字符串比较函数。

分析:下列程序是标准库函数 strcmp 的递归版本,按字典次序比较两个字符串的最多前 n 个字符。

```
#include<stdio.h>
void main()
{   char str1[]="One World!",str2[]="One Dream!";
    printf("%d\n",r_strncmp(str1,str2,10));
}
/* 用递归法进行字符串的比较 */
int r_strncmp(char *s1,char *s2,int n)
{   if(*s1!=*s2||*s1=='\0'||n==1)
       return *s1-*s2;
    else
       return r_strncmp(++s1,++s2,--n);
}
```

评注:本例中,函数 r_strncmp 首先比较 s1 和 s2 指向的两个字符串的第一个字符。如果两个字符不同,或都是空字符,或者 n 的值为 1,则返回值就是两个字符的差(如本例中,返回值为 19,即'W'-'D');否则就对两个串指针都增量,对 n 减量,对函数进行递归调用。递归可能在两个串的第一个不同之处终止,或在两个字符串为空时终止,或在进行了 n–1 次递归后终止。

7.5 编译预处理

7.5.1 预处理的概念

预处理是指在进行编译的第一遍扫描(词法扫描和语法分析)之前所做的工作。事实上,编写 C 程序时,除了使用属于 C 语言本身的成分来实现程序的功能外,还可以在源代码中插入一些专用于指示在源程序被编译之前,对源代码应做哪些处理工作的特别代码。插入的这类特别代码不是 C 语言本身的成分,对它们的解释不是 C 编译程序的责任,而是由 C 编译系统支持的一个能进行宏替换、条件编译、文件包含等各种预处理功能的处理程序(预处理程序)完成的。

预处理程序独立于 C 语言编译程序,因此预处理命令语法也独立于 C 语言语法。一条预处理命令占用单一的书写行,这样的行称之为预处理命令控制行。预处理命令控制行可插在源文件中的任何地方,其作用域是从所在位置起到所在的源文件的末尾。因为预处理命令控制行不是 C 语言的一部分,为区别于 C 语言成分并且能够让 C 预处理程序识别它们,C 编译系统规定:所有的预处理命令控制行必须以"#"开头且"#"号必须位于一书写行的第一列,预处理控制命令的内容紧跟在"#"号之后。不过,在一些新的 C 编译程序中已取消了这个限制,允许在"#"前后插入若干空格或制表符。出于完整性考虑,C 标准允许一预处理命令控制行仅由一个单一的"#"号组成,这样的行称之为空预处理命令行。空预处理命令行没有作用,处理时总被忽略。

预处理命令控制行总是以回车换行符作为行的结束符,而不以分号";"作为结束符。预处理命令行若以分号结束,该分号将作为控制行内容的一部分。

C 语言提供了多种预处理功能,如宏定义、文件包含、条件编译等。合理地使用预处理功能编写的程序便于阅读、修改、移植和调试,也有利于模块化程序设计。本节介绍常用的两种预处理功能:宏定义和文件包含。

7.5.2 宏定义

在 C 语言源程序中允许用一个标识符来表示一个字符串,这个标识符被称为"宏"。被定义为"宏"的标识符称为"宏名"。在编译预处理时,对程序中所有出现的"宏名",都用宏定义中的字符串去代换,这个过程被称为"宏代换"或"宏展开"。

在 C 语言中,"宏"分为有参宏和无参宏两种。

1. 无参宏

无参宏的宏名后不带参数。其定义的一般形式为:

#define 标识符 字符串

其中"标识符"为所定义的宏名,按标识符的构成规则由程序设计者自行确定。为区别于 C 程序中使用的一般标识符,宏名习惯上用大写字母表示(当然亦可以用小写字母)。它与前面的 define 和后面的"字符串"之间至少用一个空格隔开。"字符串"可以是任意的字符串（常数串、表达式串、格式串等），也可以是一个空串。

该定义的作用是用指定的标识符来表示随后给定的字符串。在预处理程序扫描源文件时，每当在源文件中遇到一个这样的宏名，预处理程序将其简单地替换成"字符串"部分所指定的字符串（源程序中的字符串常量或注释行中与宏名相同的部分不作宏展开）。

【例 7-15】 阅读下列程序，理解无参宏的定义和替换。
源程序：

```
#include "stdio.h"
#define OK 100
#define N 5
void main()
{
    int y;
    int a[N]={0,1,2,3,4};       /* 编译预处理时，用 5 去替换 N */
    y=OK;                       /* 编译预处理时，用 100 去替换 OK */
    printf("OK=%d,a[4]=%d\n",y,a[4]);  /*因 OK 是字符串的一部分，将不被替换 */
}
```

评注：编译预处理后的结果将交给 C 编译程序进行编译，至于宏展开后的结果形式是否符合 C 语言的语法规则，将由 C 编译程序去检查。例如，若将上面例子中的 N 宏名定义为：

```
#define N 5;
```

则语句"int a[N];"作宏展开后变为"int a[5;];"，这在编译系统对程序进行编译时显然是错误的，但预处理程序只负责原样替换，将其交给 C 编译程序，由 C 编译程序检查代码并指出错误。

宏定义后宏名的作用域为从宏定义命令开始到源程序结束。如果要终止其作用域可以使用#undef 命令，例如：

```
#define PI 3.14159
main()
{…}
# undef PI
f1()
{…}
```

PI 只在 main 函数中有效，而在 f1 函数中无效。

2．有参宏

有参数的宏定义是指在宏名后指定若干参数的宏定义形式。有参宏定义的一般形式为：

#define 宏名(参数 1，参数 2，…，参数 n) 字符串

其中，括号中的"参数 i"（i=1，2，…，n）都是宏名所带的参数（称之为宏替换形式参数），都按标识符规则定义。需要注意的是：其左括号必须紧跟在宏名之后（即宏名与左括号之间不能有空格),右括号与其后的"字符串"之间至少要有一个空格。

有参宏调用的一般形式为:

宏名(实在参数1,实在参数2,…,实在参数n)

其中,"实在参数i"(i=1,2,…,n)对应于宏定义中规定的宏替换形式参数,形式参数与实在参数之间的对应指的是个数、顺序的对应,不存在类型一致的问题。

【例7-16】 阅读下列程序,理解有参数的宏的定义与替换。

源程序:

```
#define  MAX(a,b)  (a>b)?a:b  /* 有参宏定义 */
#include<stdio.h>
void main()
{
   int x,y,max;
   printf("input two numbers: ");
   scanf("%d%d",&x,&y);
   max=MAX(x,y);               /* 宏调用,宏展开时实参x,y分别替换宏定义中的a,b */
   printf("max=%d\n",max);
}
```

测试数据: 4 6↙

运行结果: max=6

评注: 有参宏定义中,宏名和形参表之间不能有空格出现。例如:

```
#define  MAX(a,b)  (a>b)?a:b
```

若写为

```
#define  MAX  (a,b)(a>b)?a:b
```

将被认为是无参宏定义,宏名MAX代表字符串"(a,b) (a>b)?a:b"。宏展开时,宏调用语句"max=MAX(x,y);"将变为"max=(a,b) (a>b)?a:b(x,y);",显然与设计者的要求不符。

宏定义中的形参是标识符,而宏调用中的实参可以是表达式。

【例7-17】 阅读下列程序,理解程序的运行结果。

源程序:

```
#include<stdio.h>
#define SQ(y) (y)*(y)
void main()
{
   int a,sq;
   printf("input a number:");
   scanf("%d",&a);
   sq=SQ(a+1);
```

```
    printf("\nsq=%d",sq);
}
```

测试数据：3↙
运行结果：sq=16

评注：本例中定义的宏 SQ 是有参宏，形参为 y。语句"sq=SQ(a+1);"中，宏调用中的实参为 a+1，是一个表达式，在宏展开时，用 a+1 替换 y，再用(y)*(y)替换 SQ，宏展开后得到语句"sq=(a+1)*(a+1);"，这与函数的调用是不同的。函数调用时要把实参表达式的值求出后再赋于形参，而宏代换中对实参表达式不作计算直接照原样替换。

在宏定义中，字符串内的形参通常要用括号括起来以避免出错。在本例的宏定义中(y)*(y)表达式的 y 都用括号括起来，因此结果是正确的。若去掉括号，结果将会发生变化。

【例 7-18】 阅读下列程序，理解程序的运行结果。

源程序：

```
#include<stdio.h>
#define SQ(y) y*y
void main()
{
   int a,sq;
   printf("input a number:");
   scanf("%d",&a);
   sq=SQ(a+1);
   printf("\nsq=%d",sq);
}
```

测试数据：3↙
运行结果：sq=7

评注：同样输入 3，但结果却与例 7-17 是不一样的。这是由于宏代换只作符号代换而不作其他处理而造成的。本例中宏代换后将得到以下语句："sq=a+1*a+1;"，由于 a 为 3，故 sq 的值为 7。因此有时参数两边的括号是不能少的。

宏定义也可用来定义多个语句，在宏调用时，把这些语句又替换到源程序内。

【例 7-19】 阅读下列程序，理解程序的运行结果。
源程序：

```
#include<stdio.h>
#define SWAP(a,b) t=a;a=b;b=t;
void main()
 {
  int a=3,b=7,t;
  SWAP(a,b);
  printf("a=%d,b=%d\n",a,b);
 }
```

运行结果：

a=7，b=3

评注：源程序中第二行为宏定义，用宏 SWAP(a,b)表示"t=a;a=b;b=t;"这一字符串。在宏调用时，用这一字符串去替换 SWAP(a,b)，然后交付编译系统去编译，编译系统将其解释为 3 条赋值语句以完成交换变量 a，b 值的功能。

在有参宏定义中，形式参数不分配内存单元，因此不必作类型定义，这是与函数中的情况不同的。在函数中，形参和实参是两个不同的量，有各自的作用域，调用时要把实参值赋予形参，进行"值传递"。而在有参宏中，只是符号代换，不存在值传递的问题。

带参的宏和带参函数很相似，但有本质上的不同。试比较下列两例：

【例 7-20】 主函数调用有参函数示例。

源程序：

```
#include<stdio.h>
void main()
{
  int i=1;
   while(i<=5)
      printf("%d\n",SQ(i++));
}
SQ(int y)
{  return((y)*(y));
}
```

运行结果：

1
4
9
16
25

【例 7-21】 主函数使用有参宏示例。

源程序：

```
#include<stdio.h>
#define SQ(y)((y)*(y))

void main()
{
   int i=1;
   while(i<=5)
     printf("%d\n",SQ(i++));
  }
```

运行结果：

2
12
30

评注：从形式上看，在例 7-20 中，函数名为 SQ，形参为 y，函数体表达式为"((y)*(y))"；而在例 7-21 中宏名为 SQ，形参也为 y，字符串表达式为"((y)*(y))"。两例形式上是相同的。例 7-20 的函数调用为"SQ(i++)"，例 7-21 的宏调用为"SQ(i++)"，实参形式也是相同的。

从输出结果来看，却大不相同。分析如下：

在例 7-20 中，函数调用是把实参 i 的值传给形参 y 后自增 1，然后输出函数值。因而要循环 5 次，输出 1～5 的平方值。

在例 7-21 中，宏调用时只作代换。"SQ(i++)"被代换为"((i++)*(i++))"。在第一次循环时，由于 i 等于 1，其计算过程为，表达式中前一个 i 初值为 1，然后 i 自增 1 变为 2，因此表达式中第 2 个 i 值为 2，两者相乘的结果也为 2，然后 i 值再自增 1，得 3；在第二次循环时，i 值已为 3，因此表达式中前一个 i 为 3，后一个 i 为 4，乘积为 12，然后 i 再自增 1 变为 5；进入第三次循环，由于 i 值已为 5，所以这将是最后一次循环，计算表达式的值为 5*6 等于 30；i 值再自增 1 变为 6，不再满足循环条件，终止循环。

从以上分析可以看出函数调用和宏调用二者在形式上相似，但本质是完全不同的（如表 7.2 所示）。

表 7.2 有参函数和带参宏的区别

区别	类型	
	函数	有参数的宏
是否计算实参的值	先计算出实参表达式的值，然后传给形参	不计算实参表达式的值，直接用实参进行简单的替换
何时进行处理、分配内存单元	在程序运行时进行值的处理、分配临时的内存单元	编译前，由预处理程序进行宏展开，不分配内存单元，不进行值的处理
类型要求	形参要定义类型	不存在类型问题，只是一个符号表示
调用情况	函数的代码只作为一个拷贝存在，对程序较大、调用次数多的较合算，但调用函数时有一定数量的处理开销	在源代码中遇到宏定义时，都将其扩展为代码，程序调用几次宏就扩展为代码几次，但调用宏时没有处理的开销

7.5.3 文件包含

文件包含是 C 预处理程序的另一个重要功能。文件包含命令行的一般形式为

`#include "需包含的文件名"`

或

`#include <需包含的文件名>`

在前面已多次用此命令包含头文件。例如：

`#include "stdio.h"`

```
#include<math.h>
```

文件包含命令的功能是把指定的文件内容插入到该命令行位置以取代该命令行,从而把指定的文件和当前的源程序文件连成一个源文件。在程序设计中,文件包含是十分有用的。一个大的程序可以分为多个模块,由多个程序员分别编程。有些公用的符号常量或宏定义等可单独组成一个文件,在其他文件的开头用包含命令包含该文件即可使用。这样,可避免在每个文件开头都去书写那些公用量,从而节省时间,并减少出错。

说明:

命令行中包含的文件名可以用双引号括起来,也可以用尖括号括起来,但这两种形式是有区别的。

使用尖括号(<>)且尖括号中仅是不含路径的文件名,表示预处理程序在规定的磁盘目录(通常为 include 子目录)中查找文件。一般包含 C 的库函数时常用这种方式(也即包含文件的扩展名为".h"),表 7.3 列出了 ANSI C 定义的一些常用的系统标准头文件。

表 7.3 常用标准头文件

头 文 件 名	作　　用
ctype.h	字符处理
math.h	与数学处理函数有关的说明与定义
stdio.h	输入输出函数中使用的有关说明和定义
string.h	字符串函数的有关说明和定义
stdlib.h	杂项说明,内含一些宏定义和工具函数
stddef.h	定义某些常用内容
time.h	支持系统时间函数

使用双引号("")且双引号中仅是不含路径的文件名,表示预处理程序首先在当前目录中查找文件,若没有找到,最后才去 include 子目录中查找。一般适用于包含编程者自己设计的文件。

一个 include 命令只能指定一个被包含文件,若有多个文件要包含,则需用多个 include 命令。

文件包含允许嵌套,即在一个被包含的文件中又可以包含另一个文件。

【例 7-22】 设有如下直接选择排序函数。

```
#include<stdio.h>
void sel_sort(int a[],int n)
{
   int  i,j,k,temp;
   for(i=0;i<n-1;i++)
    { k=i;
      for(j=i+1;j<n;j++)
        if(a[k]>a[j])k=j;
      if(k!=i)
        { temp=a[k];a[k]=a[i];a[i]=temp; }
    }
}
```

现将其以文件名"sort.c"存放在"win-tc\projects"(Win-TC 环境下)当前工作目录下,要求通过文件包含的方法对一个具有 10 个元素值的整型数组实现排序。

源程序:

```
#include "sort.c"
/* 这条包含命令包含了编程者自己设计的文件,该文件必须存在于当前工作目录下 */
void main()
{
   int i,a[10]={8,3,7,9,10,-5,7,15,90,76};
   sel_sort(a,10);
   for(i=0;i<10;i++)
      printf("%5d",a[i]);
   printf("\n");
}
```

评注:自在 main 函数的源程序中包含了事先设计并存于当前工作目录下的文件"sort.c",该文件由预处理命令"#include<stdio.h>"和排序函数"sel_sort"组成。这个例子说明了"#include"命令可以嵌套使用,即"#include"包含的文件中(如例 7-22 的 main 函数中包含了"sort.c")又可有另一个#include 命令行,C 标准规定最少应能处理 15 层嵌套包含。

7.6 实 践 活 动

活动一:知识重现

说明:在上面的章节里,讲解了结构化编程、递推、递归、编译预处理等相关概念。在本章学习过程中,请关注以下难点问题:

1. 什么是结构化程序设计,结构化编程有哪 3 个步骤?
2. 函数的嵌套调用和函数的递归调用有何异同?
3. 编译预处理命令中,宏定义和文件包含的概念是什么?

活动二:编程练习

题目:用递归的方法,计算两个整数的最大公约数。

程序设计思路:利用辗转相除法(又称欧几里得法,古希腊数学家欧几里得提出)计算两个整数的最大公约数的算法如下。

(1)如果 x 除以 y 的余数为 0,则 y 即为最大公约数,返回 y 值,算法结束。

(2)如果 x 除以 y 的余数不为 0,则用 y 和 x%y 分别替代 x 和 y 再重复求最大公约数。反复进行(1)、(2)的操作,直到 x%y 为 0 为止。

例如 x=341,y=132,341 除以 132,商是 2,余数为 77,因为余数≠0,所以置 x=132,y=77,132 除以 77,因为余数≠0,再置 x=77,y=132%77=55,以此类推,最后 22 除以 11 时,余数为 0,算法终止,132 和 341 的最大公约数是 11。

部分程序描述如下,请根据算法完善程序。

```
/*功能:求两个整数的最大公约数 */
#include<stdio.h>
int gcd(int,int);
```

```
void main()
{
  int a, b;
  printf("请输入两个整数：");
  scanf("%d,%d", &a, &b);
  printf("%d, %d 的最大公约数是 %d", a, b, gcd(a, b));
}
int gcd(int x, int y)
{
  if(x%y==0)
      _____;
  else
     return _____;
}
```

习　　题

【本章讨论的重要概念】

通过学习本章，应掌握的重要概念如图 7.9 所示。

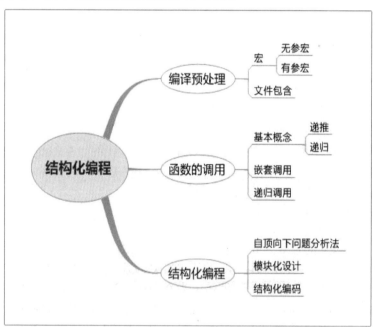

图 7.9　思维导图——函数进阶与结构化编程

【基础练习】

选择题

1. 在宏定义"#define PI 3.14"中，用宏名代替一个_____。

A. 常量3.14 B. 单精度数3.14
C. 双精度数 3.14 D. 字符串 3.14

2. 以下叙述中错误的是_____。

A. 预处理命令行都必须以#号开始

B. 在程序中凡是以#号开始的语句行都是预处理命令行

C. C 程序在执行过程中对预处理命令行进行处理

D. "#define   IBM_PC" 是正确的宏定义命令

填空题

1. 下列程序运行时的输出结果是_____。

```
long func(long x)
{
  if(x<100)
      return x%10;
  else
      return func(x/100)*10+x%10;
}
void main()
{
    printf("The result is: %ld\n",func(132645));
}
```

2. 下列程序运行时的输出结果是_____。

```
#include<stdio.h>
int fun(int k);
int w=3;
void main()
{
   int w=10;
   printf("%d\n",fun(5)*w);
}
int fun(int k)
{
   if(k==0)
      return w;
   return(fun(k-1)*k);
}
```

3. 设有以下宏定义：

```
#define WIDTH 80
#define LENGTH WIDTH+40
```

则执行赋值语句 "v=LENGTH*20;"（v 为 int 变量）后，v 的值为_____。

4. 设有以下宏定义：

```
#define WIDTH 80
#define LENGTH (WIDTH+40)
```

则执行赋值语句"v=LENGTH*20;"（v 为 int 变量）后，v 的值为_____。

5. 下列程序运行时的输出结果是_____。

```
#define DOUBLE(r) r*r
main()
{
   int x=1,y=2,t;
   t=DOUBLE(x+y);
   printf("%d\n",t);
}
```

6. 下列程序运行时的输出结果是_____。

```
#define EXCH(a,b) {int t;t=a;a=b;b=t;}
main()
{
   int x=5,y=9;
   EXCH(x,y);
   printf("x=%d,y=%d\n",x,y);
}
```

【拓展训练】

1. 猴子第一天摘下若干桃子，当即吃了一半，还不过瘾，又多吃了一个。第二天早上又将剩下的桃子吃掉了一半，又多吃了一个，以后每天早上都吃了前一天剩下的一半零一个。到第 10 天早上再想吃时，发现只剩下一个桃子了。试用递归法求第一天共摘多少个桃子。

2. $A_1=1$，$A_2=2$，$A_3=A_1+2*A_2$，…，$A_n=A_{n-2}+2*A_{n-1}$，$S(n)=A_1+A_2+A_3+…+A_n$，求当 $S(n)< 10000<S(n+1)$时，n 的值是多少？

3. 请按下列要求编写程序。

（1）编写函数 int fun(int m,int n, int a[])。函数功能是求出[m,n]内所有满足以下两个条件的整数：该数是质数；该数十进制表示的个位数与十位数之和的个位数恰好是该数的百位数（例如，293 是满足条件的整数）。将这些整数按从大到小的顺序存放到 a 指向的数组中，函数返回 a 数组中整数的个数。

（2）编写 main 函数。函数功能是声明包含 100 个元素的整型数组 a，输入正整数 m 和 n（m<n），用 m、n 和 a 数组作为实参调用函数 fun，将求得的整数按从大到小的顺序、每行 5 个的格式输出到屏幕上。

4. 请编写程序验证 10 以内的正整数都满足 Nocomachns 定理。Nocomachns 定理：任一正整数 n 的立方一定可以表示为 n 个连续的奇数之和。例如：$1^3=1$，$2^3=3+5$，$3^3=7+9+11$。

5．整数 145 有一个奇怪的特性：145=1!+4!+5!。试找出[1,2000000]内所有满足此特性的数。编程要求：

（1）编写函数 int facsum(long x)，其功能是判断长整型数 x 是否具有上述特性，如具有上述特性则返回值 1，否则返回值 0。

（2）编写函数 main，在 1～2000000 内寻找具有此特性的数，并将满足该特性的数输出。

【问题与程序设计】

设法写一个程序，对于给定的整数 n，它能输出 1 到 n 之间的数的所有不同排列。如果希望用数组解决，请考虑下面的一种做法：(1)为 n 个数的排列确定一种序，对 3 个数的排列，一种可能的序是 123，132，213，231，312，321（完全可以采用其他的顺序）。(2)找出这种顺序中的规律性，设计一个函数 next(int a[])，它能把当时 a 中的排列调整为按所确定的序的下一个排列，如果这一排列存在就返回值 1，不存在则返回 0。这些工作完成后，程序的高层控制结构就非常简单了。

第 8 章　结构与联合

学习目标
1. 掌握结构类型、结构变量、结构数组的定义；
2. 掌握结构变量指针、结构数组元素指针等基本概念；
3. 掌握结构指针的声明、初始化、赋值及引用；
4. 了解联合类型的定义、联合变量的声明、赋值及使用；
5. 了解枚举类型的定义、枚举类型变量的声明、赋值及使用；
6. 理解 typedef 的功能。

8.1　结　　构

前面的章节中，已介绍了基本数据类型和数组类型，这为程序设计带来了很大的方便。但是，基本数据类型只能处理单个数据，数组虽能处理数据的集合，但要求这一集合中的数据必须是同一类型的。在实际应用中，经常遇到一些关系密切但数据类型不相同的数据，例如，一个学生的信息可能包括学号、姓名、性别、出生年月日、家庭地址等项，这些项都与某一学生相联系，如果将这些数据组织在一起，处理起来则会更加直观方便。为此，在 C 语言中引入了结构的概念。

8.1.1　结构类型

结构是一种较为复杂但却非常灵活的构造型数据类型。一个结构类型可以由若干个被称为成员（或域）的成分组成。不同的结构类型可根据需要，由不同的成员组成。每个成员具有自身的名字和数据类型，同一结构中的成员名不能相同。例如一个学生的信息，可能包括以下 5 项：

- 学号：用 5 位数字表示，长整型；
- 姓名：用汉语拼音表示，最多 20 个字符；
- 性别：用 M 或 F 表示，分别表示男或女；
- 生日：如 19881015，表示年月日，用长整型表示；
- 地址：用字符数组表示，最多 30 个字符。

如果将这 5 个成员组成一个名为 stu 的整体，就构成了一个较复杂的结构类型。显然，这些数据之间有着相互关联的关系，只有结合起来看才有实用价值。

8.1.2 结构类型的定义

定义一个结构类型的一般形式为:

struct 结构名
{
类型名1 成员名1;
类型名2 成员名2;
…
类型名n 成员名n;
};

其中 struct 是定义结构类型时所必须使用的关键字,不能省略;"struct 结构名"称为结构类型标识符,或称为结构类型名。例如:

```
struct stu
{
  long int num;              /* 学号 */
  char name[20];             /* 姓名 */
  char sex;                  /* 性别 */
  unsigned long birthday;    /* 生日 */
  char addr[30];             /* 地址 */
};
```

这段程序可向编译系统声明定义了一个名为"struct stu"的"结构类型",包括 num、name、sex、birthday、addr 等不同类型的数据项。"struct stu"是结构类型名,和系统提供的标准类型(如 int、char、float、double 等)具有一样的地位和作用,都可以用来声明变量,只不过结构类型需要由用户自己定义。

说明:

结构定义描述了结构的组织形式,但在编译时并不为它分配存储空间,只是规定了一种特定的数据结构类型及其所需占用的存储空间的存储模型。

结构成员可以是简单变量、数组、指针、结构或联合等。

结构可以嵌套使用。例如:

```
struct date
 {
    int day;
    char month[4];
    int year;
 };
struct student
{
  long int num;
  char name[20];
  char sex;
```

```
    struct date birthday;    /* 结构成员是另一种结构类型,结构在此嵌套 */
    char addr[30];
};
```

struct student 的逻辑结构,如图 8.1 所示。

num	name	sex	birthday			addr
			day	month	year	

图 8.1 嵌套结构 student 的逻辑结构

结构定义可以在函数内部,也可以在函数外部。在函数内部定义的结构,只在函数内部可见;在函数外部定义的结构,从定义点到源文件尾之间的所有函数都可见。

定义结构类型时,注意不能遗漏最后的分号。

8.1.3 结构变量

1.结构变量的声明

可以采取以下 3 种方法声明结构类型变量。

1)在定义结构类型的同时声明变量。例如:

```
struct student
 {
   long int num;
   char name[20];
   char sex;
   int age;
   float score;
 }s1,s2,s3;
```

此处在定义结构类型 struct student 的同时,声明了 s1、s2 和 s3 共 3 个结构变量,这 3 个变量具有相同的结构类型。

在定义结构类型的同时声明结构变量的一般形式为:

struct* *结构名
{
类型名 1 成员名 1;
类型名 2 成员名 2;
…
类型名 n 成员名 n;
}变量名 1,变量名 2,…,变量名 m;

这种结构变量声明方式的特点是:声明一次结构变量之后,在该声明之后的位置仍可用该结构类型来声明其他变量。

2)直接声明结构类型变量。例如:

```
struct
```

```
   {
     long int num;
     char name[20];
     char sex;
     int age;
     float score;
   }stu1,stu2,stu3;
```

这种声明方式与前一种声明方式的不同之处在于关键字 struct 后没有跟结构名。这里声明的结构变量 stu1、stu2、stu3 与上一种方法中声明的变量 o1、o2、o3 类型完全相同。

直接声明结构变量的一般形式为：

struct
{
类型名1 成员名1；
类型名2 成员名2；
…
类型名n 成员名n；
}变量名1，变量名2，…，变量名m；

这种定义方式的特点是：由于在 struct 后不出现结构名，故不便于在源程序的其他地方声明该类型的新变量。

3）先定义结构类型再声明变量名。例如：

```
struct student
 {
   long int num;
   char name[20];
   char sex;
   int age;
   float score;
 };
 struct student stu1,stu2,stu3;
```

这里利用结构类型"struct student"来声明结构变量 stu1、stu2 和 stu3。
先定义结构类型再声明结构变量的一般形式为：

struct* *结构名
{
类型名1 成员名1；
类型名2 成员名2；
…
类型名n 成员名n；
};
struct* *结构名 变量名1，变量名2，…，变量名m；

这种定义方式的特点是：在该定义之后的任何位置，不仅可用该结构类型来声明其他变量，而且可把其结构定义部分作为文件存放起来，这样就可借助于预处理命令 include 把它包含到任何源文件中，用以声明同类型的其他变量。

注意：

结构变量的声明一定要在结构定义之后或与结构声明同时进行，对尚未定义的结构类型，不能用来声明结构变量，也就是说结构变量必须声明为某一特定的结构类型。

对结构变量进行存储空间分配时，是按照其对应的各成员项的定义顺序进行的。

同一结构类型的每个结构变量，存储空间的大小都相同，是各成员项所占空间之和。所占空间的字节数可用 sizeof 运算求出。sizeof 运算的一般格式为：sizeof（运算量），其中，运算量可以是简单变量名、数组名、结构变量名或数据类型名等。例如：

sizeof(stu1)的值为 31；

sizeof(struct student)的值为 31；

sizeof(float)的值为 4。

结构变量中的成员可以单独使用，其地位与一般变量相同。

结构变量一般不用 register 型。

2．结构变量的初始化

所谓结构变量的初始化，就是在声明结构变量的同时，对其成员赋初值。所赋初值依次放在一对花括号中。例如：

```
struct student
{
    long int num;
    char name[20];
    char sex;
    char addr[20];
}stu1,stu2={80101,"Lilin",'M',"123 Beijing Road"};   /*结构变量 stu2 初始化 */
```

上述程序段中，在定义结构类型"struct student"的同时声明了结构变量 stu1 和 stu2，并对 stu2 进行了初始化。需要注意的是，花括号中每个初始化数据的类型要与该结构类型定义中相应成员的类型依次保持一致。

3．结构变量的引用

结构变量中的每个成员都属于某种具体的数据类型。因此，结构变量中的每个成员都可以像普通变量一样，对它进行同类变量所允许的任何操作。引用结构变量的实质是引用结构变量的成员，在 C 语言中，引入了成员运算符"."，用于访问结构变量的成员。用成员运算符引用结构成员的一般形式如下：

结构变量名．成员名

【例 8-1】 阅读下列程序，考查其中对结构变量的引用方法。

源程序：

```
#include<stdio.h>
void main()
```

```
{
  struct student
   {
     long int num;
     char name[20];
     char sex;
     char addr[20];
   }stu1,stu2={80101,"Lilin",'M',"123 Beijing Road"};  /* 结构变量 stu2 初始化 */
  printf("NO.:%ld\nname:%s\nsex:%c\naddress:%s\n",stu2.num,stu2.name,
   stu2.sex, stu2.addr);
  stu1=stu2;              /* 两个相同类型的结构变量之间可以进行赋值操作 */
  printf("NO.:%ld\nname:%s\nsex:%c\naddress:%s\n",stu1.num,stu1.name,
   stu1.sex, stu1.addr);
}
```

运行结果：

```
NO.:80101
name:Lilin
sex:M
address:123 Beijing Road
NO.:80101
name:Lilin
sex:M
address:123 Beijing Road
```

评注： 本例中，第一个 printf 函数调用语句中引用了结构变量 stu2 的成员，例如 stu2.num、stu2.name、stu2.sex、stu2.addr。语句"stu1=stu2;"说明了两个相同类型的结构变量之间是可以进行整体赋值操作的，其功能是使 stu1 的各成员具有和 stu2 相应成员一样的值。

注意：

不能将一个结构变量作为一个整体进行输入和输出。例如，在例 8-1 中，已声明 stu1 和 stu2 为结构变量，就不能这样引用：

```
scanf("%ld%s%c%s",&stu1);
printf("NO.:%ld\nname:%s\nsex:%c\naddress:%s\n",stu2);
```

只能对结构变量中的各个成员分别进行输入和输出，例如：

```
stu1.num=80101;
strcpy(stu1.name,"Liling");
scanf("%c%s",&stu1.sex,stu1.addr);
```

对结构中的成员，可以单独使用，它的作用与地位相当于普通变量，例如：

```
stu1.num=stu2.num;
```

结构变量可以进行整体赋值，但不能整体进行比较。下列语句是错误的：

if(stu1>stu2) printf("name:%s\n",stu1.name);

如果成员本身又属一个结构类型，则要逐级地找到最低的一级成员。只能对最低级的成员进行存取。

8.2 结构数组

8.2.1 结构数组的声明

数组的元素可以是简单类型，也可以是结构类型，因此可以构造结构数组。结构数组的每一个元素都具有相同的结构类型。在实际应用中，经常用结构数组来表示具有相同数据类型的一个群体，如一个班的学生档案、一个车间职工的工资表等。定义结构数组的方法通常有以下几种。

1）定义结构类型后声明结构数组。例如：

```
struct student
 {
    long int num;
    char name[20];
    char sex;
    int age;
    float score;
};
struct student stu[5];
```

2）直接声明一个结构数组。例如：

```
struct student
{
    long int num;
    char name[20];
    char sex;
    int age;
    float score;
}stu[5];
```

或

```
struct
{
    long int num;
    char name[20];
    char sex;
    int age;
```

```
    float score;
}stu[5];
```

上述的方法中，都声明了一个长度为 5 的结构数组 stu，5 个元素分别为 stu[0]、stu[1]、stu[2]、stu[3]和 stu[4]。每个数组元素都具有 struct student 的结构形式，因此，结构数组 stu 的逻辑结构如图 8.2 所示。

	num	name	sex	age	score
stu[0]					
stu[1]					
stu[2]					
stu[3]					
stu[4]					

图 8.2　结构数组 stu 的逻辑结构

8.2.2　结构数组的初始化

与其他类型的数组一样，在声明结构数组的同时按一定的方法对其元素赋初值，称为结构数组的初始化。结构数组初始化的一般格式如下：

struct 结构名 结构数组名 [元素个数] = { 初始数据 };

其中，"struct 结构名"是已定义过的结构类型。例如：

```
struct student stu[3]={{80101,"Lilin",'M',18},
                      {80102,"Wanglan",'F',19},
                      {80103,"Zhangjun",'F',20}};
```

声明了长度为 3 的结构数组 stu，并对其实现了初始化。也可以写成如下形式：

```
struct student stu[]={{80101,"Lilin",'M',18},
                     {80102,"Wanglan",'F',19},
                     {80103,"Zhangjun",'F',20}};
```

即声明时不指明数组 stu 的长度，编译时，系统会根据给出初值的个数来确定结构数组元素的个数。当然，结构数组的初始化也可以用以下形式：

```
struct student
  {
    long int num;
    char name[20];
    char sex;
    int age;
  }stu[]={ {80101, "Lilin",'M',18},
          {80102, "Wanglan",'F',19},
```

```
                   {80103, "Zhangjun",'F', 20}};
```

即在定义一个结构类型的同时声明结构数组,并且对结构数组初始化。

注意:

结构数组每个元素的数据类型均是同一结构类型,各元素在内存中是连续存放的,每个元素内的成员在内存中也是连续存放的,如图 8.3 所示。在初始化时,应当使初始数据项中每个数据与一个数组元素中的成员相匹配。为了便于修改,同时增强程序的可读性,最好将每一个数组元素的初始数据都用花括号括起来。

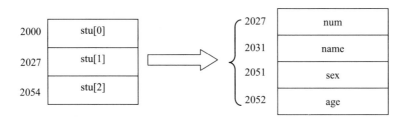

图 8.3 结构数组 stu 在内存中的分配情况示意

8.2.3 结构数组元素的引用

结构数组元素引用的一般形式为:

结构数组名[下标]. 成员名

例如,"stu[0].num=80101;"、"strcpy(stu[0].name,"Lilin");"等。

【例 8-2】 统计全班男女生人数及 1990 年以后(含 1990 年)出生的人数。

分析:用姓名、性别和出生年份来记录一个学生的相关信息。为此,定义一个包含这 3 个成员的名为 stud 的结构类型。

源程序:

```
#include "string.h"
#include "stdio.h"
void main()
{  struct stud                          /*定义一个结构stud,包含3个成员 */
   {
      char name[20];                    /* 姓名 */
      char sex;                         /* 性别 */
      int year;                         /* 出生年份 */
   };
   struct stud class[100];              /* 声明一个结构数组class */
   int m_num=0,f_num=0,total90=0,class_num,i ;
   printf("Please enter class_num: ");
   scanf("%d",&class_num);              /* 输入班级人数 */
   for(i=0;i<class_num;i++)             /* 输入同学信息 */
   {    printf("\nPlease enter name/sex/year: ");
```

```
            scanf("%s  %c  %d",class[i].name,&class[i].sex,&class[i].year);
    }
    for(i=0;i<class_num;i++)                    /* 输出班级同学信息 */
        printf("\n%-10s%c%6d",class[i].name,class[i].sex,class[i].year);
    for(i=0;i<class_num;i++)
    {   if(class[i].sex=='m'||class[i].sex=='M')
            m_num++;                            /* 统计男生人数 */
        else
            f_num++;                            /* 统计女生人数 */
        if(class[i].year>=1990)
            total90++;                          /* 统计1990年及以后出生的人数 */
    }
    printf("\n number of boy: %d",m_num);
    printf("\n number of girl: %d",f_num);
    printf("\n number after of 1990: %d",total90);
}
```

测试数据：Please enter class_num: 3↙
Please enter name/sex/year:
Zhanglin m 1988↙
Please enter name/sex/year:
Wangpin f 1990↙
Please enter name/sex/year:
Liutao M 1989↙

运行结果：Zhanglin   m 1988
Wangpin   f 1990
Liutao   M 1989
number of boy: 2
number of girl: 1
number after of 1990: 1

评注：使用结构数组处理问题，可使程序结构更趋合理与简练。

8.3 结 构 指 针

8.3.1 指向结构变量的指针

结构变量的指针即结构变量的地址，用于存放结构变量地址的指针变量被称为结构指针变量，简称结构指针。结构指针定义的一般形式如下：

struct 结构名 *结构指针名;

例如，"static struct student *p;"，其中，假设 struct student 是已声明过的结构类型。则称 p 是一个 struct student 类型的结构指针。

结构指针在声明时也可以初始化。例如：

```
struct student
 {
    long int num;
    char name[20];
    char sex;
    int age;
    float score;
}stu1,*p=&stu1;
```

在引入结构指针以后，可以用指针法来引用结构的成员。用指针引用结构成员的一般形式如下：

(*结构指针名).成员名

或

结构指针名->成员名

例如，设有类型、变量声明及初始化如下：

```
struct date
 {
    int day;
    char month[4];
    int year;
 }birthday,*sp=&birthday;
```

则引用(*sp).day、(*sp).month、sp->day、sp->month 等均是合法的。其中，(*sp).day 和 sp->day 等效，(*sp).month 和 sp->month 等效。

【例8-3】 阅读下列程序，考查结构指针的应用，体会结构成员的不同引用方法。

分析：设结构类型如图 8.4 所示。

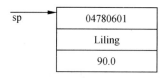

图 8.4 结构变量与结构指针

源程序：

```
#include "stdio.h"
#include "string.h"
void main()
{
    struct stud
    {  char *num;
       char name[20];
       float score;
```

```
    };
    struct stud stu1,*sp;
    sp=&stu1;
    sp->num="04780601";
    strcpy((*sp).name,"Liling");
    stu1.score=90.0;
    printf("\nstudent No.: %s\tname: %s\tscore: %.1f",sp->num,sp->name,
    sp->score);
    printf("\nstudent No.:%s\tname:%s\tscore:%.1f",(*sp).num, (*sp).name,
    (*sp).score);
    printf("\nstudent No.: %s\tname: %s\tscore: %.1f",stu1.num,stu1.name,
    stu1.score);
}
```

运行结果：

```
student No.: 04780601    name: Liling    score: 90.0
student No.: 04780601    name: Liling    score: 90.0
student No.: 04780601    name: Liling    score: 90.0
```

评注：该程序首先定义了一个结构类型 struct stud，然后声明了该类型的结构变量 stu1 和结构指针 sp，并使 sp 指向 stu1。程序中的 3 条输出语句分别以不同的形式引用了结构成员。3 个 printf 函数调用语句的输出结果相同，说明这 3 种引用形式是等效的。

注意：

sp 两侧的括号不可省，因为成员运算符"."优先级高于""运算符，*sp.num 就等价于*(sp.num)了。

由于运算符"->"、"."、"()"和"[]"的优先级最高，其结合性相同，因此，当结构成员出现在表达式中时要注意书写形式。例如：

① ++sp->num 的执行效果等价于++(sp->num)，即成员值加 1。

② (++sp)->num 的执行效果是：先执行 sp=sp+1，然后再执行 sp->num（注意 sp 的值已经改变）。

③ sp++->num 或(sp++)->num 的执行效果是：先存取 sp->num，然后再执行 sp=sp+1。

④ sp->num++的执行效果是：先存取 sp->num，然后再使成员值加 1。

【**例 8-4**】 阅读下列程序，考查嵌套结构指针的使用。

源程序：

```
#include<stdio.h>
struct date
{   int day;
    char *month;
    int year;
}birthday={14,"Sep.",1961};
struct employee
```

```
{   char name[20];
    double salary;
    long int tel;
    char sex;
    struct date *q;
}person1={"Jiang",960.86,8668888},*p=&person1;
void main()
{
  p->sex='M';
  p->q=&birthday;
  printf("Name: %s\nsex: %c\nDateOfBirth: %2d %s. %4d\nTele.No: %ld\n",
          p->name,p->sex,p->q->day,p->q->month,p->q->year,p->tel);
}
```

运行结果：

```
Name:Jiang
Sex: M
DateOfBirth: 14 Sep.1961
Tele.No: 8668888
```

评注：本程序中，先后定义了两个结构类型，结构类型名分别为 date 和 employee。而在定义 employee 类型时，声明了一个 struct date 型的结构指针 q（struct employee 型结构的一个成员），这是嵌套结构类型。主函数中，printf 函数调用语句中的参数 p->q->day、p->q->month 等即为嵌套结构指针的引用。

8.3.2 指向结构数组的指针

前面已经介绍过，指针可以指向数组或数组元素。同样，一个结构指针也可以指向基类型与结构指针相同的结构数组或元素。

【例 8-5】 阅读下列程序，考查指向结构数组的指针的应用。

源程序：

```
#include<stdio.h>
struct student
{   long int num;
    char name[20];
    char sex;
    int age;
}stu[3]={{80101,"Lilin",'M',18 },{80102,"Yanglan",'F',19},{80103,"Zhang jun",'F',20}};
void main()
{    struct student *p;     /* p是指向struct student 型数据的指针变量 */
     printf("\nNo.\tName\t\tsex\tage\n");
     for(p=stu;p<stu+3;p++)
        printf("%-7ld %-16s %c %7d\n",p->num,p->name, p->sex, p->age);
```

}

运行结果：

```
No.     Name            sex     age
80101   Lilin           M       18
80102   Yanglan         F       19
80103   Zhangjun        F       20
```

评注：该程序在 for 语句中先使 p 的初值为 stu，即 p 指向 stu 数组，如图 8.5 中的 p 所示。在第一次循环中，输出 stu[0]的各个成员值。然后执行 p++，使 p 自加 1。p 加 1 意味着 p 所增加的值为结构数组 stu 的一个元素所占的字节数（在本例中为 4+20+1+2=27 字节）。执行 p++后，p 的值等于 stu+1，即 stu[1]的起始地址，如图 8.5 中 p′所示。在第二次循环中，输出 stu[1]的各成员值。再执行 p++后，p 的值等于 stu+2，如图 8.5 中的 p″ 所示。在第三次循环中输出 stu[2]的各成员值。再执行 p++后，p 的值变为 stu+3，循环控制条件不再满足，故循环中止。

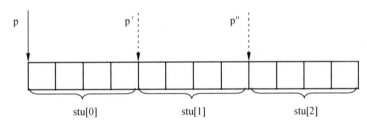

图 8.5 指向结构数组的指针及其移动示意

注意：

如果 p 的初值为数组名 stu，则：

"(++p)->num" 先使 p 自加 1，然后取它指向的元素，即 stu[1]中的成员 num 的值（即 80102）；

"(p++)->num" 先得到 p->num 的值（即 80101），然后使 p 自加 1，指向 stu[1]。

8.3.3 结构变量做函数参数

在调用函数时，可以将结构变量中的每个成员作为实参单独传递，也可以将结构变量作为实参进行整体传递。

1）用结构变量的成员作参数

例如，用 stu[1].num 或 stu[2].name 作函数实参，将实参值传给形参。用法和用普通变量作实参是一样的，属于"值传递"方式。应当注意实参与形参的类型应保持一致。

2）用结构变量作实参

用结构变量作实参时，也采用"值传递"方式，将结构变量所占的内存单元的内容全部顺序传递给形参。实参与形参也必须是同类型的结构变量。

【例 8-6】 有一个结构变量 stu1，内含学生学号、姓名、数学和英语两门课的成绩。

要求在 main 函数中赋值，在函数 print 中将它们打印输出。

源程序：

```c
#include<stdio.h>
#include<string.h>
struct student
{   long int num;
    char name[20];
    float math;
    float eng;
 };
void main()
{
    void print(struct student);
    struct student stu1;
    stu1.num=80101;
    strcpy(stu1.name,"Lilin");
    stu1.math=80.5;
    stu1.eng=90;
    print(stu1);
}
void print(struct student stu)
{
     printf("%ld\n%s\n%.1f\n%.1f\n ", stu.num,stu.name,stu.math,stu.eng);
}
```

运行结果：

```
80101
Lilin
80.5
90.0
```

评注：在 main 函数中对结构变量 stu1 的各成员进行赋值，在调用 print 函数时以 stu1 作为实参向形参 stu 进行"值传递"。在 print 函数中输出结构变量 stu 各成员的值。

3）结构变量（或数组）的地址作为实参传递给形参。

【例 8-7】 将例 8-6 改用指向结构变量的指针作实参。

源程序：

```c
#include<string.h>
#include<stdio.h>
#define FORMAT "%ld\n%s\n%.1f\n%.1f\n"
struct student
{
    long int num;
```

```
        char name[20];
        float math;
        float eng;
    };
    void main()
    {
        struct student stu1={80101, "Lilin", 80.5, 90} , *sp=&stu1;
        void print(struct student *);         /* 形参类型修改成指向结构的指针变量 */
        print(sp);  /* 也可表示为 print(&stu1); 实质都一样即实参为 stu1 的起始地址 */
    }
    void print(struct student *p)             /* 形参类型修改为指针变量 */
    {
        printf(FORMAT, p->num, p->name, p->math, p->eng);
                                              /* 用指针变量调用各成员之值 */
        printf("\n");
    }
```

评注：此程序改用在声明结构变量 stu1 时赋初值，这样程序可简化些。print 函数中的形参 p 被声明为指向 struct student 类型的指针变量，用结构指针 sp 作实参，在调用函数时将 sp 的值（即&stu1）传送给形参 p，这样 p 就指向 stu1，如图 8.6 所示。在 print 函数中输出 p 所指向的结构变量的各个成员值，即 stu1 的成员值。

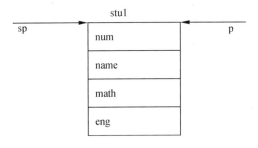

图 8.6　结构指针做函数参数

在 ANSI C 标准中，允许用结构变量作函数参数进行整体传递。但是这种传递要将全部成员逐个传递，特别是成员为数组时将会使传送的时间和空间开销很大，严重地降低了程序的效率。因此最好的办法就是使用指针，即用指针变量作函数参数进行传递。这时由实参传给形参的只是地址，从而减少了时间和空间的开销。

8.4　结构数组应用举例

【例 8-8】 统计候选人得票数。设有 3 个候选人，要选择其中的一人当班长。从键盘上输入得票的候选人的名字，输出最终的得票结果。

分析：声明一个全局结构数组 leader，有 3 个元素，每一元素包含两个成员 name（姓名）和 count（票数）。在声明数组时用如图 8.7 所示的数据初始化。

	name	count
leader[0]	chen	0
leader[1]	Yang	0
leader[2]	Zhou	0

图 8.7　选票的数组结构

源程序：

```c
#include "stdio.h"
#include "string.h"
struct person
{
   char name[10];
   int count;
}leader[3]={"Chen",0,"Yang",0,"Zhou",0};

void main()
{
   int i,j;
   char name[20];                          /* 存放被选中候选人的姓名 */
   for (i=1;i<=10;i++)
   {  scanf("%s",name);
      for(j=0;j<3;j++)
          if(strcmp(name,leader[j].name)==0) leader[j].count++;
   }
   printf("\n");
   for(i=0;i<3;i++)
       printf("%-6s:%2d\n", leader[i].name, leader[i].count);
}
```

测试数据： Zhou✓
　　　　　　Chen✓
　　　　　　Chen✓
　　　　　　Zhou✓
　　　　　　Zhou✓
　　　　　　Yang✓
　　　　　　Zhou✓
　　　　　　Zhou✓
　　　　　　Zhou✓
　　　　　　Yang✓

运行结果： Chen ： 2
　　　　　　Yang ： 2
　　　　　　Zhou ： 6

评注：本程序中，主函数中声明了字符数组 name，用于存放被选中候选人的姓名，在 10 次循环中每次先输入一个被选中候选人的姓名，然后将它与 3 个候选人姓名相比。需要注意的是：leader[j]是数组 leader 的第 j 个元素，包含 name 和 count 两个成员项，输入的候选人姓名应该和 leader 数组第 j 个元素的 name 成员相比，即输入的姓名应与 leader[j].name 比较，如果相等，则执行"leader[j].count++"。由于成员运算符"."优先于自增运算符"++"，因此相当于"(leader[j].count)++"，使 leader[j]的成员 count 的值加 1。

【例 8-9】 建立一个如表 8.1 所示的同学通讯录。要求能完成信息的添加、排序、输出和查询等功能。

表 8.1 同学通讯录

编号(idnumber)	姓名(name)	性别(sex)	电话号码(phone)	出生日期(birthday)
801101	Liyang	m	13151112868	1988.1.20
801102	Wanghui	m	13952568836	1989.7.15
801103	Lijing	f	13813173600	1990.4.18
...	...	...	...	...

分析：声明一个全局结构数组 stu 用于描述同学的相关信息，每个数组元素包含 5 个成员，其中成员出生日期（birthday）定义为另一个结构类型。main 函数建立如下菜单：

```
*************************************
    1------Input classmate information:
    2------Output all information:
    3------input name and find:
    4------input idnumber and find:
    5------sort idnumber:
    9------over:
*************************************
Please select(1/2/3/4/5/9):
```

源程序中，classlist 函数完成一个同学相关信息的添加，每输入一个同学的信息，全局变量 j 的值加 1；print 函数完成通讯录的输出；found_name 函数完成根据姓名查找的功能；found_idnum 函数完成根据学生编号查找的功能；found_sort 函数完成对通讯录按编号降序排序的功能。

源程序：

```c
#include "stdio.h"
#include "string.h"
#define NUM 300
struct date                    /* 定义结构类型 date */
{   int year;
    int month;
    int day;
};
struct classmate               /* 定义结构类型 classmate*/
```

```c
{   long int idnumber;
    char name[20];
    char sex;
    char phone[13];
    struct date birthday;        /* 成员 birthday 为 date 结构类型 */
};
/* 声明全局数组并赋初值 */
struct classmate stu[NUM]={{801105,"Liyang",'m',"13151112868",1988,1,20},
                          {801102,"Wanghui",'m',"13952568836",1989,7,15},
                          {801103,"Jijing",'f',"13813173600",1990,4,18}};
int j=3;        /* 声明 j 为全局变量并初始化，初始值为全局数组已赋初值的元素个数 */
void classlist()      /* classlist 函数完成同学信息的添加 */
{
   for( ;j<NUM;j++)   /* 使用全局变量 j 作为循环变量 */
   {
     printf("\ninput classmate idnumber(input "0" end):" );
     scanf("%ld", &stu[j].idnumber);
     if(stu[j].idnumber==0)  break;
     else
       {
         printf("\nPlease enter name/sex/phone/year/month/day:\n");
         scanf("%s %c %s %d %d %d",stu[j].name,&stu[j].sex,stu[j].phone ,
            &stu[j].birthday.year,&stu[j].birthday.month,&stu[j].birthday.day);
       }
   }
   getchar();                              /* 用来接收回车符 */
}
void print(struct classmate stu[])       /* 通讯录输出*/
{   int i;
   printf("\nidnumber    name    sex    birthday    phone");
   for(i=0;i<=j;i++)
     if(stu[i].idnumber==0)  break;
     else
       printf("\n%-12ld%-10s%2c%8d.%2d.%2d%15s",stu[i].idnumber,
           stu[i].name,stu[i].sex,stu[i].birthday.year,stu[i].birthday.
           month,stu[i].birthday.day,stu[i].phone);
}

void found_name(struct classmate stu[]) /* 结构数组作函数参数 */
{  int i;
   char name1[20];
   scanf("%s",name1);
   getchar();                              /* 用来接收回车符 */
   for(i=0;i<j;i++)
```

```c
      if(!strcmp(stu[i].name,name1))
       {
        printf("\n%-12ld%-10s%2c%8d.%2d.%2d%15s", stu[i].idnumber,
           stu[i].name,stu[i].sex, stu[i].birthday.year, stu[i].birthday.month,
              stu[i].birthday.day, stu[i].phone);
        break;                              /* 找到, 跳出循环 */
       }
   if(i==j)
     printf("\n Not found!");               /* 未找到 */
}

void found_idnum(struct classmate stu[])   /* 结构数组作函数参数 */
{
  int i;
  long idnum;
  scanf("%ld",&idnum);
  getchar();
  for(i=0;i<j;i++)
     if(stu[i].idnumber==idnum)
      {
        printf("\n%-12ld%-10s%2c%8d.%2d.%2d%15s",stu[i].idnumber, stu[i].name,
           stu[i].sex, stu[i].birthday.year, stu[i].birthday.month, stu[i].
              birthday.day,stu[i].phone);
        break;                              /* 找到,跳出循环 */
      }
   if(i==j)
     printf("\n Not found!");               /* 未找到 */
}

void found_sort(struct classmate stu[])    /* 按 idnumber 成员降序排列 */
{
  struct classmate temp;
  int i,k,max;
  for(i=0;i<j-1;i++)
   {
    max=i;
    for(k=i+1;k<j;k++)
      if(stu[max].idnumber<stu[k].idnumber)max=k;
    if(i!=max)
      {temp=stu[i]; stu[i]=stu[max]; stu[max]=temp; }
   }
}
void main()
{
```

```c
        int i; char name[20],s,cont;
        struct classmate *sp;
       while(1)
        { printf("\n        **********************************************\n" );
           printf("\n         1------Input classmate information:" );
           printf("\n         2------Output all information:" );
           printf("\n         3------input name and find:" );
           printf("\n         4------input idnumber and find:" );
           printf("\n         5------sort idnumber:" );
           printf("\n         9------over:" );
           printf("\n        **********************************************\n" );
           printf("\nPlease select(1/2/3/4/5/9):" );
           scanf("%c",&s);
           getchar();                              /* 用来接收回车符 */
           switch(s)
           {  case '1': printf("\nInput classmate information:" );classlist();
                    break;
              case '2': printf("\nOutput all information:" ); print(stu);break;
              case '3': printf("\ninput name :" );
                       found_name(stu);            /* 结构数组作函数参数 */
                       break;
              case '4': printf("\ninput idnumber :" );
                       found_idnum(stu);           /* 结构数组作函数参数 */
                       break;
              case '5': found_sort(stu); break;
              case '9': printf("\nover:" ); break;
              default: printf("\nError" );
           }
           if(s=='9')break;
           else
           {  printf("\nContinue return mainmenu?(Y/N)");
              scanf("%c",&cont); getchar();
              if(cont=='N'||cont=='n')break;
           }
        }
     }
```

评注：该程序把通讯录存放在一个外部结构数组中，每个函数都可以使用该数组。classlist 函数能完成信息的连续添加，输入 0 时结束；查询函数完成一次查询，须返回主菜单后，方可继续查询。程序中的"getchar();"语句是用来接收回车的，因为在执行 scanf 函数调用后，从键盘上输入的数据是以回车结束的，在取得输入的一个字符值后，用"getchar();"语句将回车吸收掉，接下来才能正确输入字符串，否则就会将回车键值直接存入数组所对应的成员里，而造成执行错误。

8.5 联 合

联合是一种类似于结构的构造型数据类型,允许不同类型和不同长度的数据共享同一块存储空间。例如,可把一个整型变量、一个字符型变量、一个实型变量放在同一个地址开始的内存单元中(如图 8.8 所示)。以上 3 个变量在内存中占的字节数不同,但都从同一地址开始(图中设地址为 2000)存放。

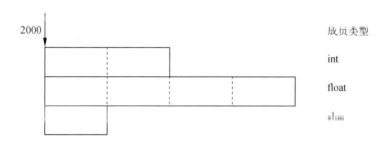

图 8.8 联合类型的存储形式

联合实质上采用了覆盖技术,允许不同类型数据互相覆盖。这些不同类型和不同长度的数据都是从该共享空间的起始位置开始占用该空间,在某一个时刻,只有一个成员的值有意义。这种使几个不同的变量共占同一段内存的结构,称为联合类型的结构。

8.5.1 联合的定义、联合变量的声明及引用

1. 联合的定义

联合的定义与结构类似,其一般形式如下:

union 联合名
{ 类型名1 成员名1;
类型名2 成员名2;
* ...*
类型名n 成员名n;
};

联合的定义只规定了联合的一种组织形式,并不分配存储空间。例如:

```
union mydata
{
  int i_data;
  char c_data;
  float f_data;
};
```

定义了一个名为 mydata 的联合类型,由 3 个不同数据类型的成员组成,并且共享同一块内存空间。

2. 联合变量的声明

一旦定义了一个联合类型，就可以用来声明联合变量，声明的方法与结构变量的声明非常相似。联合变量的声明一般有如下 3 种。

1）类型定义与变量声明分开。例如：

```
union mydata
{   int i;
    char ch;
    float f;
};
union mydata data1,data2;
```

2）类型定义与变量声明合在一起。例如：

```
union mydata
{
  int i;
  char ch;
  float f;
}data1,data2;
```

3）类型定义与变量声明合在一起，但缺省联合名。例如：

```
union
{
  int i;
  char ch;
  float f;
}data1,data2;
```

在以上 3 种定义形式的例子中，所声明的联合变量 data1 和 data2 分别有 3 个成员（i、ch 和 f）。编译时系统按该联合最长的成员为它们分配存储空间，上述联合定义中，由于 float 类型的数据最长，占用 4 个字节，所以联合变量 data1 和 data2 的长度分别为 4 个字节。

【例 8-10】 计算结构变量和联合变量所占用的存储空间。

源程序：

```
#include "stdio.h"
#include "conio.h"
union mydata
{
    int i;
    char ch;
    float f;
}data1;
struct hisdata
{
    int i;
```

```
    char ch;
    float f;
}data2;
void main()
{
    printf("%d,%d", sizeof(union mydata), sizeof(struct hisdata));
}
```

运行结果：

4,7

评注：程序的运行结果说明结构类型数据所占的内存空间为其各成员所占存储空间之和。而联合类型数据实际占用存储空间为其最长的成员所占的存储空间。

联合的成员可以是前面介绍过的任何一种数据类型，结构与联合可以相互嵌套。例如：

```
union yearcou
{
  int date;
  char country[20];
};
struct doctor
{
  char name[20];
  int age;
  union yearcou catalogue;          /* 结构中嵌套联合 */
};
```

3．联合变量的引用

联合变量也必须"先声明，后使用"，且不能直接引用联合变量，只能引用联合变量中的成员。其成员引用的一般形式：

联合变量名.成员名

或

(*联合指针名).成员名

或

联合指针名->成员名

【例 8-11】 阅读下列程序，考查联合变量成员的引用。

源程序：

```
#include "stdio.h"
union mydata
{
    int i;
```

```
    char ch;
    float f;
}data1,*p=&data1;
void main()
{
    data1.i=20;
    printf("%d,%d,%d\n",data1.i,p->i,(*p).i);
    data1.ch='M';
    printf("%c,%c,%c\n",data1.ch,p->ch,(*p).ch);
    data1.f=80.5;
    printf("%f,%f,%f\n",data1.f,p->f,(*p).f);
}
```

运行结果：

```
20,20,20
M,M,M
80.500000,80.500000,80.500000
```

评注：该程序在定义了一个联合类型 union mydata 的同时声明了一个该联合类型的变量 data1 和一个指向该联合类型的指针变量 p，并给指针变量 p 赋初值。程序首先给 data1 的 i 成员赋值，用 3 种不同形式输出 i 成员的值；然后给 data1 的 ch 成员赋值，输出 ch 成员的值；最后给 data1 的 f 成员赋值，输出 f 成员的值。

8.5.2 使用联合变量应注意的问题

使用联合变量需注意以下几个问题：

（1）参与运算或操作的是联合变量的某个成员，而不能是联合变量整体。例如，在例 8-11 中，如果使用语句：

```
printf("%d", data1);
```

则是错误的。应写成 "printf("%d", data1.i);" 或 "printf("%c", data1.ch);" 等。

（2）同一个内存段可以用来存放几种不同类型的成员，但在每一瞬时只能存放其中一种，而不是同时存放几种。联合变量中起作用的成员是最后一次存放的成员，在存入一个新的成员后原有的成员就失去作用。如有以下赋值语句：

```
data1.i=20;
data1.ch='M';
data1.f=80.5;
```

在完成以上 3 个赋值运算以后，只有 data1.f 是有效的，data1.i 和 data1.ch 已经无意义了。因最后一次的赋值是向的 data1.f 赋值，故引用 printf("%f", data1.f)是可以得到正确的值，而引用 printf("%d", data1.i)将得不到正确的结果。因此，在引用联合变量时应十分注意当前存放在联合变量中的究竟是哪个成员。

（3）联合变量的地址和它的各成员的地址都是同一地址。例如：&data1、&data1.i、

&data1.ch、&data1.f 都是同一地址值。

（4）不能在声明联合变量时对它初始化，也不能对联合变量名赋值。例如，下面这些都是不对的：

```
union
   {
     int i;
     char ch;
     float f;
   }a={1,'m',6.8};                    /* 不能初始化 */
a=2;                                  /* 不能对联合变量赋值 */
```

（5）不能把联合变量作为函数参数，也不能使函数带回联合变量，但可以使用指向联合变量的指针（与结构变量用法相仿）。

【例 8-12】 编程建立一个如表 8.2 所示的教师和学生登记表。如果身份是 student 时，则注明班级编号，如果身份是 teacher 时，则注明职称。并要求输入人员数据，然后再输出。

表 8.2 教师和学生登记表

编号(num)	姓名(name)	性别(sex)	身份(job)	班号或职称(class/position)
2101	Liu	F	student	201
2605	Zhang	M	teacher	professor
2102	Yang	M	student	201

源程序：

```
#include "stdio.h"
#include "string.h"
union categ                          /* 定义联合 */
  {
    int class;
    char position[10];
  };

struct person                        /* 定义结构 */
  {
    int num;
    char name[10];
    char sex;
    char job[10];
    union categ category;            /* 在结构中嵌套了联合作为结构的一个成员*/
  }person[3];
void main()
{
  int i;
  for(i=0;i<3;i++)
    {
```

```
            scanf("%d %s %c %s",&person[i].num,person[i].name,&person[i].sex,
                    person[i].job);
            if(!strcmp(person[i].job,"student"))
               scanf("%d", &person[i].category.class);
            else if(!strcmp(person[i].job,"teacher"))
               scanf("%s",person[i].category.position);
            else printf("input error!");
         }
    printf("\n");
    printf("No.\t Name\t\tsex\t job\t class/position\n");
    for(i=0;i<3;i++)
         {
            if(!strcmp(person[i].job,"student"))
               printf("%-6d    %-15s %-6c %-10s %-6d\n",person[i].num,
                    person[i].name,person[i].sex,person[i].job,person[i].
                    category.class);
            else
               printf("%-6d    %-15s %-6c %-10s %-10s\n",person[i].num,
                    person[i].name,person[i].sex,person[i].job,person[i].
                    category.position);
         }
}
```

运行结果：

No.	Name	sex	job	class/position
2101	Liu	F	student	201
2605	Zhang	M	teacher	professor
2102	Yang	M	student	201

评注：在 main 函数之前声明了结构数组 person，在结构类型声明中包括了联合类型，category（分类）是结构中一个成员名，在这个联合中成员为 class 和 position，前者为整型，后者为字符数组。

8.6 枚　　举

8.6.1 枚举类型的概念及其定义

自然界有很多事物虽然可以用数字来标识它们，但用具体的名字描述则含义更为明确。比如一个星期的每一天，虽可以用 1, 2, 3, …, 7 来分别表示，但用 Monday, Tuesday, …, Sunday 来说明更清晰直观。再如一年中的 12 个月、4 个季度等都是类似的情况。如果一个变量只有几种可能的值，可以定义为枚举类型。所谓"枚举"是指将变量可能的取值一一列举出来。枚举类型定义的一般形式是：

enum 枚举名　*{枚举元素1，枚举元素2，…，枚举元素n};*

其中，枚举元素是常量，故也称为枚举常量。

例如：

enum weekday{sun, mon, tue, wed, thu, fri, sat};
enum color {red, yellow, blue, white, black};

枚举类型的定义规定了该类型的变量的取值范围，枚举类型及枚举常量在程序编译时并不分配内存空间。

定义了枚举类型，就可以用此类型来声明枚举变量。枚举变量的声明主要有如下 3 种方式。

1）声明与定义分开。例如：

enum weekday{sun, mon, tue, wed, thu, fri, sat};
enum weekday workday, week_end;

2）声明与定义合一。例如：

enum weekday{sun, mon, tue, wed, thu, fri, sat}workday, week_end;

3）缺省枚举名。例如：

enum {sun, mon, tue, wed, thu, fri, sat}workday, week_end;

以上 3 种情况都能把 workday 和 week_end 声明为同类型的枚举变量。在编译时，将为声明的变量分配内存空间，一个枚举变量所占用的空间与 int 型量相同。因为一个枚举常量仅仅是用户定义的一个标识符，这些标识符并不自动地代表什么含义。例如，不因为写成 sun，就自动代表"星期天"，"星期天"也可以用 Sunday 标识。用什么标识符代表什么含义，完全由程序员决定，并在程序中作相应处理。

8.6.2 枚举变量的使用

设有枚举类型定义及枚举变量声明如下：

enum weekday{sun, mon, tue, wed, thu, fri, sat} workday, week_end;

为了正确使用枚举型及枚举变量，应注意以下几点。

- 枚举类型定义时，花括号中列出的是枚举常量，而不是变量，不能对它们赋值。例如："sun=0;"、"mon=1;"均是错误的。
- 枚举元素是有值的，C 语言编译器将按定义时的顺序使它们的值依次为 0，1，2，3，…。例如，在上面定义中，sun 的值为 0，mon 的值为 1，……，sat 的值为 6。故赋值语句"workday=mon;"在执行后，变量 workday 的值为 1。此时，"printf("%d",workday);"执行后，将会输出整数 1。
- 枚举元素的值也可以在定义时指定，例如：

enum weekday{sun=7, mon=1, tue, wed, thu, fri, sat}workday, week_end;

定义 sun 为 7，mon 为 1，以后依次加 1，最后的枚举常量 sat 值为 6。

- 枚举变量和枚举值可以用来做比较。例如，"if (sun<mon)…"、"if (workday==sat)…"等。枚举值的比较规则是按其在定义时的顺序号比较。
- 一个整数不能直接赋给一个枚举变量。例如，语句"workday=5;"是错误的，因为它们属于不同的类型。如果要赋值，应先进行强制类型转换。例如，语句"workday=(enum weekday)5;"，相当于将顺序号为 5 的枚举元素赋给 workday，即相当于"workday=fri;"。
- 由于 C 编译程序将枚举常量作为整型数来处理，所以在程序中任何可使用常数的地方，都可以使用枚举常量。如：

```
enum color{red, green, yellow} col;
    …
switch(col)
    {
        case red: printf("red\n"); break;
        case green: printf("green\n");break;
        case yellow: printf("yellow\n"); break;
        default: printf("undefined\n"); break;
    }
    …
```

- 同一作用域内，枚举常量与变量必须互不相同。

【例 8-13】 某餐厅用苹果、橘子、香蕉、菠萝、梨 5 种水果制作水果拼盘，要求每个拼盘中恰有 3 种不同水果，计算可制作出多少种这样的水果拼盘并列出组合方式。

分析： 解决这个问题的方法很多，可以用数组，也可以用结构。在这里，使用枚举类型数据来解决此问题，因为总共只有 5 种水果，可以在有限的范围内一一列举出来，故可用 "enum plate {apple,orange,banana,pineapple,pear};" 来表示它。用 x、y 和 z 表示一种方案中的 3 个选项。并且这 3 个选项不能重复。声明变量 num 用来记录选择方案的数目。

源程序：

```
#include "stdio.h"
void main()
{
 enum plate {apple,orange,banana,pineapple,pear};
 enum plate x,y,z;
 char *fruits[][10]={"apple","orange","banana","pineapple","pear"};
 int num=0;
 for(x=apple;x<=pear;x++)
   for(y=x+1;y<=pear;y++)
     for(z=y+1;z<=pear;z++)
       printf("\n%-5d%-12s%-12s%-12s",++num,fruits[x],fruits[y],fruits[z]);
}
```

评注： 在此程序中，x 的值从 apple 变化到 pear，y 的值从 x+1 变化到 pear，z 的值从 y+1 变化到 pear，保证了果盘中有 3 种不同的水果。

8.7 用 typedef 为类型定义别名

C 语言允许用 typedef 对一个已有的类型另外说明一个新的类型标识符。说明新类型名的语句一般形式为：

typedef 旧类型名 新类型名；

其中，typedef 是关键字；"旧类型名"必须是在此语句之前已有定义的类型标识符；"新类型名"是一个用户定义的标识符。typedef 语句的作用仅仅是用"新类型名"来代表已存在的"旧类型名"，并未产生新的数据类型，原有类型名依然有效。例如：

```
typedef int INTEGER;
```

把一个用户命名的标识符 INTEGER 说明成了一个 int 类型的别名。在此说明之后，可以用标识符 INTEGER 来定义整型变量，例如：

```
INTEGER a,b,c;
```

与

```
int a,b,c;
```

是完全等价的两条变量声明语句。为了便于识别，习惯上将新的类型名用大写字母表示。

注意：

① typedef 与#define 是有区别的。例如：

```
typedef int COUNT;
```

与

```
#define COUNT int
```

它们的作用都是用 COUNT 代表 int。但事实上，二者是不同的。#define 是在预编译时处理的，只能作简单的字符串替换；而 typedef 是在编译时处理的，实际上并不是作简单的字符串替换，而是对已有的数据类型增加一个新名字。

② 在用新类型名定义变量时，新类型说明中的附加部分不能写上。例如：

```
typedef int ARRAY[10];
```

则新类型名为 ARRAY，代表有 10 个整型元素的数组，可以用它来这样定义数组：

```
ARRAY a ,b;
```

而不能写成

```
ARRAY[10] a,b;
```

③ 用 typedef 说明新类型名的目的是为了简化书写，便于阅读，这对简化结构类型名尤为有用，应该学会使用。

8.8 实践活动

活动一：知识重现

说明：在本章中，详细讲解了结构、结构变量、结构数组、联合、枚举类型等相关概念。在此过程中，请关注以下问题：

1. 什么是结构类型和结构变量？
2. 结构变量存储时所占的内存空间怎么计算？
3. 结构变量的引用方法。
4. 注意枚举类型变量的声明、赋值及使用。

活动二：编写程序，并上机调试

要求：建立 10 名学生的信息表，每个学生的数据包括学号、姓名及一门课的成绩。要求从键盘输入这 10 名学生的信息，并按照每一行显示一名学生信息的形式将 10 名学生的信息显示出来。以下给出了程序的初步框架，请不要改动已经给出的部分，完善下列程序。

```
#include "stdio.h"
struct stud
{
    int num;
    char name[20];
    float score;
};
struct stud s[10];

void main()
{
    int i;
    for(i=0;i<10;i++)
     {
        printf("input number: ");
        scanf("%d", &s[i].num);
        printf("input name: ");
        scanf("%s", s[i].name);
        printf("input score: ");
        scanf("%f", &s[i].score);
     }
    for(i=0;i<10;i++)
     {
        printf("%5d %12s %7.2f",_____);
     }
}
```

习 题

【本章讨论的重要概念】

通过学习本章，应掌握的重要概念如图 8.9 所示。

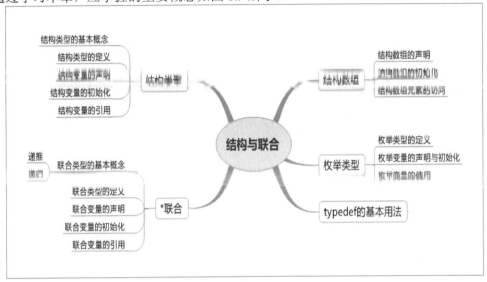

图 8.9　思维导图——结构与联合

【基础练习】

选择题

1. 当声明一个结构变量时，系统分配给它的内存是_____。
   A．各成员所需内存量的总和　　B．结构中第一个成员所需内存量
   C．成员中占内存最大者所需的容量　D．结构中最后一个成员所需的内存量
2. C 语言结构类型变量在作用域内_____。
   A．所有成员一直驻留在内存中　　B．只有一个成员驻留在内存中
   C．部分成员驻留在内存中　　　　D．没有成员驻留在内存中
3. 以下 scanf 函数调用语句中对结构变量成员引用错误的是_____。

   ```
   struct pupil
   { char name[20];   int age;    int sex;} pup[5], *p;  p=pup;
   ```

   A．scanf ("%s", pup[0].name);　　B．scanf ("%d", &pup[0].age);
   C．scanf ("%d", &(p->sex));　　　D．scanf ("%d", p->age);
4. 下面对 typedef 的叙述中不正确的是_____。
   A．用 typedef 可以定义各种类型名，但不能用来定义变量
   B．用 typedef 可以增加新类型
   C．用 typedef 只是将已存在的类型用一个新的标识符来代表
   D．使用 typedef 有利于程序的通用和移植

填空题

1. 关于下面的程序段，能打印出字母 M 的语句是_____。

```
struct person {char name[9]; int age;};
struct person class[10]={"John",17,"Paul",19,"Mary",18,"Adam",16};
```

2. 下面程序的运行结果是_____。

```
void main()
{ struct cmplx {int x;int y;}cnum[2]={1,3,2,7};
  printf("%d\n",cnum[0].y/cnum[0].x*cnum[1].x);
}
```

3. 以下程序用以输出结构变量 bt 所占用的内存单元的字节数，请在横线上填上适当的内容。

```
struct ps { double i;  char arr[20];  };
void main()
{ struct ps bt;
  printf("bt size:%d\n",_____);
}
```

4. 以下程序用来按学生姓名查询其排名和平均成绩，查询可以连续进行，直到输入 0 时结束，请在横线上填上适当的内容。

```
#include "stdio.h"
#include "string.h"
#define NUM 4
struct student {int rank;  char *name;  float score; }
stu[]={3,"Tom",89.3, 4,"Mary",78.2, 1,"Jack",95.1, 2,"Jim",90.6 };
main()
{ char str[10]; int i;
  do { printf("Enter a name:"); scanf("%s",str);
       for(i=0;i<NUM;i++)
       if(_____)
           { printf("name      :%8s\n",stu[i].name);
             printf("rank      :%3s\n",stu[i].rank);
             printf("average   :%5.1f\n",stu[i].score);
             _____;
           }
       if(i>=NUM)printf("Not found!\n");
  } while(strcmp(str,"0")!=0);
}
```

【拓展训练】

1. 下列程序运行时的输出结果是_____。

```
struct stu { int x;int *y; } *p;
```

```
int dt[4]={10,20,30,40};
struct stu a[4]={50,&dt[0],60,&dt[1],70,&dt[2],80,&dt[3]};
void main()
{  p=a;
   printf("%d,",++p->x);
   printf("%d,",(++p)->x);
   printf("%d\n",++(*p->y));
}
```

2. 下列程序运行时的输出结果是_____。

```
void main()
{ struct example{ struct{int x;int y;}in; int a;  int b; }e;
  e.a=1;e.b=2;  e.in.x=e.a*e.b;  e.in.y=e.a+e.b;
  printf("%d,%d",e.in.x,e.in.y);
}
```

3. 以下程序的运行结果是_____。

```
struct n{ int x;char c; };
void main()
{  struct n a={10,'x'};
   func(a);
   printf("%d,%c",a.x,a.c);
}
int func(struct n b)
{ b.x=20;    b.c='y';    }
```

4. 定义一个结构变量（包括年、月、日）。计算该日在本年中是第几天（注意闰年问题）？

5. 用一个数组存放图书信息，每本书是一个结构，包括下列几项信息：书名、作者、出版年月、借出否，试写出描述这些信息的说明，并编写一个程序，读入若干本书的信息，然后打印。

【问题与程序设计】

设计几个比较两个身份证的大小（顺序关系）的函数，利用菜单选择需要执行的函数。假设比较准则如下：以出生年月为标准；以身份证号大小为标准；以姓名的编码为标准。

第 9 章 指 针 进 阶

学习目标
1. 掌握指针数组的定义及其应用，了解二级指针的基本概念；
2. 理解二维数组的指针和指向二维数组的指针变量；
3. 了解指向函数的指针，理解指针型函数；
4. 初步了解内存的动态分配和动态回收过程；
5. 初步掌握单向链表的建立与访问、在单向链表中插入、删除结点等算法。

9.1 指 针 数 组

9.1.1 指针数组的概念

如果一个数组的每个元素均为指针类型，则称该数组为指针数组。指针数组的所有元素都可视作指针变量，并且这些指针变量指向相同类型的数据。指针数组声明的一般形式为：

数据类型 *数组名[数组长度];

其中，数据类型表示数组的基类型；"*"是一个说明符，表明此后声明的数组是一个指针数组，亦即该数组的每个元素均可存放与数组基类型相同的变量的指针；数组长度表示该指针数组中元素的个数。例如：

```
int *pa[3];
```

表示 pa 是指针数组，有 3 个数组元素，每个元素均可存放一个整型变量的地址。由于运算符"[ ]"比"*"的优先级高，所以数组名 pa 先与"[3]"结合，形成数组的定义形式。再如：

```
char *pname[5]={"JiangSu","ShanDong","ZheJiang","GuangXi","AnHui"};
```

由此定义的指针数组中，其元素与字符串的关系如图 9.1 所示。

【例 9-1】 阅读下列程序，理解指针数组的应用。
源程序：

```
#include<stdio.h>
```

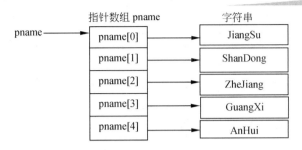

图 9.1　指针数组举例

```
void main()
{  int i;
   char *pname[5]={"JiangSu","ShanDong","ZheJiang","GuangXi","AnHui"};
   for(i=0;i<5;++i)  puts(pname[i]);
}
```

运行结果:

```
JiangSu
ShanDong
ZheJiang
GuangXi
AnHui
```

评注：本例中，puts 函数的作用是输出各字符串。指针数组 pname 中的元素 pname[0] 到 pname[4]分别存储的是各字符串的首地址。

9.1.2　指向指针的指针变量

如果一个指针变量中存放的是另一个指针变量的地址，则称该指针变量为指向指针的指针变量。指向指针的指针变量的一般声明形式如下：

数据类型 ****指针变量名；**

其中，**表示其后说明的标识符是指向指针的指针变量（或称为二级指针）。例如：

　　int **p;

该语句声明了一个指针变量 p，它是一个指向指针的指针变量。例如，设有变量声明和赋值语句如下：

　　int x=5,*q=&x;
　　int **p;
　　p=&q;

上述程序段中，q 是基类型为 int 的指针变量，用于指向整型变量 x，p 是一个基类型为 int 的二级指针，初值为&q，即 p 是指向指针变量 q 的二级指针变量。整型变量 x、指针变量 q 和 p 之间的逻辑关系如图 9.2 所示。

图 9.2　变量、一级指针、二级指针之间的关系示意

【例 9-2】　阅读下列程序，理解通过指向指针的指针变量间接访问变量值的方法。
源程序：

```
#include<stdio.h>
void main()
{   int a=10,*b,**c;
    b=&a;
    c=&b;
    printf("%d,%d,%d\n",a,*b,**c);
    *b=20;                          /* 通过 b 间接访问 a */
    printf("%d,%d,%d\n",a,*b,**c);
    **c=30;                         /* 通过 c 间接访问 a */
    printf("%d,%d,%d\n",a,*b,**c);
}
```

运行结果：

10,10,10
20,20,20
30,30,30

评注：程序中声明的变量 c 为二级指针变量。变量 c 指向变量 b（c=&b），故*c（即*&b）等于 b；又因为变量 b 指向变量 a，故**c（即*b）等于变量 a。变量 a,b,c 之间的关系如图 9.3 所示。

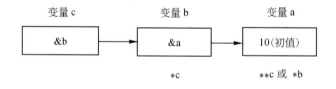

图 9.3　二级指针示意

在例 9-1 中，pname 是一个指针数组，程序用下标法来访问 pname 数组的元素。设想声明一个指针变量，用于指向指针数组 pname，由于 pname 是一个指针数组，它的每一个元素都可以存放一个字符串的首地址，故用于指向 pname 的指针变量实质上是一个指向指针的指针变量。所以指向指针数组的指针变量必须定义为二级指针。

【例 9-3】　阅读下列程序，理解用二级指针进行间接访问的方法。
源程序：

```
#include<stdio.h>
void main()
```

```
{   char *pname[5]={"JiangSu","ShanDong","ZheJiang","GuangXi","AnHui"};
    char **p;
    for(p=pname;p<pname+5;p++)
        puts(*p);                    /* 输出指针*p 所指向的字符串 */
}
```

运行结果:

```
JiangSu
ShanDong
ZheJiang
GuangXi
AnHui
```

评注：从这一例子可以看到，采用二级指针后，可使字符串处理更加简洁和高效。

9.1.2 指针数组应用举例

【例9-4】 编程将5个字符串（如："JiangSu", "ShanDong", "ZheJiang", "GuangXi", "AnHui"）按字母顺序由小到大排序后输出。

分析：二维字符数组和指针数组都可以存储若干字符串，但在实际应用中，指针数组比二维数组更常用、更有效。主要体现在：

- 声明二维字符数组时，需要指定列数。而实际上各字符串长度一般是不相等的。如果按最长的字符串来定义列数，则势必会浪费许多内存单元。指针数组则不存在这个问题，因为仅是把字符串的首地址存储在指针数组的一个元素中。
- 在对字符串进行排序时，若使用二维字符数组存储字符串，则需要逐个比较之后交换字符串的位置。反复的交换将使程序执行的速度变慢。使用指针数组时，由于数组元素存放的是字符串的首地址，因此，排序不需要交换字符串存储的位置，只需交换指针数组相应两个元素的内容（即地址）即可。

```
#include<stdio.h>
#include<string.h>
#define N 5                    /* 字符串个数 */
void sort(char **name,int n);
void print(char *name[],int n);
void main()
{
    char *pname[N]={"JiangSu","ShanDong","ZheJiang","GuangXi","AnHui"};
    printf("before sorted:\n");
    print(pname,N);             /* 排序前输出各字符串 */
    sort(pname,N);              /* 排序 */
    printf("after sorted:\n");
    print(pname,N);             /* 排序后输出各字符串 */
}
```

```c
void sort(char *name[],int n)
{
   char *pt;
   int i,j,k;
   for(i=0;i<n-1;i++)               /* 选择排序算法 */
   {
      k=i;
      for(j=i+1;j<n;j++)
         if(strcmp(name[k],name[j])>0) k=j;
      if(k!=i)
      {  pt=name[i];  name[i]=name[k]; name[k]=pt;  }
   }
}
void print(char **name,int n)
{  int i;
   for(i=0;i<n;i++)
      printf("%s\n",name[i]);   /* 或 printf("%s\n",*(name+i)); */
}
```

运行结果：

```
before sorted:
JiangSu
ShanDong
ZheJiang
GuangXi
AnHui
after sorted:
AnHui
GuangXi
JiangSu
ShanDong
ZheJiang
```

评注：本程序中定义了两个函数，函数 sort 完成字符串的排序，函数 print 完成字符串的输出。主函数通过调用 sort 函数实现对字符串的排序，通过调用 print 函数实现字符串的输出。调用 sort 函数和 print 函数时，以指针数组名 pname 作为实在参数传递给 sort 函数和 print 函数对应的形式参数。由于数组名代表的是数组的首地址，即第一个元素的地址，故指针数组名 pname 即为&pname[0]，而 pname[0]是指向字符串的指针变量，所以数组名 pname 实际上是一个指向指针的指针，即二级指针，故在定义 sort 函数和 print 函数时，用于接收这个二级指针的形式参数的一般形式应为：char **name（name 是一个二级指针变量，如 print 函数中所示）或 char *name[]（name 用于接收指针数组的首地址，如 sort 函数中所示）。数组 pname 在排序前和排序后元素的指向情况，如图 9.4 所示。

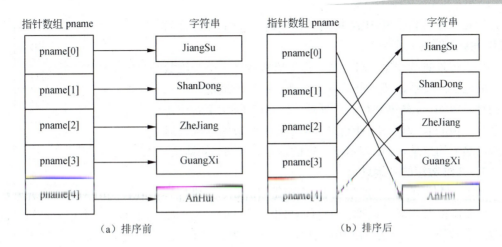

（a）排序前　　　　　　　　　　（b）排序后

图 9.4　用指针数组对多个字符串排序示意

9.2　二维数组的指针和指向二维数组的指针变量

在 C 语言中，指针与数组的关系极为密切。第 6 章中讲述了一维数组的指针和指向一维数组的指针变量等基本概念。本节中将阐述二维数组的指针和指向二维数组的指针变量等基本概念，并阐述使用间接访问法访问二维数组元素的方法。

9.2.1　二维数组的行地址和列地址

1. 二维数组的行地址

C 语言中，数组的基类型既可以是系统定义的任何类型，也可以是用户自定义的类型。对于二维数组，如果将二维数组中的每一行元素看作一个整数，那么一个二维数组可以被看作是一个一维数组，这个一维数组的每个元素均为长度相同且具有相同数据类型的一维数组。例如，设有声明语句"int s[3][4];"，则 s 数组的逻辑结构如图 9.5 所示。

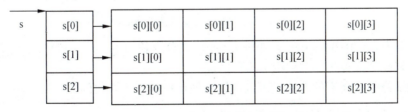

图 9.5　二维数组 s 的逻辑结构示意

二维数组 s 包含 3 行，如每一行看作为一个整体，则 s 数组可看作包含 3 个元素的一维数组，3 个元素分别为 s[0]、s[1]和 s[2]。s 是该一维数组的数组名，也是该一维数组的首地址。s 是元素 s[0]的地址，s+1 是元素 s[1]的地址，s+2 是元素 s[2]的地址。

而 s[0]、s[1]、s[2]分别表示一行，所以 s、s+1、s+2 分别是第 0 行、第 1 行、第 2 行的首地址。这些地址也被称为二维数组 s 的行地址，如图 9.6 所示。

于是，*s 等价于*(s+0)，即为元素 s[0]，*(s+1)即为元素 s[1]，*(s+2)即为元素 s[2]。

由于行地址代表某一行（这一行可以看成是一个一维数组）的地址，而不是某一个元素的地址，故行地址是一个二级指针。例如，s 是第 0 行的首地址，即 s[0]（s[0]可看作是 s[0][0]、s[0][1]、s[0][2]、s[0][3]这 4 个元素组成的一维数组的数组名）的地址，s+1 表示下一行的地址，即 s[1]的地址。

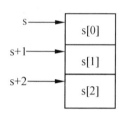

图 9.6　二维数组 s 的行地址示意

2．二维数组的列地址

s[0]、s[1]、s[2]是一维数组名，s[0]是 s[0][0]、s[0][1]、s[0][2]、s[0][3]这 4 个元素组成的一维数组的数组名。同理，s[1]是 s[1][0]、s[1][1]、s[1][2]、s[1][3]这 4 个元素组成的一维数组的数组名，s[2]是 s[2][0]、s[2][1]、s[2][2]、s[2][3]这 4 个元素组成的一维数组的数组名。

一维数组名代表数组首元素的地址。因此，s[0]代表一维数组 s[0]中第 0 列元素的地址（&s[0][0]）。同理，s[1]代表一维数组 s[1]中第 0 列元素的地址（&s[1][0]），s[2]代表一维数组 s[2]中第 0 列元素的地址（&s[2][0]），如图 9.7 所示。

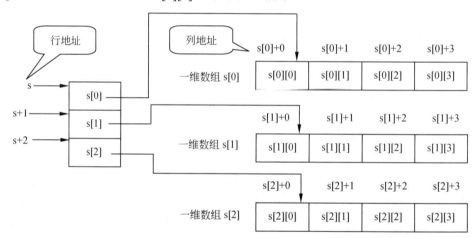

图 9.7　二维数组 s 的行地址和列地址示意

图 9.7 中，s[0]+0、s[0]+1、s[0]+2、s[0]+3 分别是 s[0][0]、s[0][1]、s[0][2]、s[0][3]的地址，这些地址被称为二维数组 s 的列地址。

列地址是数组元素的地址，可以利用列地址指向某一个实际的二维数组元素。

9.2.2　通过地址引用二维数组的元素

设有以下定义：

```
int s[3][4], i, j;
```

由前面的阐述可知，元素 s[0][0]的地址可以表示为&s[0][0]、s[0]或*s 等。同理，若有 0≤i<3，0≤j<4，则元素 s[i][j]的地址可以表示为&s[i][j]、s[i]+j 或*(s+i)+j。因此，s 数组的元素 s[i][j] 也可以用*(&s[i][j])、*(s[i]+j)、*(*(s+i)+j)、(*(s+i))[j]、*(&s[0][0]+4*i+j)等表达式来引用，这些表示形式都是等价的。s 数组中各种表示形式和含义，如表 9.1 所示。

表 9.1 二维数组 s 中各种表示形式和含义

表 示 形 式	含 义
s	二维数组名，指向一维数组 s[0]，即第 0 行首地址
s[0], *(s+0), *s	第 0 行的首地址
s+1	第 1 行首地址
s[1]+0, *(s+1), *(s+1)+0, &s[1][0]	第 1 行第 0 列元素的地址
*(s[1]+2), *(*(s+1)+2), s[1][2], (*(s+1))[2]	第 1 行第 2 列元素的值 s[1][2]

9.2.3 指向二维数组的指针变量

1. 指向二维数组元素的指针

二维数组的地址有列地址和行地址两类。列地址是数组元素的地址，使用该地址对一指针变量进行初始化，那么该指针变量就指向二维数组元素。这种指针被称为指向二维数组元素的指针或者被称为列指针。由于该指针变量指向的是二维数组元素，所以指针的基类型应为二维数组元素的类型。

【例 9-5】 阅读下列程序，理解指向二维数组元素的指针变量的应用。

源程序：

```
#include<stdio.h>
void main()
{   int a[3][4]={{0,2,4,6},{1,3,5,7},{9,10,11,12}};
    int *p;
    for(p=a[0]; p<a[0]+12; p++)
    {   if((p-a[0])%4==0)printf("\n");       /* 每行输出四个元素 */
        printf("%4d",*p);                    /* 输出当前 p 所指向元素的值 */
    }
}
```

运行结果：

```
0   2   4   6
1   3   5   7
9  10  11  12
```

评注：本程序中，p 是一个指向整型变量的指针变量，由于 a[0] 是 a[0][0] 的地址，所以执行语句 p=a[0] 后，p 指向数组 a 的第一个元素 a[0][0]；通过语句 "printf("%4d",*p);" 输出 p 所指向元素的值；通过 for 语句中的 p++，可使 p 指向数组的下一个元素。本例对二维数组元素的指针引用方法实际上是把二维数组作为一维数组来处理的。

【例 9-6】 阅读下列程序，理解 lessavg 函数调用时实参与形参的结合。

源程序：

```
#include<stdio.h>
#define M 3
#define N 3
void lessavg(float *,int);
```

```
void main()
{   float a[M][N]={{65,67,70},{80,89,97},{69,76,80}};
    lessavg(&a[0][0],M*N);
}
void lessavg(float *p,int n)
{   float sum=0,average;
    float *p1;
    int i;
    p1=p;                              /* p1 指向第一个元素 a[0][0] */
    for(;p1<p+n;p1++)
        sum=sum+(*p1);
    average=sum/n;                     /* average 存储平均值 */
    printf("average=%5.2f",average);
    printf("\nthe array elements(less<%5.2f):\n",average);
    for(i=0;i<n;i++)
        if(p[i]<average)               /* 或 if(*(p+i)<average) */
            printf("%5.2f\n",p[i]);    /* 或 printf("%5.2f\n", *(p+i)); */
}
```

评注：本程序中，主函数调用函数 lessavg 时，传递的是二维数组第一个元素的地址，二维数组元素的类型是 float 型，所以函数 lessavg 中形参 p 被声明为指向一个 float 型变量的指针变量。

2. 指向二维数组行的指针

行地址代表某一行（一行可以看成是一个一维数组）的地址，使用该地址对一指针变量进行初始化，那么该指针变量便指向二维数组的一行。这种指针变量被称为指向二维数组行的指针变量，简称行指针。行指针不同于指向元素的指针，因此，它与指向元素的指针变量的定义形式也不相同。行指针变量定义的一般形式为：

数据类型 （*行指针名）[长度]*；

其中"长度"表示行指针所指向的一维数组的长度（即二维数组的列数），"数据类型"表示行指针所指一维数组的元素类型。"*"表示其后定义的标识符是指针。例如，变量声明语句"int (*p)[4]=s;"表示定义的指针变量 p 用以指向包含 4 个整型元素的一维数组，也可理解为 p 用以指向列数为 4 的二维数组的行。

【例 9-7】 阅读下列程序，理解行指针的应用。

源程序：

```
#include<stdio.h>
void main()
{   int s[3][4]={{0,2,4,6},{1,3,5,7},{9,10,11,12}};
    int(*p)[4],i,j;
    scanf("%d%d",&i,&j);
    p=s;
    printf("%d\n",*(*(p+i)+j));
}
```

测试数据：<u>1 3 ↙</u>
运行结果：7

评注：本程序中行指针 p 被赋值为 s，p 指向二维数组 s 的第 0 行（数组 s[0]），p+i 指向二维数组 s 的第 i 行（数组 s[i]），*(p+i)是 s[i][0]元素的地址，*(p+i)+j 是 s[i][j]元素的地址，*(*(p+i)+j)代表元素 s[i][j]。

9.2.4 二维数组名作为函数参数

当二维数组名作为函数的实参时，对应的形参必须是一个行指针变量。例如，若主函数中有以下定义及函数调用语句：

```
#include<stdio.h>
#define M 3
#define N 4
void main()
{
   int a[M][N];
   …
   fun(a);
   …
}
```

则 fun 函数（假设 fun 函数为 void 类型）定义时的首部可以是以下 3 种形式之一：

- void fun(int (*p)[N])
- void fun(int p[][N])
- void fun(int p[M][N])

注意：上述 3 种方式中，无论是哪一种方式，编译系统都将把 p 处理成一个行指针。和一维数组相同，数组名传递给形参的是一个地址值，因此，对应的形参也必定是一个类型相同的指针变量，在函数中引用的将是主函数中的数组元素，系统只为形参开辟一个存放地址的存储单元，而不是在调用函数时为形参开辟存放实参数组全部元素的存储单元。

【例 9-8】 阅读下列程序，理解二维数组名作为实参的参数传递方式。
源程序：

```
#include<stdio.h>
#define M 3
#define N 4
int max_value(int (*p)[4],int rnum);
void main()
{  int s[M][N]={{1,3,12,7},{2,14,6,28},{15,47,34,12}};
   printf("max value is %d\n",max_value(s,M));
}
int max_value(int (*p)[N], int rnum)
                        /* 或 int max_value(int p[][N],int rnum)*/
{  int i,j,max;
```

```
        max=p[0][0];                    /* 或 max=**p; */
        for(i=0;i<rnum;i++)
          for(j=0;j<N;j++)
            if(p[i][j]>max)
              max=p[i][j];               /* 或 max=*(*(p+i)+j); */
        return max;
}
```

运行结果：

```
max value is 47
```

9.3 函数的指针与指向函数的指针变量

函数被调用时，必须调入到内存，函数的指针即为该函数所占内存区的入口地址（或称函数的首地址）。如果把函数的指针赋予一个指针变量，这个指针变量就是指向函数的指针变量。也可以通过指向函数的指针变量来找到并调用这个函数。

9.3.1 指向函数的指针变量的声明

指向函数的指针变量的一般声明形式为：

数据类型 （*指针变量名）();

其中数据类型表示指针变量所指向函数的返回值的类型。最后一对空的圆括号表示指针变量所指向的是一个函数。例如，变量声明语句"int (*pf)();"中，pf 被声明为一个指向函数的指针变量，该函数的返回值是整型。它在没有赋值前不指向一个具体的函数，不能随便使用。

9.3.2 用指向函数的指针变量调用函数

指向函数的指针变量不是固定指向哪一个函数的，而只是表示声明了这样一个类型的指针变量，它是专门用来存放函数的入口地址的。在程序中把哪个函数（函数的返回值类型应与函数指针的数据类型保持一致）的地址赋给它，它就指向哪个函数。在程序中，同一个函数指针可以先后指向同类型（返回值类型相同）的不同函数。

用指向函数的指针变量调用函数的一般形式为：

（*指针变量名）（实参表列）

或

指针变量名（实参表列）

【**例 9-9**】 阅读下列程序，理解用指向函数的指针变量来调用函数的方法。

源程序：

```
#include<stdio.h>
int max(int,int);
int min(int,int) ;
```

```
void main()
{   int(*p)();
    int x,y,l,j;
    printf("Please input two numbers:\n");
    scanf("%d %d",&x,&y);
    p=max;                  /* 函数名 max 表示函数的入口地址（首地址）*/
    l=(*p)(x,y);            /*与"l=max(x,y);"等价, 即 l=p(x,y);*/
    printf("max=%d\n",l);
    p=min;                  /* 函数名 min 表示 min 函数的入口地址（首地址）*/
    j=(*p)(x,y);            /* 与"j=min(x,y);"等价, 即 j=p(x,y);*/
    printf("min=%d\n",j);
}
int max(int a,int b)
{   if(a>b) return a;
    else return b;
}
int min(int a,int b)
{   if(a<b) return a;
    else return b;
}
```

测试数据：6 10 ✓

运行结果：max=10
　　　　　　min=6

评注：赋值语句"p=max;"的作用是将函数 max 的入口地址赋给指针变量 p，和数组名代表数组首元素的地址类似，函数名代表函数的入口地址，这时变量 p 就是指向函数 max 的指针。语句"l=(*p)(x,y);"的功能是通过函数指针来调用 max 函数，和语句"l=max(x,y);"等价。指针变量 p 开始指向函数 max，后来指向函数 min，在程序中，同一指针变量可以先后指向同类型（返回值类型相同）的不同函数。

注意：
不要对指向函数的指针变量进行算术运算，这与指向数组的指针变量是不同的。指向数组的指针变量加减一个整数可使指针移动指向后面或前面的数组元素，而函数指针的移动是无意义的。

函数调用表达式中"(*指针变量名)"两边的括号不可缺少。

9.4　返回值为指针的函数

一个函数的返回值类型可以是整型、字符型、实型等，也可以是指针类型，这种返回值是指针类型的函数称为指针型函数。指针型函数定义的一般形式为：

数据类型 *函数名(形参表)
{
...
}

其中函数名前的*号表明这是一个指针型函数，即返回值是一个指针。数据类型表示返回的指针所指向数据的类型。例如：

```
int *ap(int x,int y)
{
  ...
}
```

表示 ap 是一个函数,它的返回值是一个指针,该指针指向一个整型变量。

【例 9-10】 编写一个函数连接两个字符串,并且返回连接后字符串的首地址。

源程序:

```
#include<stdio.h>
char *catstr(char *str1,char *str2);
void main()
{  char s1[100]="BeiJing";
   char s2[100]="2008";
   char *result=NULL;
   result=catstr(s1,s2);
   printf("\nthe result is :%s\n",result);
}
char *catstr(char *str1,char *str2)
{  char *temp=str1;
   while(*str1!='\0')str1++;
   while(*str2!='\0')
   {  *str1=*str2;
      str1++;
      str2++;
   }
   *str1='\0';
   return temp;
}
```

运行结果:

the result is :BeiJing2008

评注:本程序中,函数 catstr 被定义为指针型函数,该函数的返回值是第一个字符串的首地址。

9.5 链　　表

通常程序开发的最重要的部分是数据的表示,正确的数据表示能够使得程序其余部分的编写变得简单。但是正确的数据表示方式不仅仅是选择一种数据类型,还必须考虑到对数据的操作。当用户设计一个方案来表示数据时,可能需要自己来定义有效的操作。

下面是一个数据表示的实例。假设想写一个学生成绩管理程序。对每一个学生需要记录各种信息,比如学号、姓名、性别、出生年月、成绩等。首先想到的是用结构数组来表示学生列表,每个结构数组元素表示一个学生。为了简化操作,假设该结构只有学生学号和学生成绩两个成员，定义如下：

```
struct student
{ int id;
  float score;
};
```

现在声明结构数组，首先要确定数组的长度（一个常量），数组的长度应与学生人数相同，问题是学生的人数是无法确定的。一种办法就是设定一个预期的最大的数组元素个数，例如 struct student a[1000]，但这样可能会带来以下两个问题：

- 学生数超过数组元素的最大数（1000）的限制，程序将失效；
- 学生数远远低于所设定的元素的最大数，将造成系统资源的浪费。

理想情况是，不必事先指定多少个元素，有一个学生，就新分配一个元素的内存空间，无须在程序开始时分配大块内存。如有学生退学，就释放该学生所占用的存储空间，从而节约了宝贵的内存资源。比如有 1000 个学生，程序就分配 1000 次。

但现在的问题是内存空间的分配不是一次完成的，而是多次完成的。每次分配一个内存块，块内连续，而块间不一定连续。如何把这么多独立的内存块构成一个相互联系的整体呢？在 C 语言中，运用链表就可以有效地解决这个问题。

9.5.1 链表的概念

链表是一种常见的重要的数据结构，是动态地进行存储分配的一种结构。在本书中，只介绍最简单的单向链表的基本概念及在这种数据结构上的一些常用算法。

1. 自引用结构

当一个结构中的一个或多个成员的基类型就是本结构类型时，通常把这种结构称为可以"引用自身的结构"，简称自引用结构。例如：

```
struct node
{ char c;
  struct node *next;
}a;
```

在上述定义中，next 是一个指向 struct node 类型变量的指针成员，因此，"a.next=&a;"就是合法的赋值语句，由此构成的存储结构如图 9.8 所示。

图 9.8　自引用结构示意

【例 9-11】 阅读下列程序，理解自引用结构的应用。

源程序：

```
#include<stdio.h>
struct student
{ int id;
```

```
    float score;
    struct student * next;
};
void main()
{
    struct student a,b,c,*head,*p;
    a.id=1000; a.score=90;
    b.id=1001; b.score=86;
    c.id=1002; c.score=78;         /* 对结点的 id 和 score 成员赋值 */
    head=&a;                       /* 将结点 a 的起始地址赋给头指针 head */
    a.next=&b;                     /* 将结点 b 的起始地址赋给 a 结点的 next 成员 */
    b.next=&c;                     /* 将结点 c 的起始地址赋给 b 结点的 next 成员 */
    c.next=NULL;                   /* c 结点的 next 成员不存放其他结点地址 */
    p=head;                        /* 使 p 指针指向 a 结点 */
    while(p!=NULL)                 /* p 的值为 NULL,表示链表已经结束 */
    {
        printf("%d %5.1f\n",p->id,p->score);   /* 输出 p 指向的结点的数据 */
        p=p->next;                             /* 使 p 指向下一结点 */
    }
}
```

运行结果：

```
1000  90.0
1001  86.0
1002  78.0
```

评注：本例中，首先定义了 struct student 自引用结构类型。在 main 函数中，声明了 3 个结构变量 a，b，c，两个结构指针 head 和 p，然后通过赋值建立了如图 9.9 所示的具有 3 个学生相关信息的单向链表。

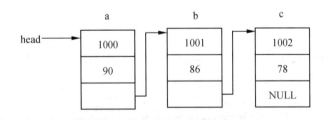

图 9.9 3 个学生相关信息组成的链表示意

链表中的每个元素被称为一个结点，第一个结点称为首结点。一个结点中可以包含多个成员（如例 9-11 中有 3 个成员），其中必须有指向本结构类型的指针成员（如例 9-11 中的指针成员 next），用于指向下一个同类型的结点。

一般在处理链表时，应有一个被称为头指针的结构指针指向链表的首结点（如例 9-11 中的指针变量 head，指向链表的首结点 a）；链表从第一个结点开始，每个结点的指针域存放的是下一个结点的地址,即指向下一个结点;链表最后一个结点的指针域的值应为 NULL 或 0("空地址"),表示链表到此结束。因此,指针域为 NULL 或 0 的结点被称为尾结点(如例 9-11 中的 c)。

在例 9-11 中,链接到一起的每个结点(结构体变量 a,b,c)都是由系统在内存中开辟的固定的、不一定连续的存储单元。在程序执行的过程中,无法再产生新的存储单元,也不可能释放存储单元,从这一角度出发,可称这种链表为"静态链表"。在实际应用中,使用更广泛的是一种"动态链表"。

9.5.2 动态内存分配

到目前为止,凡需要成批处理数据时,都是利用数组来存储的。定义数组必须指明数组的长度,从而也就限定了能够在一个数组中存放的数据量。在实际应用中,一个程序在每次运行时要处理数据的数目通常并不确定,数组如果定义小了将没有足够的空间存放数据,定义大了又会浪费存储空间。为了解决这一问题,C 语言提供了动态内存分配的手段。

动态内存分配不需要预先分配内存空间,而是由系统根据需要即时分配,且分配的内存空间的大小由实际需要来决定。在 C 语言中,动态内存分配通过内存管理函数来实现,常用的内存管理函数有以下 3 个。

1)分配内存空间函数 malloc。

函数原型:void *malloc(unsigned int size);

功能:在内存的动态存储区中分配一块长度为 size 字节的连续内存空间。若分配成功,则函数的返回值为该存储区的首地址;否则返回 NULL(空指针)。

例如:

```
char *pc;
pc=(char *)malloc(sizeof(char));
```

2)分配内存空间函数 calloc。

函数原型:void *calloc(unsigned int n,unsigned int size);

功能:在内存动态存储区中分配 n 块长度为 size 字节的连续的内存空间。若分配成功,则函数的返回值为该存储区的首地址;否则返回 NULL(空指针)。

例如:

```
int *pi;
pi=(int *)calloc(2,sizeof(int));
```

3)释放内存空间函数 free。

函数原型:void free(void *p);

功能:释放 p 所指向的一块内存空间,该函数无返回值。

例如:

```
char *pc;
pc=(char *)malloc(sizeof(char));
```

```
free(pc);
```

【例 9-12】 阅读下列程序,考查内存管理函数的应用。

源程序:

```c
#include<stdio.h>
struct student
{   int id;
    float score;
    struct student *next;
};
void main()
{
    struct student *ps;
    ps=(struct student*)malloc(sizeof(struct student));
    ps->id=10001;
    ps->score=97;
    printf("student id=%d \nscore=%f\n",ps->id,ps->score);
    free(ps);
}
```

运行结果:

```
student id=10001
score=97.000000
```

评注: 本程序中,定义了 struct student 类型的指针变量 ps;然后分配一块字节数为 sizeof(struct student)的内存空间,并把该空间首地址赋予 ps,使 ps 指向该区域;再通过 ps 访问各成员;最后用 free 函数释放 ps 指向的内存空间。整个程序包含了申请内存空间、使用内存空间、释放内存空间 3 个步骤,实现了存储空间的动态分配。

9.5.3 单向链表的常用操作

数据的正确表示对于程序开发很重要,但是程序的开发不仅仅是选择一种数据类型,还必须考虑到对该数据类型的操作。比如前面提到的单向链表,还要考虑它的相关操作,如初始链表建立、链表的输出、链表结点的插入和删除等操作。链表可以非常方便地实现结点的插入和删除。

设有结构类型定义如下:

```c
struct student
{   int id;
    float score;
    struct student *next;
};
```

下面以学生成绩管理程序为例,阐述链表的常用操作。

1. 链表的建立

链表的建立是指在程序的执行过程中从无到有地建立起一个链表，即一个一个地开辟结点空间，输入结点的数据，并建立起结点之间的链接关系。

建立一个链表，要注意以下 3 点。

1) 指出链表的首结点。

建立链表时，通常要指出链表第一个结点的位置，否则将无法存取该链表中的结点。一般解决方法如下：定义一个与链表结点同类型的结构指针，用于存储第一个结点的地址，或者称其指向第一个结点。

2) 指明链尾。

要明确指出链表的尾结点，以便告诉编译系统，链表处理到此结束。一般解决方法如下：置链表最后一个结点指针域的值为 NULL（NULL 是宏名，在头文件 stdio.h 中被定义，代表 0）。

3) 申请内存空间，建立新结点并添加到链表中。

（1）给新结点分配空间，并保留该空间的首地址。例如：

```
new=(struct student *)malloc(sizeof(struct student));
```

new 指针变量指向 struct student 类型。new 指针变量存储新结点的地址，或称为指向新结点。

（2）给新结点数据成员赋值。例如：

```
new->id=1000;  new->score=98; new->next=NULL;
```

（3）将新结点加入到链表中，这时需要考虑以下两种情况：

- 如果原链表为空表，则将新建结点作为首结点。这时指针 head 应指向该结点。
  执行语句"head=new;"，执行结果如图 9.10（a）所示（新结点学号为 1000）。
  此时，该结点既是链表的第一个结点，也是链表的最后一个结点，尾指针 tail 应指向该结点。执行语句"tail=new;"后，如图 9.10（b）所示。

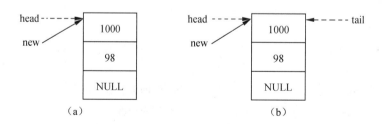

图 9.10 链表的建立（原链表为空表）

- 如果原链表为非空，则将新建结点添加到表尾，尾指针 tail 指向表尾结点（与 head 一样，tail 也是基类型与链表中结点类型相同的结构指针）。

执行语句"tail->next=new;"后，执行结果如图 9.11（a）所示（新结点学号为 2001）。此时，新结点为链表的最后一个结点。

执行语句"tail=new;"后，tail 指向新的链尾结点，如图 9.11（b）所示。

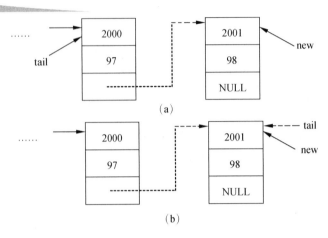

图9.11 链表的建立（原链表为非空表）

建立链表的函数如下：

```c
#include<stdio.h>
#include<malloc.h>
struct student
{
   int id;
   float score;
   struct student *next;
};
struct student *create()
{
   struct student *head, *tail, *new;
   head=tail=new=NULL;                    /* NULL 是宏名，代表 0 */
   new=(struct student *)malloc(sizeof(struct student));
   scanf("%d,%f",&new->id,&new->score);
   new->next=NULL;
   while(new->id!=0)                      /* 当学号值为 0 时，表示链表建立完毕 */
   {
      if(head==NULL)                      /* 判断链表是空还是非空 */
          head=new;                       /* 空表情况 */
      else
          tail->next=new;                 /* 非空表情况 */
      tail=new;                           /* 新添加结点成为链表的尾结点*/
      new=(struct student *)malloc(sizeof(struct student));
      scanf("%ld,%f",&new->id,&new->score);
      new->next=NULL;
   }
   tail->next=NULL;                       /* 尾结点的指针值为空，本例中该语句可不写 */
```

```
        return(head);                          /* 返回链表的首地址 */
}
```

2. 链表的输出

如果要将链表中各个结点的数据依次输出，可以先声明一个结构指针（如结构指针名为 current）指向第一个结点（即执行语句 current=head;），接着访问 current 指针所指向结点的数据成员，然后让 current 指针指向下一个结点（即执行语句 current=current->next;），再访问 current 指向的新结点，如此循环往复，直到尾结点。

链表的输出函数如下：

```
void print(struct student *head)
{   struct student *current;
    printf("Now, records are :\n");
      current=head;
      while(current!=NULL)
      {
         printf("%d %f\n",current->id,current->score);
         current=current->next;
      }
}
```

3. 链表结点的删除

链表的删除操作就是将一个待删除结点从链表中分离出来，不再与链表中的其他结点有任何联系。要删除链表中的结点，首先要找到被删除的结点，从第一个结点开始依次往后查找（遍历各结点），直到找到被删除的结点或者直到链表遍历结束。如果找到被删除的结点，则删除该结点。

假设当前正在遍历的结点由指针 current 指向，当前结点的前一个结点由指针 prior 指向。从单链表中删除一个结点，应考虑以下两种情况。

1）被删除的是首结点。

如果被删除结点是链表中的首结点，那么只要将头指针 head 指向首结点的下一个结点即可删除首结点。例如，删除前的单向链表如图 9.12（a）所示，现在要删除学号为 1000 的学生结点，即应删除链表中的首结点。假设结构指针 head 和 current 都指向首结点，则执行语句"head=current->next;"即可从链表中删除首结点，如图 9.12（b）所示。

2）被删除结点不是首结点。

如果待删除的结点不是首结点，只要将前一结点的指针指向当前结点的下一结点即可删除当前结点。例如，删除结点前的单向链表如图 9.13（a）所示，现要删除学号是 2001 的学生结点，假设 current 指针指向该结点，prior 指针指向被删除结点的前一个结点，则执行语句"prior->next=current->next;"即可删除结点，删除后的单向链表如图 9.13（b）所示。

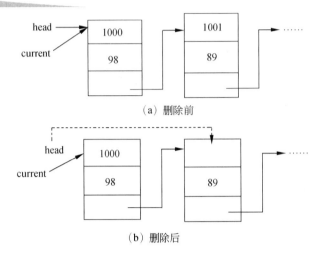

（a）删除前

（b）删除后

图 9.12　删除首结点前后的单向链表示意

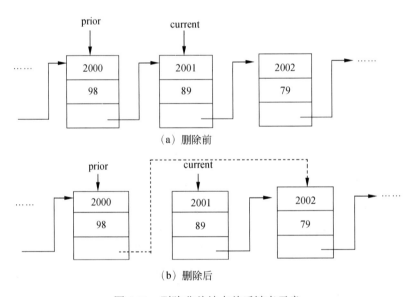

（a）删除前

（b）删除后

图 9.13　删除非首结点前后链表示意

实现在链表中删除结点操作的函数如下：

```
struct student *del(struct student *head,long id)
{
    struct student *prior, *current;
    if(head==NULL)
        printf("\nList null!\n");
    else
    {
        current=head;
        while(id!=current->id && current->next!=NULL)
        { prior=current;            /* prior 指向当前结点 */
          current=current->next;/* current 指向下一个结点（新的当前结点）*/
```

```
        }
        if(id==current->id)
        {
           if(current==head)         /* 判断结点是首结点还是其他结点 */
               head=current->next;   /* 头指针 head 指向首结点的下一个结点 */
           else
               prior->next=current->next;
                                    /* 前一结点的指针指向当前结点的下一结点 */
           printf("\n%d deleted\n",id);
        }
        else  printf("%d not been found!\n",id);
     }
     return(head);
}
```

4. 链表结点的插入

链表的插入操作是指将一个待插入结点插入到已有链表的适当位置。在将待插结点插入链表时，首先要找到插入位置，方法是从第一个结点开始依次往后查找（遍历各结点），直到找到插入位置为止，然后把新结点插到相应位置。

由于结点的插入操作涉及适当的位置，一般假设已建立了一个有序链表，该链表根据某数据成员排序，新结点插入后，要保证链表仍然按原序有序。

为了解决这一问题，需定义 3 个结构指针，分别为 new（指向新结点）、current（指向当前结点）和 prior（指向当前结点的前一结点）；并假设链表已按数据成员学号从小到大有序。将一个新结点插入到链表中，要考虑以下两种情况。

（1）寻找待插入的位置。要找到待插入的位置，可以从第一个结点开始依次往后查找（当前指针 current 从 head 开始依次往后移动），直到找到第一个学号大于新结点学号的结点为止，新结点应当插入在该结点的前面；如果链表中所有结点的学号都比新结点的学号小，则新结点的位置应该在链表的末尾，插入后使新结点成为链表新的尾结点。

（2）插入结点。插入结点时，应考虑以下 3 种情况。

- 在首结点前插入新结点。此时，新结点的指针域应指向原来的第一个结点，head 指针应指向新插入的结点。例如，假设插入结点前的链表如图 9.14（a）所示，若要插入学号是 1000 的结点，该结点应当插入到原链表的首结点（current 指针指向该结点）前，执行语句组 "new->next=current; head=new;" 即可完成插入，插入结点后的链表如图 9.14（b）所示。
- 插入位置在链表中间。此时，将待插入新结点的指针域指向当前结点，而当前结点前一结点的指针域指向待插入的新结点即可完成插入操作。例如，插入前单向链表如图 9.15（a）所示，现要插入学号是 2001 的新结点，则执行语句组 "new->next=current; prior->next=new;" 即可完成新结点的插入操作，插入新结点后的单向链表如图 9.15（b）所示。

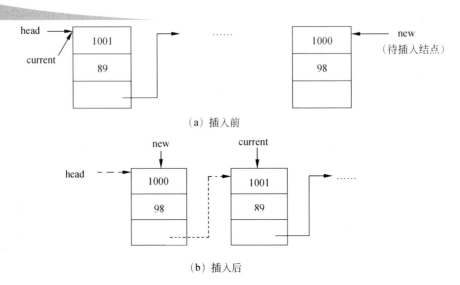

(a)插入前

(b)插入后

图 9.14 新结点作为首结点插入时单向链表变化示意

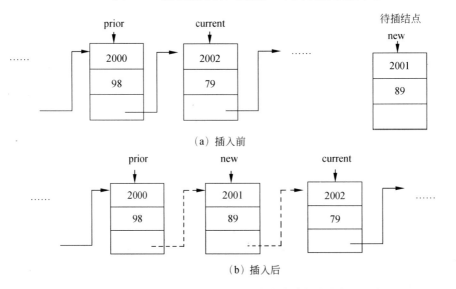

(a)插入前

(b)插入后

图 9.15 在链表中间插入新结点时单向链表变化示意

- 新结点作为尾结点插入。此时，原链表尾结点的指针域指向待插入的新结点，而待插入结点的指针域置为 NULL 即可完成插入操作。例如，插入前单向链表如图 9.16（a）所示，现要插入学号是 3002 的结点，则执行语句组"current->next=new; new->next=NULL;"即可完成插入操作，插入新结点后的单向链表如图 9.16（b）所示。

实现在链表中插入新结点操作的函数如下：

```
struct student *insert(struct student *head, struct student *stud)
                                /* stud 指向待插入的新结点 */
{
  struct student *new, *current, *prior;
  current=head;
```

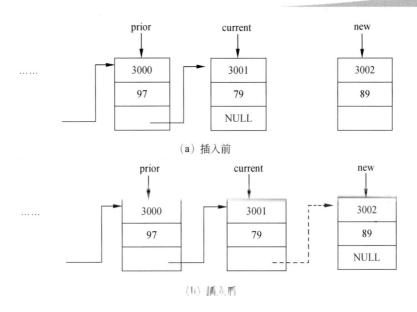

图 9.16　在链表尾部插入新结点时单向链表变化示意

```
new=stud;
if(head==NULL)                    /* 原来是空链表 */
{
   head=new;
   new->next=NULL;
}
else
{  /* 下面循环的目标是找到新结点待插入的位置 */
   while((new->id>current->id)&&(current->next!=NULL))
   {
      prior=current;              /* prior 指向当前结点 */
      current=current->next;      /* current 指向当前结点的下一个结点 */
   }
   if(new->id<=current->id)
   {  /* 该分支表示把新结点放到第一个比它大的结点前面 */
      if(head==current)           /* 判断是否插入到首结点的前面 */
          head=new;               /* 插入到第一个结点的前面 */
      else
          prior->next=new;        / * 插入到中间 */
      new->next=current;
   }
   else
   {  /* 该分支代表没有找到比新结点大的结点, 所以插入到最后 */
      current->next=new;
      new->next=NULL;
   }
}
```

```
        return(head);
}
```

说明：

前面详细阐述了链表的建立、输出、删除、插入等函数，如果设计 main 函数，在 main 函数中调用这些函数的功能，就能完成对链表的综合操作。

9.6 典型例题

【例 9-13】 设某单向链表结点的定义如下：

```
typedef struct node
 {   char ch;
     struct node *next;
 }linklist;
```

编程要求：

- 编写函数 linklist *create(char x[])，其功能是建立一个单向链表，该链表中每个结点的值域保存 x 数组的一个元素值。
- 编写函数 linklist *revlist(linklist *head)，其功能是将 head 链逆置。例如，原链表如图 9.17（a）所示，逆置后的链表如图 9.17（b）所示。
- 编写 main 函数，初始化一个字符数组，以该字符数组名作为实在参数调用 create 函数生成单向链表；调用 revlist 函数将所生成的链表逆置，最后输出链表中每个结点的值。

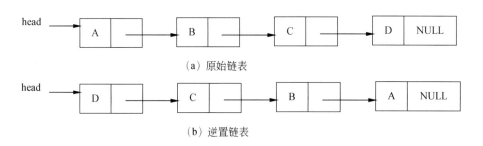

图 9.17 链表逆置前后示意

分析：

本题要实现 3 个功能：(1) 建立一个单向链表；(2) 将原来的链表逆置；(3) 输出链表。

功能 (1)、(3) 的实现思路，采用前面所讲链表的基本操作的实现思路。功能 (2) 实现的方法不止一种，下面提供一种实现方式。

① 使 hp 指向 head 链表，置 head 为 0（head 链表为空链表）。

② 从 hp 指向的链表的第一个结点开始，依次从 hp 链表中删除每个结点，并将所删除的结点再依次插入到 head 链表第一个结点之前，直到 hp 链表为空时结束。

源程序：

```c
#include<stdio.h>
#include<malloc.h>
typedef struct node
{   char ch;
    struct node *next;
}linklist;
linklist *create(char x[])
{
    int i;
    linklist *pt,*pr,*p=NULL;
    for(i=0;x[i]!='\0';i++)
    {   pt=(linklist *)malloc(sizeof(linklist));
        pt->ch=x[i];
        if(p==NULL)            /* 判断链表是否是空链表 */
        {  p=pt; pr=pt;}       /* 空链表情况 */
        else
        {  pr->next=pt;pr=pt;} /* 链表非空情况 */
    }
    return p;                  /* 返回链表的头指针 */
}
linklist *revlist(linklist *head)
{
    linklist *hp,*p=NULL;
    hp=head;
    head=NULL;                 /* head 链表为空链表 */
    while(hp)                  /* 判断 hp 是否为空，为空时表示处理链表结束 */
    {   p=hp;                  /* p 指向当前 hp 所指向的结点 */
        hp=hp->next;           /* hp 指向当前结点的下一结点 */
        p->next=head;          /* p 所指向结点的指针成员指向 head 链表的首结点 */
        head=p;                /* p 所指向结点成为链表的首结点 */
    }
    return head;
}
void print(linklist *phead)
{
    while(phead!=NULL )        /* 判断链表处理是否结束 */
    {
        printf("%c",phead->ch); /* 输出当前 phead 所指向结点的 ch 成员值 */
        phead=phead->next;     /* phead 指向当前结点的下一结点 */
    }
    printf("\n");
}
```

```
void main()
{
    linklist *head;
    char x[]="ABCD";
    head=create(x);           /* 建立链表，并且 head 指向链表的第一个结点 */
    print(head);              /* 输出链表，实参为链表的头指针 */
    head=revlist(head);       /* 逆置链表，并且 head 指向逆置后链表的第一个结点 */
    print(head);              /* 输出链表，实参为链表的头指针 */
}
```

运行结果：

ABCD
DCBA

评注：本程序中，函数 create 的功能是建立链表，实现思路和链表建立的操作基本相同，不同的是链表每个结点中保存 x 数组的一个元素值。函数 print 输出链表各结点的数据成员的值。函数 revlist 功能是将原链表逆置，并返回逆置后链表的头指针。

【**例 9-14**】 请设计程序，实现两个链表的合并。设链表的结点定义如下：

```
typedef struct node
 {  char ch;
    struct node *next;
 }linklist;
```

链表 pa 和 pb 均已按成员 ch 升序排列，现要求实现两个链表的合并，合并后的链表按成员 ch 升序排列。合并前后的链表如图 9.18 所示。

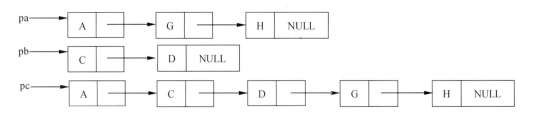

图 9.18 链表归并前后示意

分析：这是一个综合性的问题，要用到链表的建立、输出及归并排序等算法。设计思路如下：

（1）当前 pa 所指向结点的成员 ch 与当前 pb 所指向结点的成员 ch 进行比较，ch 值小的结点链接到新的链表 pc 中。

（2）如果 pa、pb 中有一个链表已经比较结束（一个链表中的结点已经全部链接到新链表 pc 中），则把另外一个链表剩余的结点链接到新链表的末尾。

源程序：

```
#include<stdio.h>
typedef struct node
 {   char ch;
```

```
        struct node *next;
}linklist;

linklist *merge(linklist *pa,linklist *pb)
{
    linklist *pc=NULL,*ptail=NULL;      /* pc 为新链表的头指针 */
    while(pa!=NULL && pb!=NULL)
    {
        if(pa->ch<pb->ch)
        {   if(pc==NULL) pc=pa;
            else ptail->next=pa;
            ptail=pa;           /* ptail 指向新链表的尾结点 */
            pa=pa->next;        /* pa 指向当前结点的下一个结点（pa 链表） */
        }
        else
        {   if(pc==NULL) pc=pb;
            else ptail->next=pb;
            ptail=pb;           /* ptail 指向新链表的尾结点 */
            pb=pb->next;        /* pb 指向当前结点的下一个结点（pb 链表）*/
        }
    }
    if(pa!=NULL)
        ptail->next=pa;         /* pa 没有结束，pa 链表剩余结点链接到新链表的末尾 */
    else
        ptail->next=pb;         /* pb 没有结束，pb 链表剩余结点链接到新链表的末尾 */
    return pc;
}
```

评注：链表归并函数 merge 是一个带参函数，两个形参表示两个链表的头指针。该函数的返回值为新链表的头指针。

9.7 实 践 活 动

活动一：知识重现

说明：本章着重讲述了指针数组、二级指针、函数的指针、链表的相关操作等概念。在本章的学习过程中，请关注以下问题：

1. 指针数组和数组的区别与联系；
2. 变量、一级指针、二级指针等基本概念；
3. 二维数组的指针和函数的指针等基本概念；
4. 链表的概念及链表的创建、插入、删除、输出等操作。

活动二：编程练习

要求：有若干计算机图书，书名分别为"BASIC"，"FORTRAN"，"PASCAL"，"C"，"FoxBASE"。请将这些书名按字母顺序从小到大输出。下列程序中，函数 sort 的功能是完成排序，在主函数中进行输入输出。请在不改变主函数的情况下，完成 sort 函数的设计并上机调试。要求用指针数组实现。

```
void sort(char *name[], int count)
    {
      /* 请完善该函数 */
    }
void main()
{   char *name[5]={ "BASIC","FORTRAN","PASCAL","C","FoxBASE"};
    int i=0;
    sort(name,5);              /*使用字符指针数组名作实参,调用排序函数sort*/
    for(; i<5; i++)     /*输出排序结果*/
        printf("%s\n",name[i]);
}
```

习　　题

【本章讨论的重要概念】

通过学习本章，应掌握的重要概念如图 9.19 所示。

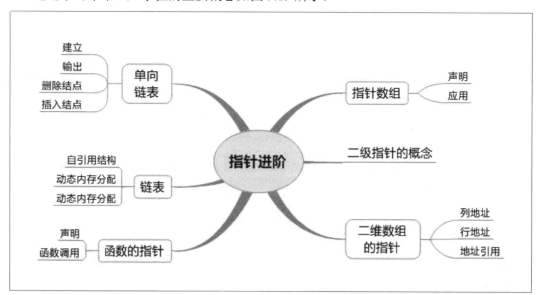

图 9.19　思维导图——指针进阶

【基础训练】

单选题

1. 若有声明"int a[4][3]={1,2,3,4,5,6},*p=a[1], (*q)[3]=a;"，则下列选项中不能输出 6 的语句是＿＿＿＿＿＿＿。

　　A．printf("%d",a[1][2]);　　　　　　B．printf("%d",*(p+2));
　　C．printf("%d",**(q+1));　　　　　　D．printf("%d",q[1][2]);

2．若有声明"int a[N][M];"（其中 M，N 均为常量），则与*a[k](0≤k<N)等价的表达式是_____。

    A．*(a+k)　　　　B．&a[k][0]　　　　C．a[k][0]　　　　D．a[k]+0

3．以下对二维数组的声明中，正确的是_____。

    A．char str[2][3]={"1","2","3"};　　　　B．char b[][3]={0};

    C．char b[2][]={0};　　　　D．char b[][]={0};

4．若有声明"int a,*p=&a,b[4],c[3][4],(*d)[4]=c,*e[4];"，则以下表达式中错误的是_____。

    A．p[0]　　　　B．d[0]　　　　C．c[0]=b　　　　D．p=c[2]

5．已知有结构类型定义如下：

```
struct {  int x;
          char *y;
       }a[2]={1,"ab",2,"cd"},*p=a;
```

则下列选项中不能输出字符 d 的是_____。

    A．printf("%c",*((++p)->y+1));　　　　B．printf("%c",++(++p)->y);

    C．printf("%c",*(++p)->y+1);　　　　D．printf("%c",*++(++p)->y);

6．设有结构定义和变量声明：

```
struct node
{ char data;
  struct node *next;
};
struct node *p,*q,*r;
```

并设指针 p、q、r 分别指向一个链表中连续的 3 个结点，如图 9.20 所示。

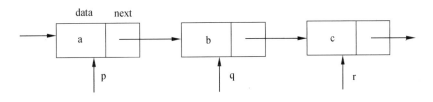

图 9.20　链表局部示意

现要将 q 和 r 所指结点交换前后位置，同时要保持链表的连续，下列不能完成此操作的语句是_____。

    A．q->next=r->next;p->next=r;r->next=q;

    B．p->next=r;q->next=r->next;r->next=q;

    C．q->next=r->next;r->next=q;p->next=r;

    D．r->next=q;p->next=r;q->next=r->next;

7．设有结构定义如下：

```
struct ss{ char data; struct ss *next;}
```

且已建立以下链表结构，指针 p 和 q 已指向如图 9.21 所示的结点。
则以下选项中可将 q 所指结点从链表中删除并释放该结点的语句组是_____。

A．(*p).next=(*q).next; free(p);
B．p=q->next; free(q);
C．p=q; free(q);
D．p->next=q->next; free(q);

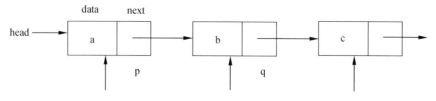

图 9.21　链表局部示意

填空题

1．下列程序运行时的输出结果是_____。

```
#include<stdio.h>
#include<stdlib.h>

int fun(int n)
{
    int *p;
    p=(int*)malloc(sizeof(int));
    *p=n; return *p;
}

void main()
{
    int a;
    a=fun(10);
    printf("%d\n", a+fun(10));
}
```

2．下列程序运行时的输出结果是_____。

```
#include<stdio.h>
int fun(int (*s)[4],int n, int k)
{
    int m, i;
    m=s[0][k];
    for(i=1;i<n;i++)
        if(s[i][k]>m)
            m=s[i][k];
    return m;
}

void main()
{
    int a[4][4]={{1,2,3,4},{11,12,13,14},{21,22,23,24},{31,32,33,34}};
```

```
        printf("%d\n", fun(a,4,0));
}
```

3. 下列程序运行时的输出结果是_____。

```
#include<stdio.h>
#include<string.h>

void f(char p[][10],int n)
{   char t[10];
    int i,j;
    for(i=0;i<n-1;i++)
       for(j=i+1;j<n;j++)
         if(strcmp(p[i], p[j])>0)
          {  strcpy(t, p[i]);
             strcpy(p[i], p[j]);
             strcpy(p[j], t);
          }
}

void main()
{
   char p[5][10]={"abc", "aabdfg", "abbd", "dcdbe", "cd"};
   f(p, 5);
   printf("%d\n", strlen(p[0]));
}
```

【拓展练习】

1. 下面的程序首先建立一个链表，并输出链表上的数据值，函数 fun 的参数是链表的首指针，它完成的功能是：将链表中各结点分量 data 的数值为偶数的结点依次调到链表的前面。方法是，根据结点的值，分为奇偶数两个链表，然后将两个链表拼接在一起。请完善下列程序，使其完成题述功能。

```
#include<stdio.h>
#include<alloc.h>
struct node
{   int data;
    struct node *next;
};
struct node *fun(struct node *head)
```

```
{
    struct node *p=head, *even=0, *odd=0, *p1=0, *p2=0;
    if(head==NULL)
        return head;
    while(p)
    {
        if(p->data%2)
            if(odd==0)
                { odd=p; p1=p;}
            else {
                    _____ ;
                    p1=p;
                 }
        else if(even==0)
                {even=p; p2=p;}
            else{
                    _____;
                    p2=p;
                 }
        p=p->next;
    }
    if(odd)p1->next=0;
    if(even){ head=even;
              _____;
            }
    else head=odd;
    return head;
}
void print(struct node *p)
    {
        while(p)
        { printf("%5d", p->data);
          p=p->next;
        }
        printf("\n");
    }
void main()
```

```
{
    struct node *h=0, *p, *p1;
    int a;
    printf("Input data:");
    scanf("%d",&a);
    while(a!=-1)
      { p=(struct node *)malloc(sizeof(struct node));
        p->data=a;
        if(h==0){h=p;p1=p;}
        else{p1->next=p;p1=p;}
        printf("input data:");
        scanf("%d",&a);
      }
    P1->next=0;
    print(h);
    h=fun(h);
    print(h);
}
```

2. 设有一个线性单链表的结点定义如下：

struct node { int d; struct node *next; };

函数 int copy_dellist(struct node *head , int x[])功能：将 head 指针指向的单链表中存储的所有整数从小到大依次复制到 x 指向的整型数组中并撤销该链表；函数返回复制到 x 数组中的整数个数。算法：找出链表中数值最小的结点，将其值存储到 x 数组中，再将该结点从链表中删除，重复以上操作直到链表为空为止。

```
int copy_dellist( struct node *head ,int x[] )
{   struct node *pk,*pm,*pn,*pj;
    int data,k=0;
    while(head!=0)
    { pk=head;
      data=pk->d;
      pn=pk;
      while( _____ !=0)
        { pj=pk->next;
          if( _____<data)
              { data=pj->d;pm=pk;pn=pj; }
          pk=pj;
```

```
            }
        x[k++]=pn->d;
        if( _____ )
            pm->next=pn->next;
        else
            head=pn->next;
        free(pn);
    }
        _____ ;
}
```

【问题与程序设计】

请设计一个单项选择题标准化考试系统,系统要求具有如下功能:
(1) 用链表保存试题,每个链表结点至少包括题干、4个备选答案、标准答案;
(2) 试题录入,可随时增加试题到试题库中;
(3) 答题,用户可实现输入自己的答案;
(4) 自动阅卷,系统对比用户答案与标准答案实现判卷并给出成绩;
(5) 采用文本菜单界面。

第 10 章 文 件

学习目标
1. 了解文件的基本概念；
2. 理解文件的基本应用；
3. 掌握利用文件管理函数进行文件的打开、读写及关闭等基本操作方法。

10.1 文件的基本概念

文件（file）是指存放在外部存储介质上的数据集合，操作系统是以文件为单位对数据进行管理的。为标识一个文件，每个文件都必须有一个文件名，其一般结构为：主文件名.扩展名。凡是需要长期保存的数据，都必须以文件形式保存到外部存储介质上（硬盘、U 盘或磁带等）。如果想找在外部介质上的数据，可按文件名找到该文件，再读出数据。要向外部介质上存数据则要先建立一个文件，再将数据保存至文件中。

在 C 语言中，"文件"的概念具有更广泛的意义。它把所有的外部设备都作为文件来对待。例如，终端键盘是输入文件，显示屏和打印机是输出文件。这样的文件称为设备文件。在程序运行时，常常需要将一些数据（运行的最终结果或中间数据）输出到磁盘上存放起来，以后需要时再从磁盘读入到计算机内存，这就涉及磁盘文件。对设备文件的读写与对一般磁盘文件的读写方法完全相同。

C 语言把文件看作是字符（字节）的序列，即文件是由一个一个字符（字节）顺序组成的。根据数据的组织形式，可分为 ASCII 文件和二进制文件。ASCII 文件又称文本（text）文件，它的每个字节存放一个 ASCII 代码，代表一个字符。二进制文件是把内存中的数据按其在内存中的形式原样输出到磁盘上存放。如有一个文件元素为整数 1234，其二进制代码表示为 00000100 11010010，占 2 个字节。用 ASCII 码形式输出整数 1234，由于 ASCII 码形式与字符一一对应，一个字节代表一个字符，整数 1234 由 4 个字符组成，因此需 4 个字节存放，其 ASCII 码为 00110001 00110010 00110011 00110100。由上可见，用 ASCII 码形式输出与字符一一对应，一个字节代表一个字符，因而便于对字符逐个处理，也便于输出字符，但一般占存储空间较多，而且要花费转换时间（ASCII 码与二进制形式的转换）。用二进制形式输出数据，可以节省外存空间和转换时间，但一个字节并不对应一个字符，不能直接输出数据的字符形式。一般中间结果数据需要暂时保存在外存上，以后还需要输入到内存，通常用二进制文件保存。

如前所述，一个 C 文件是一个字节流或二进制流。它把数据看作是一连串的字符（字节),而不考虑记录的界限。即 C 语言文件并不是由记录组成的。在 C 语言中对文件的存取是以字符(字节)为单位的。C 系统在处理这些文件时,并不区分类型,都看成是字符流,按字节进行处理。输入输出字符流的开始和结束只由程序控制而不受物理符号(如回车符)的控制。因此也把这种文件称作"流式文件"。C 语言允许对文件存取一个字符,这就增加了处理的灵活性。

旧的 C 版本(如 UNIX 系统下使用的 C)有两种对文件的处理方法:一种叫"缓冲文件系统",一种叫"非缓冲文件系统"。缓冲文件系统是指系统自动地在内存中为每一个正在使用的文件开辟一块区域,这块存储区称为缓冲区。缓冲区的大小由各个具体的 C 版本确定。当对某文件进行输出时,系统首先把输出的数据填入为该文件开辟的缓冲区,当该缓冲区装满后再一起送到对应的文件中去。当从某文件输入数据时也是如此,即首先从输入文件中将一批数据输入到该文件的内存缓冲区,充满缓冲区后,输入语句将从该缓冲区逐个读数据送到程序数据区。当该缓冲区中数据被读完时,将再从输入文件中输入一批数据放入。这种方式使得读、写操作不必频繁地访问外存,从而提高了读写操作的速度。采用缓冲文件系统时文件的读写操作示意如图 10.1 所示。

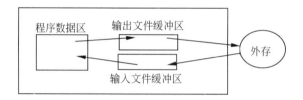

图 10.1 缓冲区文件系统读写文件操作示意

非缓冲文件系统不由系统自动开辟确定大小的缓冲区,而由程序为每个文件设定缓冲区。

传统的 UNIX 标准中,用缓冲文件系统对文本文件进行操作,用非缓冲文件系统对二进制文件进行操作。1983 年 ANSI C 标准决定不采用非缓冲文件系统,只采用缓冲文件系统。即缓冲文件系统既用于处理文本文件,也用于处理二进制文件。也就是说,将缓冲文件系统扩充为可处理二进制文件。

C 语言中没有输入输出语句,输入输出操作是通过调用输入输出库函数来完成的。ANSI C 规定了标准输入输出函数对文件进行读写。本章主要介绍 ANSI C 标准的文件系统以及它们的输入输出操作。

10.2 文件类型指针

在 C 语言中,无论是一般磁盘文件还是设备文件,计算机系统要对文件进行操作,必须要知道该文件的有关信息,C 语言把这些信息保存在一个结构类型的变量中。该结构类型由系统在 stdio.h 头文件中进行了定义,取名为 FILE(应为大写)。在编写源程序时可不必关心 FILE 结构的具体细节,重要的是掌握用 FILE 来定义文件指针,因为通过文件指针就可对它所指的文件进行各种操作。声明文件指针的一般形式为:

FILE *指针变量名;

例如，语句"FILE *fp;"表示声明了一个指向文件类型的指针变量 fp（文件指针）。习惯上把 fp 称为指向文件的指针。一般打开 n 个文件，就应设 n 个 FILE 类型的指针变量，使它们分别指向 n 个文件，以实现对文件的访问。

10.3 文件的基本操作

文件的基本操作包括文件的打开、读写和关闭。一个文件被存取之前首先要打开它，只有文件被打开后才能进行读/写操作，读/写完毕后要关闭文件。在 C 语言中，文件操作是由系统提供的库函数来完成的。

10.3.1 文件的打开

所谓打开文件，实际上是建立文件的各种有关信息，并使文件指针指向该文件，以便进行其他操作。通常在打开一个文件时，需要告诉编译系统 3 个信息：被打开的文件名、使用文件的方式、让哪个文件指针指向被打开的文件。打开文件操作由 fopen 函数来完成。fopen 函数的一般调用形式为：

文件指针名=fopen("文件名","使用文件方式");

其中，"文件指针名"必须是被说明为 FILE 类型的指针变量；"文件名"为被打开文件的名字，可以是字符串常量、字符数组名或字符指针变量；"使用文件方式"以字符串的形式给出，用来指出使用文件的方式。例如：

```
FILE *fp;
fp=fopen("file1","r");
```

这两条语句表示要打开的文件名为 file1，使用文件方式为"只读"。若函数调用成功，将返回一个指向 file1 的文件指针，赋给文件指针变量 fp，从而把指针 fp 与文件 file1 联系起来，或者说 fp 指向 file1 文件；若函数调用不成功，fopen 函数将返回空指针值 NULL。

在 C 语言中，常用的文件使用方式及含义，如表 10.1 所示。

表 10.1 文件使用方式及含义

使用方式	含义
r	为读而打开一个文本文件。文件必须存在，否则出错
w	为写而打开文本文件。文件不存在时则建立一个新文件；如果指定的文件存在，则从文件的起始位置开始写，原文件中的内容将全部消失
a	为在文件后面追加数据而打开文本文件。文件不存在时则建立一个新文件；如果指定的文件存在，则文件中原有的内容将保留，新的数据写在原有内容之后
r+	为读和写而打开文本文件。文件必须存在。用这种方式时，既可对文件进行读，也可对文件进行写，在读和写操作之间不必关闭文件。只是对于文本文件来说，读和写总是从文件的起始位置开始。在写新的数据时只覆盖新数据所占的空间，其后的老数据并不消失
w+	首先建立一个新文件进行写操作，随后可以从头开始读。如果指定的文件已经存在，则原有文件的内容全部消失
a+	功能与 a 相同，只是在文件尾部添加新数据之后，可以从头开始读

续表

使用方式	含义
rb	为读而打开一个二进制文件。文件必须存在，否则出错
wb	为写而打开一个二进制文件。可以在指定文件位置进行写操作，其余功能同 w 相似
ab	为在文件后面添加数据而打开一个二进制文件。其余功能同 a
rb+	为读和写而打开一个二进制文件。功能与"r+"相同，只是在读和写时，可以由位置函数设置读和写的起始位置，也就是说不一定从文件的起始位置开始读和写
wb+	功能与 w+相似，只是在随后的读和写时，可由位置函数设置开始读和写的起始位置
ab+	功能与 a+相同，只是在文件尾部添加新数据之后，可由位置函数设置开始读的起始位置

说明：

① 在打开一个文件时，如果出错，fopen 函数将返回一个空指针值 NULL。在程序中可以用返回值来判断是否完成打开文件的工作，并作相应的处理。常用下面的程序段打开文件：

```
if((fp=fopen("file1","r"))==NULL)
{  printf("cannot open this file!\n");
   exit(0);
}
```

如果 fp 值为空，表示不能打开 file1 文件，程序给出提示信息"cannot open this file!"，exit 函数的作用是关闭所有文件，终止正在调用的过程。

② 把文本文件读入内存时，要将 ASCII 码转换成二进制码，而把文件以文本方式写入磁盘时，也要把二进制码转换成 ASCII 码。因此，对文本文件的读写要花费较多的转换时间，而对二进制文件的读写不存在这种转换。

③ 运行一个 C 程序时，系统会自动打开 3 个文件：标准输入文件、标准输出文件、标准出错输出，并规定相应的文件指针 stdin、stdout 和 stderr，它们已在 stdio.h 头文件中进行了说明。通常情况下，stdin 与终端键盘连接，stdout 和 stderr 与终端屏幕连接。

10.3.2 文件的关闭

文件使用完毕，应及时把文件关闭，避免出现文件数据丢失等错误。"关闭"是使文件指针不再指向该文件，也就是文件指针与文件"脱钩"，此后不能再通过该指针对其相关联的文件进行读写操作，除非再次打开，重新使该指针变量指向该文件。文件的关闭由库函数 fclose 来完成，fclose 函数调用的一般形式为：

fclose(文件指针);

例如语句"fclose(fp);"关闭文件指针 fp 指向的文件。正常完成关闭文件操作时，fclose 函数将返回值 0，如返回非零值则表示有错误发生。

在编程时，应养成完成文件读/写操作后关闭文件的习惯，如果不关闭文件将会丢失数据。因为系统采用缓冲文件系统对文件进行操作，在向文件写数据时，是先将数据输出到缓冲区，待缓冲区充满后才正式输出给文件。如果数据未充满缓冲区而结束程序运行，就会将缓冲区中的数据丢失。用 fclose 函数关闭文件，可以避免这个问题，它先把缓冲区中的数据输出到磁盘文件，然后才关闭文件、释放文件指针变量。

10.3.3 文件的读写

文件打开之后，就可以进行读写操作了。在 C 语言中提供了许多对文件读写的函数，例如字符读/写函数 fgetc/fputc 或 getc/putc、字符串读/写函数 fgets/fputs、数据块读/写函数 fread/fwrite、格式化读/写函数 fscanf/fprintf 等。使用这些函数时都要求包含头文件 stdio.h。

1. 字符读/写函数

1）读字符函数 fgetc 或 getc

读字符是指从指定的文件中读一个字符，该文件必须是以只读或读写方式打开的。函数调用的形式为：

字符变量=fgetc(文件指针);

或

字符变量=getc(文件指针);

例如：

```
ch=fgetc(fp);
```

其中，fp 为文件型指针变量，ch 为字符变量。该语句作用是从 fp 所指向的文件中读取一个字符并送入 ch 中。如果在执行 fgetc 函数读字符时遇到文件结束符，函数返回一个文件结束标志 EOF（即–1）。

如果想从一个磁盘文件顺序读取字符并在屏幕上显示出来，可以用以下的程序段来实现：

```
ch=fgetc(fp);
while(ch!=EOF)
{   putchar(ch);
    ch=fgetc(fp);
}
```

该程序段说明当读入的字符值等于 EOF（即–1）时，表示读入的已不是正常的字符而是文件结束符，此时程序中止。不过这种判断方法只适用于读取文本文件的情况。因为现在 ANSI C 已允许用缓冲文件系统处理二进制文件，而读入某一个字节中的二进制数据的值有可能是–1，而这又恰好是 EOF 的值，这就出现了需要读入有用数据而却被处理为"文件结束"的情况。为了解决这个问题，ANSI C 提供一个 feof 函数来判断文件是否真的结束。feof(fp)用来测试 fp 所指向的文件的当前状态。如果是文件结束，函数 feof(fp)的值为 1（真），否则为 0（假）。如果想顺序读入一个二进制文件中的数据，可以用以下的程序段来实现：

```
while(!feof(fp))
  {  c=fgetc(fp);
     …
  }
```

未遇文件结束时，feof(fp)的值为 0，!feof(fp)的值为 1，读入一个字节的数据赋给整型变量 c（当然可以接着对这些数据进行所需的处理），直到遇到文件结束，feof(fp)值为 1，不再执行 while 循环。这种方法也适用于文本文件。

说明：

在 fgetc 函数调用中，读取的文件必须是以只读或读写方式打开的。

读取字符的结果也可以不向字符变量赋值。例如，执行语句"fgetc(fp);"，表示读出文件中的一个字符但不保存。

在文件内部有一个位置指针，用来指向文件的当前读写字节。文件打开时，该指针总是指向文件的第一个字节。使用 fgetc 函数后，该位置指针将向后移动一个字节。因此可连续多次使用 fgetc 函数，读取多个字符。应注意文件指针和文件内部的位置指针不是一回事。文件指针是指向整个文件的，须在程序中定义说明，只要不重新赋值，文件指针的值是不变的。文件内部的位置指针用以指示文件内部的当前读写位置，每读写一次，该指针均向后移动，它不需在程序中定义说明，而是由系统自动设置的。

【例 10-1】 阅读下列程序，考查文件操作的一般方法。

源程序：

```
#include<stdio.h>
void main()
{
   FILE *fp;
   char ch;
   if((fp=fopen("c1.txt","r"))==NULL)
      {  printf("\nCannot open file strike any key exit!");
         exit(0);
      }
   ch=fgetc(fp);
   while(ch!=EOF)
      {  putchar(ch);
         ch=fgetc(fp);
      }
   fclose(fp);
}
```

评注： 本例程序的功能是从已经存在的文件 c1.txt 中逐个读取字符，并在屏幕上显示。程序以只读方式打开文件 c1.txt，并使 fp 指向该文件。如打开文件出错，给出提示并退出程序，否则读出一个字符，然后进入循环判断读出的字符，如果不是文件结束标志就把该字符显示在屏幕上，再读入下一字符。每读一次，文件内部的位置指针向后移动一个字符，当读出的字符是文件结束标志即 EOF 时，则循环结束，关闭文件。

注意：

无论调用哪种函数读文件时，一定要先执行一次读操作，然后才能判断文件是否结束。

getc 函数的调用形式和功能与 fgetc 函数相同。

2) 写字符函数 fputc 或 putc

写字符是指把一个字符写入指定的文件中。写字符函数的一般调用形式为：

fputc(字符量，文件指针);

或

putc(字符量，文件指针);

其中，"字符量"表示待写入的字符，可以是字符常量或变量。例如：

```
fputc(ch,fp);
```

ch 是待写入文件的某个字符，可以是一个字符常量，也可以是一个字符变量。fp 是文件指针，fputc(ch,fp)的功能是将字符 ch 写到文件指针 fp 所指的文件中去。如果写入成功，fputc 函数返回所写的字符；否则返回值 EOF。例如：

```
fputc('a',fp);
```

该语句的作用是把字符'a'写入文件指针 fp 所指向的文件中。

说明：

被写入的文件可以用只写、读写、追加方式打开，用只写或读写方式打开一个已存在的文件时将清除原有的文件内容，写入字符从文件首开始。如需保留原有文件内容，希望写入的字符从文件末开始存放，必须以追加方式打开文件。被写入的文件若不存在，则创建该文件。

每写入一个字符，文件内部位置指针向后移动一个字节。

fputc 函数有一个返回值，如写入成功则返回写入的字符，否则返回一个 EOF。可用此来判断写入是否成功。

putc 函数的调用形式和功能与 fputc 函数相同。

【例 10-2】 从键盘上输入文本，以"#"结束输入，并将文本保存到 c2.txt 文件。

源程序：

```
#include "stdio.h"
void main()
{
   FILE *fp;
   char ch;
   if((fp=fopen("c2.txt","w"))==NULL)
    { printf("cannot open this file \n");
      exit(0);
    }
   ch=getchar();
   while(ch!='#')
     { fputc(ch,fp);
       ch=getchar();
     }
```

```
        fclose(fp);
}
```

测试数据：Computer and c#↙

评注：程序将"Computer and c"写到以"c2.txt"命名的磁盘文件中，可以将 c2.txt 文件打开以核对内容。

2．字符串读/写函数

1）读字符串函数 fgets

读字符串是指从指定的文件中读入一个字符串到字符数组中。读字符串函数的一般调用形式为：

fgets(字符数组名，n，文件指针)；

其中的 n 是一个正整数，表示从文件中读出 n−1 个字符放入字符数组中。如果未读满 n−1 个字符就已读到一个换行符或 EOF，就提前结束本次操作。读入结束后，系统自动在最后一个字符后加上串结束标志'\0'。fgets 函数返回值是字符数组的首地址。例如，执行函数调用语句"fgets(str,n,fp);"时，从 fp 所指向的文件中读出 n−1 个字符，并依次送入字符数组 str 中。

【例 10-3】 从 c1.txt 文件中读入一个含 10 个字符的字符串。

源程序：

```
#include<stdio.h>
void main()
{
    FILE *fp;
    char str[11];
    if((fp=fopen("c1.txt","r"))==NULL)
       { printf("\nCannot open file strike any key exit!");
         exit(0);
       }
    fgets(str,11,fp);
    printf("\n%s\n",str);
    fclose(fp);
}
```

评注：本例定义的字符数组 str 共 11 个字节，前 10 个字节存放从 c1.txt 中读出的 10 个字符，最后一个单元是'\0'。

2）写字符串函数 fputs

写字符串是向指定的文件写入一个字符串。写字符串函数 fputs 的一般调用形式为：

fputs(字符串，文件指针)；

其中，"字符串"表示待写入文件的串，可以是字符串常量、字符数组名或指向字符串的指针。该函数的返回值是一个 int 型数，当操作成功时返回值为 0，否则返回 EOF。例如执行函数调用语句"fputs(line,fp);"时,表示把 line 字符串写入到 fp 所指向的文件中。

【例 10-4】 在例 10-2 建立的文件 c2.txt 中追加一个字符串。

源程序：

```
#include<stdio.h>
void main()
{
   FILE *fp;
   char ch,st[20];
   if((fp=fopen("c2.txt","a"))==NULL)
     { printf("Cannot open file strike any key exit!");
       exit(0);
     }
   printf("input a string:\n");
   scanf("%s",st);
   fputs(st,fp);
   fclose(fp);
}
```

评注：用 fputs 函数输出时,字符串最后的'\0'并不输出,也不自动加换行符'\n'。另外,fputs 函数输出字符串时,文件中各字符串将首尾相接,它们之间没有任何分隔符,为了便于读入,在输出字符串时,可以人为地加入'\n'。

3．数据块读/写函数

数据块通常是指一个数组、一个结构变量等。数据块的读写可以分别由函数 fread 和 fwrite 来完成。fread 函数调用的一般形式为：

fread(buffer, size, count, fp);

fwrite 函数调用的一般形式为：

fwrite(buffer, size, count, fp);

其中,buffer 是一个指针,在 fread 函数中,表示存放输入数据的首地址,而在 fwrite 函数中,则表示存放输出数据的首地址；size 是整型参数,指出读出或写入的每个数据块的字节数；count 也是整型,指出读出或写入的数据块的块数；fp 表示文件指针。例如执行语句"fread(f,4,5,fp);"时,表示需从文件指针 fp 所指向的文件中,每次读 4 个字节作为一个数据存储到数组 f 中,连续读 5 次,即读 5 个数据依次存储到数组 f 中。

说明：

fread 和 fwrite 用来一次从（向）文件读（写）size*count 个字节。

fread 和 fwrite 如果调用成功,则返回 count 的值,即输入或输出数据块的完整个数。

fread 和 fwrite 一般用于二进制文件的输入输出,因为它们是按数据块的长度来处理输入输出的。

【例 10-5】 从键盘输入 4 个学生的有关数据,然后把它们转存到以"stu_list"命名的磁盘文件中。

源程序：

```c
#include<stdio.h>
#define SIZE  4
struct student_type
{   char name[10];
    int num;
    int age;
    char addr[15];
}stud [SIZE];
void save()
{   FILE *fp;
    int i;
    if((fp=fopen("stu_list", "wb"))==NULL)
    {   printf("can not open file\n");
        return;
    }
    for(i=0; i<SIZE; i++)
        if(fwrite(&stud[i],sizeof(struct student_type),1,fp)!=1)
            /* 将一个长度为29字节的数据块送到文件 stu_list 中 */
            printf("file write error\n");
    fclose(fp);
}
void main()
{
    int i;
    for(i=0; i<SIZE; i++)
        scanf("%s%d%d%s", stud[i].name, &stud[i].num, &stud[i].age, stud[i].addr);
    save();
}
```

测试数据：Zhao 1001 18 room_101✓
　　　　　Qian 1002 19 room_102✓
　　　　　Sun 1003 20 room_103✓
　　　　　Li 1004 21 room_104✓

评注：程序运行后，屏幕上并没有信息输出，数据已送到磁盘文件中，可以通过例10-6的 print 函数让 stu_list 文件的内容输出到屏幕上以验证正确与否。

【例10-6】编写 print 函数，将例10-5生成的磁盘文件 stu_list 中的数据输出到屏幕上。
源程序：

```c
void print(char *filename)
{
    FILE *fp;
```

```
    int i;
    if((fp=fopen(filename, "rb"))==NULL)
      {
         printf("can not open file\n");
         return;
      }
    for(i=0; i<SIZE; i++)
      {
        fread(&stud[i],sizeof(struct student_type),1,fp);
        printf("%-10s%4d%4d%-15s\n",stud[i].name,stud[i].num,stud[i].age,
              stud[i].addr);
      }
}
```

评注：在例 10-5 的 main 函数末尾增加调用语句如下：print("stu_list");
屏幕上直接显示磁盘文件 stu_list 的内容：

```
Zhao     1001  18  room_101
Qian     1002  19  room_102
Sun      1003  20  room_103
Li       1004  21  room_104
```

4．格式化读/写函数 fscanf/fprintf

fscanf 和 fprintf 函数分别与 scanf 和 printf 函数的功能相似，都是格式化读写函数。两者的区别在于：scanf 函数和 printf 函数的功能分别是从键盘上输入和在屏幕上输出；而 fscanf 和 fprintf 函数的功能分别是从磁盘文件读或向磁盘文件写。fscanf 和 fprintf 函数的一般调用形式为：

fscanf(文件指针，格式字符串，输入表列)；
fprintf(文件指针，格式字符串，输出表列)；

例如，函数调用语句：

```
fscanf(fp, "%d%d",&a,&b);
```

表示从 fp 所指文件中读入两个整数放入变量 a 和 b 中，而函数调用语句

```
fprintf(fp, "%d%d",x,y);
```

表示把 x 和 y 两个整型变量中的整数输出到 fp 所指的文件中。

说明：

fprintf 函数将输出项转换成字符串形式写入到指定文件中。fscanf 函数从文件中读出的数据一定是字符串形式（文本形式），读出后的数据按相应的格式说明转换成内存中的存储形式，再赋给对应的输入项。由于这两个函数在读出/写入处理的过程中要对数据进行格式转换，所以执行速度较慢。

用 fscanf 和 fprintf 这两个函数对磁盘文件读写，使用方便、容易理解，但由于在输入时要将 ASCII 码转换为二进制形式，在输出时又要将二进制形式转换成字符，花费的时间较多。因此，在内存与磁盘频繁交换数据的情况下，最好不用这两个函数，而用 fread 函

数和 fwrite 函数。

【例 10-7】 求数列 $a_0, a_1, \cdots, a_{19}$。其中：$a_0=0$；$a_1=1$；$a_2=1$；$a_i = a_{i-3} + 2a_{i-2} + a_{i-1}$（当 i>2 时）。
编程要求：
- 源程序存于 myf1.c 文件中。
- 程序运行的结果存于 myf1.out 文件中。
- 数据文件的打开、关闭和使用均要用 C 语言的文件管理语句来实现。
- 在结果文件中，要求每行输出 4 个数。

源程序：

```
#include<stdio.h>
void main()
{   FILE *fp;
    long int a[20]={0,1,1};
    int i;
    if((fp=fopen("myf1.out","w"))==NULL)
        { printf("Can not open the file myf1.out!\n");
          exit(1);
        }
    for(i=3; i<20;i++)
        a[i]=a[i-3]+2*a[i-2]+a[i-1];
    for(i=0;i<20;i++)
    { fprintf(fp,"%12ld",a[i]);
      if((i+1)%4==0)fprintf(fp,"\n");
    }
    fclose(fp);
}
```

10.4 典型例题

【例 10-8】 统计 c1.txt 文件中字符的个数。
源程序：

```
#include<stdio.h>
void main()
{ FILE *fp;
  int count=0;
  if((fp=fopen("c1.txt","r"))==NULL)
    { printf("cannot open this file!\n");
      exit(0);
    }
  while(!feof(fp))
      { fgetc(fp);
        count++;
```

```
        }
        printf("count=%d\n",count);
        fclose(fp);
    }
```

【例 10-9】 有两个磁盘文件 a.txt 和 b.txt，各存放一行字母，要求把这两个文件中的信息合并（按字母顺序排列），输出到新文件 c.txt 中。

源程序：

```
#include "stdio.h"
void main()
{ FILE *fp;
  int i,j,n;
  char c[160],t,ch;
  if((fp=fopen("a.txt","r"))==NULL)
    { printf("file a.txt cannot be opened\n");
      exit(0);
    }
  for(i=0;(ch=fgetc(fp))!=EOF;i++)        /* 将 a.txt 的字符存入 c 数组中 */
    c[i]=ch;
  fclose(fp);
  if((fp=fopen("b.txt","r"))==NULL)
    { printf("file b cannot be opened\n");
      exit(0);
    }
  for(;(ch=fgetc(fp))!=EOF;i++)           /* 将 b.txt 的字符存入 c 数组中 */
    c[i]=ch;
  fclose(fp);
  n=i;
  for(i=0;i<n-1;i++)                      /* 对 c 数组排序 */
    for(j=i+1;j<n;j++)
    if(c[i]>c[j])
      { t=c[i];c[i]=c[j];c[j]=t; }
  fp=fopen("c.txt","w");
    for(i=0;i<n;i++)
      fputc(c[i],fp);
  fclose(fp);
}
```

【例 10-10】 有 5 个学生，每个学生有 3 门课的成绩，从 stud.dat 文件中读学生学号、姓名、三门课成绩，并计算每个学生的平均成绩，将原有的数据和计算出的平均成绩存放在磁盘文件"stud1"中。

stud.dat 文件中的数据如下：

001 a 85 70 80
002 b 90 80 85

```
003 c 90 95 85
004 d 60 70 80
005 e 85 70 80
```

源程序：

```c
#include "stdio.h"
struct student
{ char num[6];   char name[8];   int score[3];   float avr; }stu[5];
void main()
{  int i,j,sum;
   FILE *fp;
   fp=fopen("stud.dat","rb");
   for(i=0;i<5;i++)
      { fscanf(fp,"%s%s",stu[i].num,stu[i].name);
        sum=0;
        for(j=0;j<3;j++)
          { fscanf(fp,"%d",&stu[i].score[j]);
            sum+=stu[i].score[j];
          }
        stu[i].avr=sum/3.0;
      }
   fclose(fp);
   fp=fopen("stud1","wb");
   for(i=0;i<5;i++)
     if(fwrite(&stu[i],sizeof(struct student),1,fp)!=1)
       printf("file write error\n");
   fclose(fp);
}
```

【例 10-11】 从键盘读入一行字符然后对其做压缩处理，将压缩后的字符串写入结果文件 myf2.out 中。

源程序：

```c
#include<stdio.h>
int compress(char s[])
{
   int n,k=0,count=0;
   if(*s==NULL)   return 0;
   n=k+1;
   while(s[n]!=NULL)
     { if(s[k]==s[n]) { n++;count++; }
       else { s[++k]=s[n];n++; }
     }
   s[++k]='\0';
   return count;
}
```

```
void main()
{
    char num[100];
    int count=0;
    FILE *fp;
    if((fp=fopen("myf2.out","w"))==NULL)
       {  printf("Creat File myf2.out failed!\n");
          exit(0);
       }
    gets(num);
    count=compress(num);
    fprintf(fp,"%s",num);
    printf("%d",count);
    fclose(fp);
}
```

评注：函数 int compress(char s[]) 功能是将 s 中连续出现的多个相同字符压缩为一个字符，统计并返回被删字符的个数。main 函数从键盘上读入一行字符数据存入字符型数组中，调用 compress 函数对该数组中字符做压缩处理，最后将压缩后的字符串写入结果文件 myf2.out 中。

如用以下数据测试程序：

@@@@@@ I wwillll succesful &&&&& and you too !!!!!!##########

屏幕上显示：38

结果文件 myf2.out 中内容为：@ I wil sucesful & and you to !#

【例 10-12】 编程实现如下功能：给定正整数 n，求所有小于 n 的互质数。互质数是指两数没有公约数；例如 n=9，则 2、4、5、7、8 为 9 的互质数。编写主函数 main，从键盘分别输入 9、15 作为 n 的值，生成各自的互质数并写入文件 myf2.out 中。

源程序：

```
#include "stdio.h"
#include "math.h"
int bi_prime(int m,int n)  /* 判断 m,n 是否为若互质数,若是则返回 1, 若不是则返回 0 */
{
    int j,k;
    if(m>n)  k=n;
    else k=m;
    for(j=2;j<k;j++)
        if(m%j==0&&n%j==0)  return 0;
    return 1;
}
void main()
{
    int num[100],n=1,s,j,k;
    FILE *fp;
```

```
      if((fp=fopen("myf2.out","w"))==NULL)
        { printf("Creat File myf2.out failed!\n"); exit(0); }
      scanf("%d",&n);
      while(n!=0)                /* 从键盘输入 0,程序结束 */
        { k=0;
          fprintf(fp,"n=%d->",n);
          for(j=n-1;j>1;j--)
             if(bi_prime(n,j)) num[k++]=j;
          for(j=0;j<k;j++)
             fprintf(fp,"%3d",num[j]);
          fprintf(fp,"\n");
          scanf("%d",&n);
        }
      fclose(fp);
}
```

测试数据: 9↙15↙0↙

运行结果: n=9-> 8 7 5 4 3 2
　　　　　　n=15-> 14 13 11 8 7 5 4 3 2

【例 10-13】 已知数据文件 in.dat 中存有 300 个 4 位数,请设计函数 void readdat(),其功能是把 in.dat 中的 4 位数读出并存入到全局数组 a 中;设计函数 void jsvalue(),其功能是求这些数中质数的个数 cnt(全局变量)、所有质数的平均值 pjz1(全局变量)、所有合数的平均值 pjz2(全局变量);设计函数 void writedat(),其功能是把结果 cnt、pjz1 和 pjz2 输出到数据文件 out.dat 中。

源程序:

```
#include<stdio.h>
#include<math.h>
int a[300],cnt=0;
double pjz1=0.0,pjz2=0.0;
int isp(int m)
{
   int i,k;
    k=sqrt(m);
    for(i=2;i<=k;i++)
       if(m%i==0)return 0;
    return 1;
}
void jsvalue()
{
   int i;
```

```
    for(i=0;i<300;i++)
        if(isp(a[i])) {pjz1=pjz1+a[i];cnt++;}
        else pjz2=pjz2+a[i];
    if(cnt==0) pjz1=0;
    else pjz1/=cnt;
    if(300-cnt==0) pjz2=0;
    else pjz2/=(300-cnt);
}
void readdat()
{
    FILE *fp;
    int i;
    fp=fopen("in.dat","r");
    for(i=0;i<300;i++ )fscanf(fp,"%d",&a[i]);
    fclose(fp);
}
void writedat()
{
    FILE *fp;
    int i;
    fp=fopen("out.dat","w");
    fprintf(fp,"%d\n%7.2f\n%7.2f\n",cnt,pjz1,pjz2);
    fclose(fp);
}
void main()
{
    int i;
    readdat();
    jsvalue();
    writedat();
}
```

10.5 文 件 定 位

前面介绍的对文件的读写方式都是顺序读写，即读文件都是从头开始读各个数据，写文件可以从头开始写或在尾部追加。但在实际问题中常要求只读写文件中某一指定的部分。为了解决这个问题，可移动文件内部的位置指针到需要读写的位置，再进行读写，这种读写称为随机读写。实现随机读写的关键是要按要求移动位置指针，这称为文件的定位。定位式移动文件内部位置指针的函数主要有两个，rewind 函数和 fseek 函数。

10.5.1 rewind 函数

rewind 函数的功能是使文件的读写位置指针定位于文件的开头，同时将清除文件的结束标志和错误标志。rewind 函数的一般调用形式是：

rewind(文件指针);

其功能是把文件内部的位置指针移到文件首。

10.5.2 fseek 函数

fseek 函数用来移动文件内部位置指针，其一般调用形式为：

fseek(文件指针，位移量，起始点);

其中，"文件指针"指向被移动的文件。"位移量"表示移动的字节数，要求位移量是 long 型数据，以便在文件长度大于 64KB 时不会出错。当用常量表示位移量时，要求加后缀"L"。"起始点"表示从何处开始计算位移量，规定的起始点有 3 种：文件首，当前位置和文件尾。其表示方法如下：

文件首：用 SEEK_SET 或 0 表示。

当前位置：用 SEEK_CUR 或 1 表示。

文件末尾：用 SEEK_END 或 2 表示。

例如：语句"fseek(fp,100L,0);"，其意义是把位置指针移到离文件首 100 个字节处。需要说明的是 fseek 函数一般用于二进制文件。在文本文件中由于要进行转换，故往往计算的位置会出现错误。文件的随机读写在移动位置指针之后，即可用前面介绍的任一种读写函数进行读写。由于一般是读写一个数据块，因此常用 fread 和 fwrite 函数。

【例 10-14】 从键盘输入测试数据中的 5 个学生数据，写入文件 stu_list 中，再读出前 2 个学生的数据显示在屏幕上。

源程序：

```c
#include<stdio.h>
#include<stdlib.h>
struct stu
{
  char name[10];
  int num;
  int age;
  char addr[15];
}boya[5],boyb[5],*pp,*qq;
main()
{
  FILE *fp;
  char ch;
  int i;
  pp=boya;
  qq=boyb;
  if((fp=fopen("stu_list","wb+"))==NULL)
   {
     printf("Cannot open file,Strike any key exit!");
     getch();
     exit(1);
   }
  printf("\ninput data\n");
```

```
    for(i=0;i<5;i++,pp++)
       scanf("%s%d%d%s",pp->name,&pp->num,&pp->age,pp->addr);
    pp=boya;
    fwrite(pp,sizeof(struct stu),5,fp);
    rewind(fp);
    fread(qq,sizeof(struct stu),2,fp);
    printf("\n\nname\tnumber age addr\n");
    for(i=0;i<2;i++,qq++)
       printf("%s\t%5d%7d%s\n",qq->name,qq->num,qq->age,qq->addr);
    fclose(fp);
}
```

测试数据：aaa 101 20 aroad
　　　　　bbb 102 22 broad
　　　　　ccc 103 23 croad
　　　　　ddd 109 22 droad
　　　　　eee 110 21 eroad

运行结果：name　　　number　age addr
　　　　　aaa　　　　101　　　20aroad
　　　　　bbb　　　　102　　　22broad

评注：本程序定义了一个结构 stu，说明了两个结构数组 boya 和 boyb 以及两个结构指针变量 pp 和 qq。pp 指向 boya，qq 指向 boyb。程序以读写方式打开二进制文件 stu_list，输入 5 个学生数据之后，写入该文件中，然后把文件内部位置指针移到文件首，读出前 2 个学生数据后，在屏幕上显示。

【例 10-15】 在例 10-14 建立的学生文件 stu-list 中读出第 3 个学生的数据。

源程序：

```
#include<stdio.h>
#include<stdlib.h>
#include<conio.h>
struct stu
{
   char name[10];
   int num;
   int age;
   char addr[15];
}boy,*qq;
void main()
{
   FILE *fp;
   int i;
```

```
    qq=&boy;
    if((fp=fopen("stu_list","rb"))==NULL)
     {
       printf("Cannot open file strike any key exit!");
       getch();
       exit(1);
     }
    rewind(fp);
    i=2;
    fseek(fp,i*sizeof(struct stu),0);
    fread(qq,sizeof(struct stu),1,fp);
    printf("\n\nname\tnumber age addr\n");
    printf("%s\t%5d%7d%s\n",qq->name,qq->num,qq->age,qq->addr);
}
```

运行结果：

```
name    number age addr
ccc      105    23croad
```

评注：文件 stu_list 由例 10-14 的程序建立，本程序用随机读出的方法读出第 3 个学生的数据。程序中定义 boy 为 stu 类型变量，qq 为指向 boy 的指针。以读二进制文件方式打开文件，程序中用语句 "fseek(fp,i*sizeof(struct stu),0);" 来移动文件的位置指针，其中的 i 值为 2。该语句表示从文件头开始，移动 2 个 stu 类型的长度，然后再读数据，读出的是第 3 个学生的数据。

说明：C 语言系统提供了丰富的系统文件，称为库文件。C 的库文件分为两类，一类是扩展名为 ".h" 的文件，称为头文件，在前面的包含命令中已多次使用过。在 ".h" 文件中包含了常量定义、类型定义、宏定义、函数原型以及各种编译选择设置等信息。另一类是函数库，包括了各种函数的目标代码，供用户在程序中调用。通常在程序中调用一个库函数时，要在调用之前包含该函数原型所在的 ".h" 文件。

C 语言的函数库如表 10.2 所示。

表 10.2　C 语言的函数库中的主要函数功能说明

函　数	说　　明
ALLOC.H	说明内存管理函数（分配、释放等）
ASSERT.H	定义 assert 调试宏
BIOS.H	说明调用 IBM-PC ROM BIOS 子程序的各个函数
CONIO.H	说明调用 DOS 控制台 I/O 子程序的各个函数
CTYPE.H	包含有关字符分类及转换的各类信息（如 isalpha 和 toascii 等）
DIR.H	包含有关目录和路径的结构、宏定义和函数
DOS.H	定义和说明 MSDOS 和 8086 调用的一些常量和函数
ERRNO.H	定义错误代码的助记符
FCNTL.H	定义在与 open 库子程序连接时的符号常量
FLOAT.H	包含有关浮点运算的一些参数和函数
GRAPHICS.H	说明有关图形功能的各个函数，图形错误代码的常量定义，针对不同驱动程序的各种颜色值，及函数用到的一些特殊结构

续表

函 数	说 明
IO.H	包含低级 I/O 子程序的结构和说明
LIMITS.H	包含各环境参数、编译时间限制、数的范围等信息
MATH.H	说明数学运算函数，还定义了 HUGE_VAL 宏，说明了 matherr 和 matherr 子程序用到的特殊结构
MEM.H	说明一些内存操作函数（其中大多数也在 STRING.H 中说明）
PROCESS.H	说明进程管理的各个函数，spawn 和 EXEC 函数的结构说明
SETJMP.H	定义 longjmp 和 setjmp 函数用到的 jmp_buf 类型，说明这两个函数
SHARE.H	定义文件共享函数的参数
SIGNAL.H	定义 SIG_IGN 和 SIG_DFL 两个常量，说明 raise 和 signal 两个函数
STDARG.H	定义读函数参数表的宏（如 vprintf，vscarf 函数）
STDDEF.H	定义一些公共数据类型和宏
STDIO.H	定义 Kernighan 和 Ritchie 在 UNIX System V 中定义的标准和扩展的类型和宏。还定义标准 I/O 预定义流，stdin，stdout 和 stderr，说明 I/O 流子程序
STDLIB.H	说明一些常用的子程序。如转换子程序、搜索/排序子程序等
STRING.H	说明一些串操作和内存操作函数
SYS\STAT.H	定义在打开和创建文件时用到的一些符号常量
SYS\TYPES.H	说明 ftime 函数和 timeb 结构
TIME.H	定义时间转换子程序 asctime、localtime 和 gmtime 的结构，ctime、difftime、gmtime、localtime 和 stime 用到的类型，并提供这些函数的原型
VALUES.H	定义一些重要常量，包括依赖于机器硬件的和为与 UNIX System V 相兼容而说明的一些常量，包括浮点和双精度值的范围

习 题

【本章讨论的重要概念】

通过学习本章，应掌握的重要概念如图 10.2 所示。

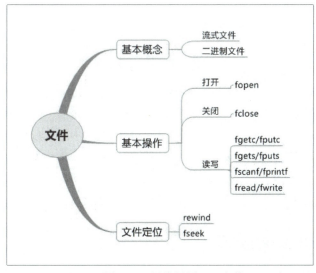

图 10.2 思维导图——文件

【基础训练】

选择题

1. 系统标准的输入文件是指_____。
   A. 键盘   B. 显示器
   C. 软盘   D. 硬盘
2. 系统标准的输出文件是指_____。
   A. 键盘   B. 显示器
   C. 软盘   D. 硬盘
3. 若要用 fopen 函数打开一个新的二进制文件，该文件既要能读也要能写，则文件打开方式字符串应是_____。
   A. "ab+"   B. "wb+"
   C. "rb+"   D. "ab"

填空题

1. 如果一个 C 语言源程序的开头已有预处理命令"#include <stdio.h>"，为使语句"zx=fopen("myf2.out","r");"能正常执行，在该语句前必须有声明_____。
2. stdin 是指向_____的指针；stdout 是指向_____的指针。
3. 下面程序段的功能是由键盘输入文件名，然后将输入的字符依次存放到该文件中，用$作为结束输入的标志，请补充完整。

```
#include<stdio.h>
#include<stdlib.h>
void main()
{
  FILE *fp;
  char ch,filename[10];
  printf("Input the name of file:\n");
  scanf("%s",filename);
  if((_____)==NULL)
    { printf("can not open file\n");
      exit(0);
    }
  printf("Enter string\n");
  ch=getchar();
  while(ch!='$')
   {
      fputc(_____);
      ch=getchar();
   }
     _____;
}
```

4. 分析以下程序的运行结果是_____。

```
#include<stdio.h>
```

```
#include<string.h>
void main()
{
    char a[]="abcdefghi",c;
    int n=0;
    FILE *fp;
    if((fp=fopen("temp.txt", "w+"))==NULL)
    {
        printf("can not open file\n");
        exit(0);
    }
    fwrite(a,1,strlen(a),fp);
    rewind(fp);
    c=getc(fp);
    while(c!=EOF)
    {
        n++;
        putchar(c);
        c=getc(fp);
    }
    printf(",%d\n",n);
    fclose(fp);
}
```

【拓展训练】

1. 上机调试下列程序,理解程序的运行结果,并说明为什么。

```
#include<stdio.h>
#include<stdlib.h>
void main()
{
    FILE *fp;
    int k,n,a[6]={1,2,3,4,5,6};
    fp=fopen("d2.dat","w");
    fprintf(fp,"%d%d%d\n",a[0],a[1],a[2]);
    fprintf(fp,"%d%d%d\n",a[3],a[4],a[5]);
    fclose(fp);
    fp=fopen("d2.dat","r");
    fscanf(fp,"%d%d",&k,&n);
    printf("%d,%d\n",k,n);
}
```

2. 请设计程序,对任一自然数 n,寻找一个满足给定条件的整数 m。具体要求如下:编写函数 long find_m(int n),其功能是查找满足以下条件的整数 m:(1) m 是 n 的整数倍的数;(2) m 的十进制表示中仅由 0 和 1 组成。函数返回找到的 m 值。编写 main 函数,声明变量 n 和 m,输入一个整数到 n 中(n<100),用 n 作实参调用函数 find_m,将 n 及找到的整数 m 输出到屏幕及文件 myf2.out 中。

测试数据: n=79

运行结果: n=79   m=10010011

【问题与程序设计】

请设计一个学生成绩管理系统。它应能:

(1) 启动时自动读入一个学生成绩文件。

(2) 读入新的学生成绩文件,并将其中的成绩记录在有关学生的原有成绩记录之后(可以假定每个学生总共的课程数不超过某个事先定义好的常量,因此一个学生的所有成绩可以存在一个数组里,作为学生记录的一部分)。但应考虑可能出现新的学生和新的课程。

(3) 每次运行完成后能将程序中的所有学生成绩记录保存到将来能自动读入的文件中。

(4) 增加各种有用的统计输出功能。

附录 A 常用字符与 ASCII 代码对照表

ASCII 码值	字符	ASCII 码值	字符	ASCII 码值	字符	ASCII 码值	字符	ASCII 码值	字符
0	NUL	26	SUB	52	4	78	N	104	h
1	SOH	27	ESC	53	5	79	O	105	i
2	STX	28	FS	54	6	80	P	106	j
3	ETX	29	GS	55	7	81	Q	107	k
4	EOT	30	RS	56	8	82	R	108	l
5	END	31	US	57	9	83	S	109	m
6	ACK	32	sp	58	:	84	T	110	n
7	BEL	33	!	59	;	85	U	111	o
8	BS	34	"	60	<	86	V	112	p
9	HT	35	#	61	=	87	W	113	q
10	LF	36	$	62	>	88	X	114	r
11	VT	37	%	63	?	89	Y	115	s
12	FF	38	&	64	@	90	Z	116	t
13	CR	39	'	65	A	91	[	117	u
14	SO	40	(	66	B	92	\	118	v
15	SI	41	)	67	C	93	]	119	w
16	DLE	42	*	68	D	94	^	120	x
17	DC1	43	+	69	E	95	_	121	y
18	DC2	44	,	70	F	96	`	122	z
19	DC3	45	-	71	G	97	a	123	{
20	DC4	46	.	72	H	98	b	124	|
21	NAK	47	/	73	I	99	c	125	}
22	SYN	48	0	74	J	100	d	126	~
23	ETB	49	1	75	K	101	e	127	del
24	CAN	50	2	76	L	102	f		
25	EM	51	3	77	M	103	g		

其中 ASCII 码值 0~31（十进制）以及 127（十进制）为控制字符，是不可见的，其余的均为可显示字符。

附录 B 关 键 字 表

auto	break	case	char	const
continue	default	do	double	else
enum	extern	float	for	goto
if	int	long	register	return
short	signed	sizeof	static	struct
switch	typedef	union	unsigned	void
volatile	while			

附录 C 运算符及其优先级

优先级	运算符	含义	运算符类型	结合方向
1	() [] -> .	圆括号 下标运算符 指向结构体成员运算符 结构成员运算符		自左向右
2	! ~ ++ -- - (类型) * & sizeof	逻辑非运算符 按位取反运算符 自增运算符 自减运算符 负号运算符 类型转换运算符 指针运算符 取地址运算符 长度运算符	单目运算符	自右向左
3	* / %	乘法运算符 除法运算符 求余运算符	双目运算符	自左向右
4	+ -	加法运算符 减法运算符	双目运算符	自左向右
5	<< >>	左移运算符 右移运算符	双目运算符	自左向右
6	<、<=、>、>=	关系运算符	双目运算符	自左向右
7	== !=	等于运算符 不等于运算符	双目运算符	自左向右
8	&	按位与运算符	双目运算符	自左向右
9	^	按位异或运算符	双目运算符	自左向右
10	|	按位或运算符	双目运算符	自左向右
11	&&	逻辑与运算符	双目运算符	自左向右
12	||	逻辑或运算符	双目运算符	自左向右
13	? :	条件运算符	三目运算符	自右向左
14	=、+=、-=、*=、 /=、%=、>>=、<<=、 &=、^=、|=	赋值运算符	双目运算符	自右向左
15	,	逗号运算符		自左向右

C 语言中运算符和表达式数量之多，在高级语言中是少见的。正是丰富的运算符和表达式使 C 语言功能十分完善。这也是 C 语言的主要特点之一。

　　C 语言的运算符不仅具有不同的优先级，而且还有一个特点，就是它的结合性。在表达式中，各运算量参与运算的先后顺序不仅要遵守运算符优先级别的规定，还要受运算符结合性的制约，以便确定是自左向右进行运算还是自右向左进行运算。这种结合性是其他高级语言的运算符所没有的，因此也增加了 C 语言的复杂性。

　　运算符的运算优先级共分为 15 级。附录 C 中 1 级表示最高，15 级表示最低。在表达式中，优先级较高的先于优先级较低的进行运算。而在一个运算量两侧的运算符优先级相同时，则按运算符的结合性所规定的结合方向处理。C 语言中各运算符的结合性分为两种，即左结合性（自左向右）和右结合性（自右向左）。例如算术运算符的结合性是自左向右，即先左后右。如表达式 a–b+c 中 b 先与"–"号结合，执行 a–b 运算，后执行+c 的运算。这种自左向右的结合方向就称为"左结合性"。而自右向左的结合方向称为"右结合性"。最典型的右结合性运算符是赋值运算符。如 a=b=c，由于"="的右结合性，应先执行 b=c 再执行 a=(b=c)运算。

　　不同的运算符要求运算对象的个数不同。运算符类型为单目运算符，即只能在运算符的一侧出现一个运算对象，如–a、i++、– –i、sizeof(int)、*p、(float)i 等；运算符类型为双目运算符，即在运算符的两侧各有一个运算对象，如 2+3、7–6 等；条件运算符是 C 语言中唯一一个三目运算符，如 x ? a:b。

附录 D 常用库函数

库函数并不是 C 语言的一部分，人们可以根据需要编写出所需的函数。为了使用方便，每一种 C 语言编译版本都提供一批由厂家编写的函数，放在一个库中，这就是函数库。函数库中的函数称为库函数。不同的编译系统所提供的库函数的数目、函数名以及函数功能是不完全相同的。因此，在使用时应查阅本系统是否提供所用到的函数。ANSIC 以现行的各种编译系统所提供的库函数为基础，提出了一批建议使用的库函数，希望各编译系统提供这些函数，并使用统一的函数名且实现一致的函数功能。但也有些 C 编译系统尚未能完全提供 ANSIC 所建议提供的函数，而有一些 ANSIC 建议中不包括的函数，在一些 C 编译系统中仍在使用。本附录从教学需要的角度，主要介绍一些常用的函数，在编制 C 程序时可能要用到更多的函数，请查阅所用系统的手册。

另外，在使用函数时，往往要用到函数执行时所需的一些信息，例如宏定义，这些信息分别包含在一些头文件（header file）中。因此，在使用库函数时，一般应该用#include 命令将有关的头文件包括到程序中。例如，用数学函数时应用下面的命令：

```
#include  "math.h"
```

或

```
#include <math.h>
```

二者区别是：用<math.h>形式编译时只在目标文件所在子目录中找 math.h 文件，而用"math.h"形式则编译系统先从目标文件所在目录中找 math.h 文件，若未找到则到一级目录中找。

还要知道的是在一些系统中，有一些函数实际上是被定义了的宏名。例如，putchar 就是宏名。

```
#define  putchar(c)  fputc(c,stdout)
```

又例如，abs 函数也是宏名。

```
#define  abs(i)  (i<0) ? -i : i
```

但对用户来说，不必严格区分函数名和宏名；可以把它们都看作函数名来使用。

1. 数学函数

ANSIC 标准要求在使用数学函数时要包含头文件"math.h"。

函数名	函数原型	功　能	返　回　值	说　明
abs	int abs(int x)	求整数 x 的绝对值	计算结果	
acos	double acos(double x);	计算 arccos(x)的值	计算结果	x 应在–1 到 1 范围内

续表

函数名	函数原型	功　　能	返　回　值	说　　明
asin	double asin(double x);	计算 arcsin(x)的值	计算结果	x 应在–1 到 1 范围内
atan	double atan(double x);	计算 arctan(x)的值	计算结果	
atan2	double atan2(double x, double y);	计算 arctan(x/y)的值	计算结果	
cos	double cos(double x);	计算 cos(x)的值	计算结果	x 的单位为弧度
cosh	double cosh(double x);	计算 x 的双曲余弦 cosh(x)的值	计算结果	
exp	double exp(double x);	求 e^x 的值	计算结果	
fabs	double fabs(double x);	求 x 的绝对值	计算结果	
floor	double floor(double x);	求出不大于 x 的最大整数	该整数的双精度实数	直接去掉小数部分
fmod	double fmod(double x, double y);	求整除 x/y 的余数	返回余数的双精度数	
frexp	double frexp(double val, int*eptr);	把双精度数 val 分解为数字部分（尾数）x 和以 2 为底的指数 n，即 val=x*2^n，n 存放在 eptr 指向的变量中	返回数字部分 x $0.5 \leq x < 1$	
log	double log(double x);	求 $\log_e x$，即 ln x	计算结果	
log10	double log10(double x);	求 lgx	计算结果	
modf	double modf(double val,double *iptr);	把双精度数 val 分解为整数部分和小数部分，把整数部分存到 iptr 指向的单元	val 的小数部分	
pow	double pow(double x, double y);	计算 x^y 的值	计算结果	
rand	int rand(void);	产生 0～32767 之间的随机整数	随机整数	
sin	double sin(double x);	计算 sin x 的值	计算结果	x 单位为弧度
sinh	double sinh(double x);	计算 x 的双曲正弦函数 sinh(x)的值	计算结果	
sqrt	double sqrt(double x);	计算 $\sqrt{x}$	计算结果	$x \geq 0$
tan	double tan(double x);	计算 tan(x)的值	计算结果	x 单位为弧度
tanh	double tanh(double x);	计算 x 的双曲正切函数 tanh(x)的值	计算结果	

2．字符函数

ANSI C 标准要求在使用字符型函数时要包含头文件"ctype.h"。

函数名	函数原型	功 能	返 回 值	说 明
isalnum	int isalnum(int ch);	检查 ch 是否是字母（alpha）或数字（numeric）	是字母或数字返回 1，否则返回 0	
isalpha	int isalpha(int ch);	检查 ch 是否是字母	是，返回 1；不是，返回 0	
iscntrl	int iscntrl(int ch);	检查 ch 是否是控制字符(其 ASCII 码在 0～0x1F 之间)	是，返回 1；不是，返回 0	
isdigit	int isdigit(int ch);	检查 ch 是否是数字（0～9）	是，返回 1；不是，返回 0	
isgraph	int isgraph(int ch);	检查 ch 是否可打印字符(其 ASCII 码在 0x21～0x7E 之间)，不包括空格	是，返回 1；不是，返回 0	
islower	int islower(int ch);	检查 ch 是否是小写字母（a～z）	是，返回 1；不是，返回 0	
isprint	int isprint(int ch);	检查 ch 是否可打印字符（包括空格），其 ASCII 码在 0x20～0x7E 之间	是，返回 1；不是，返回 0	
ispunct	int ispunct(int ch);	检查 ch 是否是标点字符（不包括空格），即除字母、数字和空格以外的所有可打印字符	是，返回 1；不是，返回 0	
isspace	int isspace(int ch);	检查 ch 是否是空格、跳格符（制表符）或换行符	是，返回 1；不是，返回 0	
isupper	int isupper(int ch);	检查 ch 是否是大写字母（A～Z）	是，返回 1；不是，返回 0	
isxdigit	int isxdigit(int ch);	检查 ch 是否是一个十六进制数字字符（即 0～9，或 A～F，或 a～f）	是，返回 1；不是，返回 0	
tolower	int tolower(int ch);	将 ch 字符转换为小写字母	返回 ch 所代表的字符的小写字母	
toupper	int toupper(int ch);	将 ch 字符转换成大写字母	与 ch 相应的大写字母	

3．字符串函数

在使用字符串函数时要包含头文件 "string.h"。

函数名	函数原型	功 能	返 回 值	说 明
strcat	char *strcat(char *strl,char *str2);	把字符串 str2 接到 str1 后面，str1 最后面的'\0'被取消	返回 str1	
strchr	char *strchr(char *str, int ch);	找出 str 指向的字符串中第一次出现字符 ch 的位置	返回指向该位置的指针，如找不到，则返回空指针	
strcmp	int strcmp(char* strl, char *str2);	比较两个字符串 str1、str2	str1<str2，返回负数；str1=str2，返回 0；str1>str2，返回正数	
strcpy	char *strcpy(char* strl, char *str2);	把 str2 指向的字符串拷贝到 str1 中去	返回 str1	
strlen	unsigned int strlen (char *str);	统计字符串 str 中字符的个数(不包括'\0')	返回字符个数	
strstr	char *strstr(char *strl, char *str2);	找出 str2 字符串在 str1 字符串中第一次出现的位置（不包括 str2 的串结束符）	返回该位置的指针，如找不到，返回空指针	

4. 输入输出函数

凡用以下的输入输出函数，应该使用#include <stdio.h>或#include "stdio.h"把 stdio.h 头文件包含到源程序文件中。

函数名	函数原型	功　　能	返　回　值	说　明
clearerr	void clearerr(FILE *fp);	复位错误标志	无	
close	int close(int fp);	关闭文件	关闭成功返回 0，不成功返回–1	非 ANSI 标准
creat	int creat(char *filename, int mode);	以 mode 所指定的方式建立文件	成功则返回正数，否则返回–1	非 ANSI 标准
eof	int eof(int fd);	检查文件是否结束	遇文件结束，返回 1，否则返回 0	非 ANSI 标准
fclose	int fclose(FILE *fp);	关闭 fp 所指的文件，释放文件缓冲区	有错则返回非 0，否则返回 0	
feof	int feof(FILE *fp);	检查文件是否结束	遇文件结束符返回非零值，否则返回 0	
ferror	int ferror(FIIE *fp);	检查各种文件操作是否出错	未出错返回 0（假），出错返回一个非零值（真）	
fgetc	int fgetc(FIIE *fp);	从 fp 所指定的文件中取得下一个字符	返回所得到的字符，若读入出错，返回 EOF	
fgets	char *fgets(char *buf, int n, FILE *fp);	从 fp 指向的文件读取一个长度为(n–1)的字符串，存入起始地址为 buf 的空间	返回地址 buf，若遇文件结束或出错，返回 NULL	
fopen	FILE *fopen(char *filename, char *mode);	以 mode 指定的方式打开名为 filename 的文件	成功，返回一个文件指针（文件信息区的起始地址），否则返回 0	
fprintf	int fprintf(FIIE *fp, char *format, args,…);	把 args 的值以 format 指定的格式输出到 fp 所指定的文件中	实际输出的字符数	
fputc	int fputc(char *ch,FIIE *fp);	将字符 ch 输出到 fp 指向的文件中	成功，则返回该字符，否则返回非 0	
fputs	int fputs(char *str, FILE *fp);	将 str 指向的字符串输出到 fp 所指定的文件	返回 0，若出错返回非 0	
fread	int fread(char *pt, unsigned size, unsigned n, FILE *fp);	从 fp 所指定的文件中读取长度为 size 的 n 个数据项，存到 pt 所指向的内存区	返回所读的数据项个数，如遇文件结束或出错返回 0	
fscanf	int fscanf(FILE *fp, char format, args,…);	从 fp 指定的文件中按 format 给定的格式将输入数据送到 args 所指向的内存单元（args 是指针）	已输入的数据个数	
fseek	int fseek(FILE *fp, long offset, int base);	将 fp 所指向的文件的位置指针移到以 base 所指出的位置为基准、以 offset 为位移量的位置	返回当前位置，否则，返回–1	

续表

函数名	函数原型	功　能	返　回　值	说　明
ftell	long ftell(FILE *fp);	返回 fp 所指向的文件中的读写位置	返回 fp 所指向的文件中的读写位置	
fwrite	int fwrite(char *ptr, unsigned size,unsigned n, FILE *fp);	把 ptr 所指向的 n*size 个字节输出到 fp 所指向的文件中	写到 fp 文件中的数据项的个数	
getc	int getc(FILE *fp);	从 fp 所指向的文件中读入一个字符	返回所读的字符，若文件结束或出错，返回 EOF	
getchar	int getchar(void);	从标准输入设备读取下一个字符	所读字符，若文件结束或出错，则返回–1	
getw	int getw(FILE *fp);	从 fp 所指向的文件读取下一个字（整数）	输入的整数。如文件结束或出错，返回–1	非 ANSI 标准函数
open	int open(char *filename, int mode);	以 mode 指出的方式打开已存在的名为 filename 的文件	返回文件号（正数），如打开失败，返回–1	非 ANSI 标准函数
printf	int printf(char *format, args,…);	按 format 指向的格式字符串所规定的格式，将输出表列 args 的值输出到标准输出设备	输出字符的个数。若出错，返回负数	format 可以是一个字符串，或字符数组的起始地址
putc	int putc(int ch, FIIE *fp);	把一个字符 ch 输出到 fp 所指的文件中	输出字符 ch，若出错，返回 EOF	
putchar	int putchar (char ch);	把字符 ch 输出到标准输出设备	输出字符 ch，若出错，返回 EOF	
puts	int puts(char *str);	把 str 指向的字符串输出到标准输出设备，将'\0'转换为回车换行	返回换行符。若失败，返回 EOF	
putw	int putw(int w, FIIE *fp);	将一个整数 w（即一个字）写到 fp 指向的文件中	返回输出的整数，若出错，返回 EOF	非 ANSI 标准函数
read	int read(int fd,char *buf, unsigned count);	从文件号 fd 所指示的文件中读 count 个字节到由 buf 指示的缓冲区中	返回真正读入的字节个数，如遇文件结束返回 0，出错返回–1	非 ANSI 标准函数
rename	int rename(char *oldname, char *newname);	把由 oldname 所指的文件名，改为由 newname 所指的文件名	成功返回 0，出错返回–1	
rewind	void rewind(FILE *fp);	将 fp 指示的文件中的位置指针置于文件开头位置，并清除文件结束标志和错误标志	无	
scanf	int scanf(char *format, args,…);	从标准输入设备按 format 指向的格式字符串所规定的格式，输入数据给 args 所指向的单元	读入并赋给 args 的数据个数，遇文件结束返回 EOF，出错返回 0	args 为指针

续表

函数名	函数原型	功　能	返　回　值	说　明
write	int write(int fd, char *buf, unsigned count);	从 buf 指示的缓冲区输出 count 个字符到 fd 所标识的文件中	返回实际输出的字节数，如出错返回-1	非 ANSI 标准函数

5. 动态存储分配函数

ANSI C 标准设 4 个有关的动态存储分配的函数，即 calloc、malloc、free、realloc。实际上，许多 C 编译系统实现时，往往增加了一些其他函数。ANSI 标准建议在 "stdlib.h" 头文件中包含有关的信息，但许多 C 编译要求用 "malloc.h" 而不是 "stdlib.h"。在使用时应查阅有关手册。

ANSI C 标准要求动态分配系统返回 void 指针。void 指针具有一般性，可以指向任何类型的数据。但目前有的 C 编译系统所提供的这类函数返回 char 指针。无论以上两种情况的哪一种，都需要用强制类型转换的方法把 void 或 char 指针转换成所需的类型。

函数名	函数和形参类型	功　能	返　回　值
calloc	void *calloc(unsigned n, unsign size);	分配 n 个数据项的连续内存空间，每个数据项的大小为 size	分配内存单元的起始地址，如不成功，返回 0
free	void free(void *p);	释放 p 所指的内存区	无
malloc	void *malloc(unsigned size);	分配 size 字节的存储区	所分配的内存区地址，如内存不够，返回 0
realloc	void *realloc(void *p, unsigned size);	将 p 所指出的已分配内存区的大小改为 size，size 可以比原来分配的空间大或小	返回指向该内存区的指针

参 考 文 献

[1] 姜恒远. C语言程序设计教程. 北京：高等教育出版社，2010.

[2] 张晓蕾，蒋凌云，等. C语言程序设计——案例教程. 北京：人民邮电出版社，2005.

[3] 秦友萍. C语言程序设计全析精解. 西安：西北工业大学出版社，2007.

[4] Alice E. Fischer, David W. Eggert. C语言程序设计实用教程. 北京：电子工业出版社，2002.

[5] 吴文虎. 程序设计基础. 北京：清华大学出版社，2006.

[6] 黄维通，鲁明羽. C程序设计教程. 北京：清华大学出版社，2005.

[7] 何钦铭，颜晖. C语言程序设计. 北京：高等教育出版社，2008.

[8] 谭浩强. C程序设计. 3版. 北京：清华大学出版社，2005.

[9] 林伯忱，苏东庄. C语言大全. 4版. 北京：电子工业出版社，2003.

[10] 张莉. C/C++程序设计教程. 北京：清华大学出版社，2007.

[11] 王立柱. C/C++与数据结构. 北京：清华大学出版社，2003.

[12] 楼静. C程序设计. 重庆：重庆大学出版社，2001.

[13] 郑平安，曾大亮. 程序设计基础（C语言）. 2版. 北京：清华大学出版社，2006.

[14] 庞振平. 计算机程序设计基础. 广州：华南理工大学出版社，2007.

[15] 余毅，廖怡辉，戴远泉. C语言程序设计教程. 广州：华中科技大学出版社，2004.

[16] 季昌武，苗专生. C语言程序设计教程. 北京：北京大学出版社，2006.

[17] 高涛，陆丽娜. C语言程序设计. 西安：西安交通大学，2007.

[18] Brain W.Kernighan, Dennis M.Ritchie. The C Programming Language（Second Edition）. 北京：清华大学出版社，1996.

[19] Stephen Prata，C Primer Plus（第五版）中文版. 云巅工作室，译. 北京：人民邮电出版社，2005.

[20] 苏小红，陈惠鹏，等. C语言大学实用教程. 2版. 北京：电子工业出版社，2008.

[21] 姜桂洪，王军，等. C程序设计教程. 北京：清华大学出版社，2008.

[22] 王载新，等. 程序设计基础（C语言）. 北京：清华大学出版社，2004.

[23] 万常选，等. C语言与程序设计方法. 北京：科学出版社，2005.

[24] 龙瀛，满晓宇. C语言课程辅导与习题解析. 北京：人民邮电出版社，2002.

[25] 李春葆，等. C语言程序设计题典. 北京：清华大学出版社，2002.

[26] Samuel Harbison III, Guy L. Steele Jr. C语言参考手册（原书第5版）. 邱仲潘，等，译. 北京：机械工业出版社，2003.

[27] 徐文胜. C语言程序设计. 北京：中国铁道出版社，2005.

[28] 裘宗燕. 程序设计与C语言引论. 北京：机械工业出版社，2005.